AF356185

ED. BERTRAND

ANCIEN DIRECTEUR DE LA REVUE INTERNATIONALE D'APICULTURE

LA CONDUITE
DU RUCHER

CALENDRIER DE L'APICULTEUR

ÉDITION REVUE ET CORRIGÉE
PAR J. CRÉMIEUX-JAMIN

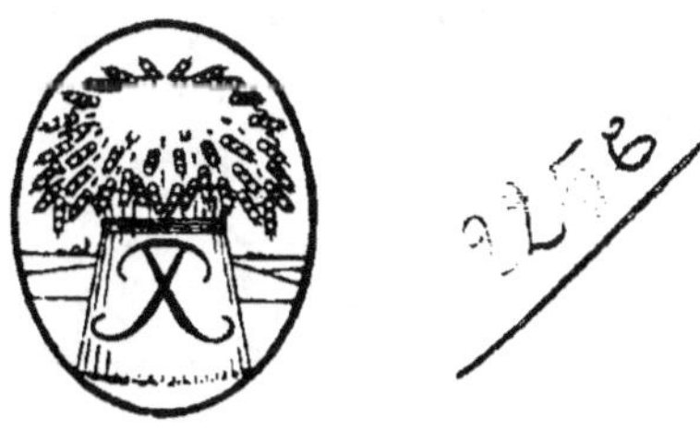

PAYOT, PARIS

Ed. Bertrand

ED. BERTRAND

ANCIEN DIRECTEUR DE LA REVUE INTERNATIONALE D'APICULTURE

LA CONDUITE
DU RUCHER

CALENDRIER DE L'APICULTEUR

ÉDITION REVUE ET CORRIGÉE

Par M. J. CRÉPIEUX-JAMIN

Avec un portrait, 3 planches et 98 figures

Abeilles ! par la ruche et par votre art sauveur
O vous qui transformez de la fleur éphémère
Le parfum sans durée en durable saveur :
La fuite des printemps nous devient moins amère

SULLY-PRUDHOMME.

PAYOT, PARIS
106, BOULEVARD ST GERMAIN

1929

M. EDOUARD BERTRAND

Le 16 janvier 1917, M. Edouard Bertrand, président honoraire de la Société romande d'apiculture, universellement aimé et respecté, s'est doucement éteint à Genève. Il avait 85 ans. Sa vie active et bienfaisante mérite d'être résumée en tête du livre qui a rendu son nom célèbre chez les apiculteurs du monde entier. J'ai vécu longtemps dans son intimité, je puis dire quel homme c'était. Il fit ses études à Genève, alla passer trois ans en Angleterre, puis se rendit à Paris où il devint fondé de pouvoirs d'un agent de change, situation qu'il occupa pendant une quinzaine d'années. Après le siège de Paris, il assista à l'explosion de la Commune. Lors de la prise de son quartier, saisi par des soldats excités, il fut « collé au mur » et allait être fusillé, sans l'intervention d'un officier supérieur qui le sauva. Ces événements ayant compromis sa santé, il se retira dans sa famille et s'établit dans le délicieux chalet de Nyon, sur les bords du Léman, où tant d'apiculteurs ont pu jouir de sa franche hospitalité. C'est alors qu'il s'adonna à la culture des abeilles : ce fut une belle passion !

Non content d'avoir un beau rucher dans sa propriété de Nyon, il en créa un autre à Gryon, dans une propriété de famille, puis un autre à Bex, dans le canton de Vaud, enfin un quatrième, plus important encore, aux Allevays, dans le Jura. Il ne cessait pas d'expérimenter et de s'instruire, comparant toutes les méthodes et dépouillant la littérature apicole de tous les pays, grâce à sa connaissance des langues. Aussi, lorsque la Société d'apiculture de la Suisse romande reconnut l'utilité d'avoir un organe qui mettrait ses membres en communication les uns avec les autres, le dévoué vulgarisateur offrit d'éditer cette publication à ses frais. Il avait tout ce qu'il fallait pour mener à bien sa tâche, et en peu d'années son *Bulletin*, répandu partout, comptant des milliers d'abonnés, dut changer son titre contre celui de *Revue internationale d'Apiculture*. Il en soutint la charge pendant vingt-cinq ans. Ses volumes sont toujours très recherchés. C'était, disait l'éminent apiculteur, M. Cowan, sans nul doute, le plus pratique et le meilleur qui parût en français et le seul qui traitât sérieusement des méthodes modernes.

. Les publications de M. Ed. Bertrand. se succédèrent sans interruption de 1879 à 1905 ; on peut dire que rien de ce qui touchait aux abeilles, même de loin, ne lui fut étranger. Il rendit aux apiculteurs de langue française le grand service de mettre à leur portée les meilleurs ouvrages anglais et italien : le *Guide de l'Apiculteur anglais*, de M. T.-W. Cowan ; la brochure italienne de M. Rauschenals sur la *Fausse Teigne* ; la *Monographie de la loque*, de M. F.-C. Harrison, du Canada ; deux nouveaux livres de M. T.-W. Cowan, l'*Abeille, histoire naturelle, anatomie et physiologie, et la Cire* ; enfin l'*Abeille et la Ruche*, de Charles Dadant et L. Langstroth, le plus beau et le plus important ouvrage qui ait paru sur l'apiculture, que M. C.-P. Dadant vient de reviser encore et d'enrichir de son incomparable expérience, pour une nouvelle édition.

En plus de toutes ses publications, M. Ed. Bertrand donnait des cours et des conférences ; il correspondait avec un grand nombre d'apiculteurs auxquels il prodiguait généreusement ses conseils, et, malgré son dévouement, il n'aurait pas pu résister à la formidable besogne qu'il avait entreprise s'il n'avait eu, dans la compagne de sa vie, une aide remarquablement intelligente, qui n'a pas voulu être simple spectatrice des travaux de son mari, mais qui le seconda joyeusement, avec une bonne grâce et une continuité admirables. Elle possédait une haute culture, et, pour cette cause peut-être, était la modestie même. Ce modèle des épouses, dont l'exquise affabilité rendait la maison du maître encore plus attrayante aux nombreux visiteurs, s'est éteinte à son tour au début de 1920. Elle était la fille de Juste Olivier, le poète national suisse, et s'est montrée digne de son illustre origine.

Pour montrer l'esprit de la maison, le désintéressement de M. Bertrand, je me bornerai à un fait : il a perfectionné la ruche Dadant, il eût pu la dénommer la ruche Bertrand ; il l'appela la Dadant-Blatt, indiquant par l'association de ces deux noms les sources principales de ses découvertes.

Honneur à ce noble caractère qui se dévoua si complètement pour une belle idée! Il a su mettre au point nombre de découvertes, susciter des recherches, encourager toutes les initiatives. Son influence a été énorme, et restera longtemps encore très vivante, parce que son œuvre, comme sa vie, représente un idéal de sagesse, de bonté, de justice et de courage.

J. Crépieux-Jamin.

PRÉFACE DE LA IXe ÉDITION

La Conduite du Rucher est la reproduction d'articles publiés à l'usage des commençants dans ma *Revue* mensuelle et que j'ai réunis, remaniés et complétés pour en faire un manuel. Les premières éditions du Calendrier, ainsi que la Description des Ruches, ont paru sous forme de brochure en 1882 et 1883.

Désirant mettre ces instructions à la portée des personnes qui ont peu de loisirs à consacrer à la lecture et qu'un plus gros volume découragerait, je me borne au côté pratique de l'apiculture, et ma seule ambition est d'enseigner en termes clairs la manière de tirer agrément et profit des abeilles.

Les animaux et insectes à classer parmi les ennemis des abeilles ne sont pas tous mentionnés ; je ne parle que de ceux que j'ai moi-même observés et qui sont réellement nuisibles dans nos contrées. De même j'ai laissé de côté l'anatomie de l'abeille, et ceux de mes lecteurs qui désireraient étudier ce sujet feront bien de se procurer le bel ouvrage de M. Langstroth, revisé par M. Dadant, *L'Abeille et la Ruche,* dont l'édition française a paru en 1891.[1] C'est le traité le plus complet qui ait été publié sur les abeilles, tant au point de vue de l'histoire naturelle qu'à celui des méthodes de culture.

Le plan que j'ai adopté pour mon manuel me semble faciliter les recherches : les instructions sont classées dans l'ordre des opérations à faire selon la saison. Le débutant n'a qu'à ouvrir le livre au chapitre *Mai*, par exemple, pour savoir les soins qu'il a à donner ou les

---

1. Une deuxième édition a été publiée en 1896, une troisième en 1908, une quatrième en 1923.

incidents qui peuvent se présenter pendant ce mois. La description du contenu d'une ruche : abeilles, rayons, couvain, etc., est placée en *Mars*, c'est-à-dire à l'époque où l'apiculteur doit se préparer à examiner ses abeilles.

Le calendrier est suivi de figures explicatives et de la description de quelques types de ruches, avec planches à l'appui. Enfin un chapitre est consacré à la fabrication de l'hydromel, de l'eau-de-vie, et du vinaigre, qui offre une ressource importante dans les régions où la vigne n'est pas cultivée et permet un bon· emploi du miel non vendu.

Ayant conduit pendant bien des années jusqu'à quatre ruchers, situés dans des expositions variées tant en plaine qu'en montagne, et essayé de beaucoup de systèmes de ruches différentes, j'ai pu faire la comparaison des diverses méthodes usitées et juger sans parti-pris, je l'espère, de leur valeur relative. C'est donc en connaissance de cause, ou du moins en me basant sur ma propre expérience, que je donne la préférence à celles que je recommande. Je me suis tenu autant que possible au courant de tout ce qui s'est publié sur le sujet, mais notre art marche à grands pas et ceux qui veulent en suivre les progrès doivent s'abonner à quelque publication périodique. La *Conduite* n'est qu'une introduction et son but est uniquement de mettre le novice dans la bonne voie.

J'ai largement profité de l'expérience d'autrui et ·surtout de celle des grands apiculteurs avec lesquels j'ai le bonheur d'entretenir d'étroites relations. L'un d'eux, M. Cowan, a bien voulu me fournir une partie des gravures que j'ai adjointes au texte. Les figures de mon propre outillage ont été dessinées, sous ma direction, par une personne de ma famille. Quelques ·clichés sont tirés de l'ouvrage de M. Gravenhorst, *Der praktische Imker*, publié par la maison C.-A. Schwetschke et fils, de Brunswick. Ce sont les numéros 1, 2, 3, 4, 5, 7, 63 et 94. Les figures portant les numéros 54 *bis*, 65, 66 et 69 sont empruntées au livre *L'Abeille et la Ruche*, de Langstroth, et le cliché numéro 95, tiré de la deuxième édition de *Der*

Schweizerische Bienenvater, m'a été obligeamment prêté par les auteurs, MM. Jeker, Kramer et Theiler.

La présente édition a été complètement revue et il a été ajouté quelques paragraphes nouveaux. J'ose espérer qu'elle sera aussi favorablement accueillie que la précédente, dont les 5000 exemplaires ont été rapidement placés.

La *Conduite du Rucher* a été traduite et publiée avec mon autorisation en italien, en russe, en allemand et en néerlandais.[1]

Le Chalet, Nyon, décembre 1894.

Ed. BERTRAND.

PRÉFACE DE LA Xe ÉDITION

Cette nouvelle édition a été revue avec soin ; j'ai complètement remanié la partie consacrée aux maladies des abeilles, pour la mettre au niveau des derniers progrès obtenus dans leur traitement, et j'ai décrit une nouvelle méthode d'élevage des reines en grand qui a été appliquée avec succès en Suisse.

Genève, janvier 1909.

Ed BERTRAND.

PRÉFACE DE LA XIe ÉDITION

Une nouvelle édition de la *Conduite* étant devenue nécessaire, j'aurais voulu revoir mon texte et le mettre au courant des progrès les plus récents de l'apiculture mo-

---

1. Depuis lors, il a paru une traduction en bulgare, une en arménien, et une autre en espagnol.

derne, mais n'étant plus de force à m'occuper moi-même de mes abeilles ni à entreprendre cette revision, j'ai pensé qu'il fallait confier ce travail à un bon praticien sur la brèche, et j'ai choisi pour cela mon ami M. Crépieux-Jamin qui, après avoir été mon élève, il y a plus de trente ans est devenu mon collaborateur à la *Revue internationale*, puis mon rédacteur en chef. Il n'a jamais cessé de cultiver son important rucher, et son expérience lui vaut dans la presse apicole une situation exceptionnelle. Il est donc tout à fait qualifié pour ce travail ; son amitié me décharge du gros de la besogne tout en m'en laissant la direction.

J'ai joint à cette édition la description de la Ruche Dadant Modifiée économique, qui était jusqu'ici publiée à part dans une brochure cinq fois réimprimée.

Le Chalet, Nyon, 15 septembre 1915

Ed. BERTRAND.

TABLE DES MATIÈRES

PREMIÈRE PARTIE

SECONDE PARTIE

CONDUITE DU RUCHER

PREMIÈRE PARTIE

INTRODUCTION

Conditions diverses dans lesquelles on cultive les abeilles. — Choix d'une localité. — Loque. — Cultures. — Choix d'un emplacement. — Ruches.

Conditions diverses dans lesquelles on cultive les abeilles. — L'apiculture peut être exercée par trois catégories de personnes : l'industriel, l'amateur et l'habitant des campagnes quel qu'il soit.

L'industriel, qui fait de l'élevage des abeilles un métier, doit nécessairement *choisir* la localité où il établira ses colonies ; il lui faut absolument une contrée mellifère et un emplacement abrité des vents, car le produit de ses ruches doit le faire vivre. L'amateur pour qui cette culture est surtout un intéressant objet d'étude ou la satisfaction d'un goût prononcé pour l'industrieux insecte, ne se trouve point en présence des mêmes exigences ; la quantité de miel obtenue ne vient pour lui qu'en seconde ligne. L'habitant des campagnes, riche ou pauvre, propriétaire ou locataire, cherche, en ayant des abeilles, à utiliser sa situation, à augmenter quelque peu ses ressources ou son bien-être sans pour cela négliger en rien ses autres occupations ; il ne consacrera à son rucher que ses moments perdus, et, comme l'amateur, il l'installera de façon à l'avoir près de lui, en recherchant la meilleure orientation possible. Il pourra cependant s'il est agriculteur, augmenter sa récolte de miel sans nuire au rendement de ses terres, et cela en dirigeant certaines cultures en vue de ses abeilles ou en utilisant à leur profit des terrains arides ou incultes.

Choix d'une localité. —L'industriel devra avant tout donner la préférence au voisinage des prairies naturelles ou artificielles ; c'est l'esparcette ou sainfoin qui, avec la sauge, donnent dans notre pays le miel le plus blanc et le plus apprécié sur les marchés. Quelques champs de colza sont une grande ressource au printemps pour le développement des colonies ; le miel qu'ils produisent passe en grande partie à l'élevage du couvain, mais tant que la récolte dure il tient lieu de nourrissement stimulant. Les arbres fruitiers forment aussi un bon appoint quand les abeilles peuvent profiter de leur floraison, et le miel qu'ils donnent est supérieur à celui du colza. Ce sont là cependant des moyens incertains. Dans l'ouest de la France, où le colza est abondamment cultivé, les abeilles n'en profitent pas une fois sur dix, parce qu'au moment de la floraison il fait habituellement froid et pluvieux, et d'ailleurs, les colonies ne sont alors pas encore développées. Il en est de même dans beaucoup de localités au sujet des arbres fruitiers. Par contre, dans d'autres régions mieux abritées, les arbres fruitiers fournissent de véritables récoltes. C'est la présence de champs de sainfoin, dans un rayon de deux kilomètres, qui doit servir de base principale pour le choix de la localité. A leur défaut, de grandes prairies artificielles.

L'industriel doit se préoccuper, lorsque les foins sont coupés, de fournir une seconde récolte à ses abeilles. La moutarde, le trèfle blanc, les luzernes, l'héraclée, les labiées des chaumes font souvent défaut et ne se trouvent pas partout ; aussi recherchera-t-il le voisinage des bois et surtout de la montagne, et, s'il n'en existe pas à deux ou trois kilomètres de son rucher, il y aura profit pour lui à transporter ses colonies dans une partie de la contrée où elles trouvent encore à butiner dans les forêts, les prairies élevées et tardives, les bruyères, etc. Il est à remarquer que dans les vallées étroites, dont les deux versants sont accessibles aux mêmes abeilles, la récolte dure plus longtemps, la floraison s'y produisant successivement selon l'exposition ; les chances de voir cette récolte favorisée par de beaux jours sont donc plus grandes.

Le miel du robinier-acacia est d'une grande finesse ; celui du tilleul est bon, bien qu'il ne plaise pas à tout le monde à cause de son goût prononcé ; mais dans certaines contrées, comme la nôtre, le produit de ces deux arbres est assez précaire.

A l'automne, les abeilles trouvent le matin, dans les sarrasins, un miel foncé qui arrive fort à propos pour compléter leurs provisions d'hiver. Dans les pays où l'on en fait une grande culture, il est recherché pour servir à la fabrication des pains d'épices, mais ce produit est incertain et varie selon les saisons et les terrains. Enfin, la bruyère d'automne est une grande ressource dans les pays où elle existe.

La montagne peut, comme la plaine, convenir à l'industrie pour l'établissement d'un rucher. Le miel des hauteurs est très parfumé, très recherché des gourmets et présente de grandes diversités de goût et de couleur, selon la contrée. L'apiculteur de profession, qui doit compter chaque année sur une récolte pour vivre, devrait, chez nous, avoir à la fois un rucher en montagne et un en plaine, afin de diviser ses chances. Quand la récolte manque en bas, c'est souvent une raison pour qu'elle soit abondante en haut, et *vice versa*. Puis, si les deux stations ne sont pas trop éloignées l'une de l'autre, on peut faire faire deux récoltes aux colonies du bas en les montant aussitôt les foins coupés. La possession de deux ruchers facilite aussi certaines opérations d'essaimage et de fécondation.

On doit éviter autant que possible le voisinage des raffineries, des confiseries, des moulins à cidre, etc.., soit parce que les abeilles périssent par milliers dans ces établissements, soit parce que les visites qu'elles y font peuvent donner lieu à des discussions et des procès.

La proximité des vignes ne vaut rien non plus : outre que les abeilles ne trouvent pas de fleurs dans les vignobles, il est souvent difficile de faire comprendre aux viticulteurs qu'elles ne font pas de dégâts aux raisins ; ils sont assez disposés à leur attribuer les méfaits causés par les oiseaux et les guêpes. On sait que si les abeilles ne se font pas faute de sucer le jus des grains entamés, elles sont incapables de percer la peau des grains intacts, c'est-à-dire qu'elles savent tout au plus tirer parti d'un mal qu'elles n'ont pas causé.

La proximité de grandes nappes d'eau est surtout défavorable si les vents dominants soufflent de façon à rejeter les abeilles dans la direction de l'eau ; autrement elle n'a d'inconvénient qu'en ce qu'elle diminue leur champ d'exploitation. Nous connaissons plus d'un rucher prospère sur les bords immédiats du Léman.

Loque. — Il est un point sur lequel je tiens à attirer l'attention de l'apiculteur industriel en quête d'une localité pour y installer ses ruchers. Son premier soin, après s'être assuré que la contrée choisie est mellifère, doit être de s'enquérir de l'état passé et présent des ruchers du voisinage. Les abeilles sont sujettes à une maladie grave qui attaque surtout leur progéniture et finit par dépeupler la colonie, c'est la loque ou pourriture du couvain (voir fig. 6). Cette affection est excessivement contagieuse et, lorsqu'elle a sévi dans une région, il en reste, probablement à la surface du sol, et surtout, dans les ruchers isolés et négligés, des germes qui peuvent, malgré toutes les précautions, infecter le rucher qu'installera le nouveau venu. Peut-être aussi existe-t-il des parages où la loque se développe plus facilement qu'ailleurs, soit à cause de la nature du sol ou du climat, soit à cause de la flore locale. Le fait est que la maladie a une tendance à persister sur les points où elle a existé et que de nouveaux ruchers, créés là où d'autres ont été ravagés et détruits antérieurement, sont quelquefois atteints.

Dans tous les pays, la loque est entretenue et propagée par la négligence de certains propriétaires de ruches en paille qui ne s'inquiètent pas de ce qui se passe dans leurs colonies et se contentent de mettre leurs pertes sur le compte du mauvais temps. Le possesseur de ruches à cadres, lui, s'aperçoit bien vite du mal qui peut exister dans son rucher, car il ne peut se dispenser d'en faire l'inspection de temps en temps ; la méthode adoptée l'exige et, du reste, les visites sont si faciles qu'on ne les épargne pas. Pour les ruches en paille, au contraire, les visites sont faites rarement et pour ainsi dire dans le seul cas où leur possesseur a déjà remarqué par leur aspect extérieur qu'elles ne vont pas bien. Du reste, l'examen d'une ruche en paille est toujours superficiel parce qu'on ne peut pas la démonter, et il est plus difficile parce qu'il faut deviner ce qu'on ne voit pas.

L'industriel en quête d'une bonne localité fera donc bien, avant de prendre un parti, de s'informer si, dans un périmètre de cinq à six kilomètres de l'emplacement projeté, les ruches existantes sont dans un état normal et si, antérieurement, des ruchers n'y auraient pas périclité et péri sans qu'on ait pu en donner une explication plausible. La maladie est généralement peu connue et l'enquête devra être faite par un homme compétent.

Cultures. — Depuis quelques années, l'attention des apiculteurs qui sont propriétaires ruraux ou fermiers s'est dirigée sur la culture des plantes mellifères. S'il ne leur est pas encore démontré qu'ils aient avantage à cultiver certaines plantes uniquement en vue de leur produit en miel, ils se sont convaincus qu'ils peuvent augmenter le rendement de leur rucher en choisissant pour leurs prés artificiels les variétés qui, sans être inférieures aux autres au point de vue du fourrage, présentent au plus haut degré la qualité mellifère. Ainsi on commence à donner au trèfle hybride ou alsike la préférence sur le trèfle ordinaire ou rouge. On remplace l'esparcette à une coupe par celle à deux coupes, dont la seconde floraison coïncide avec une période de disette pour les abeilles[1]. En Algérie, une remarquable étude de M. J. Knill a attiré récemment l'attention des colons sur la haute valeur comme fourrage du sainfoin d'Algérie ou Sulla (*Hedysarum coro-*

---

1. Mais il ne faut pas perdre de vue que la variété dite à deux coupes est plus difficile pour le terrain que l'ancien type à une seule coupe et moins durable.

narium), plante voisine de notre esparcette et donnant comme elle un miel très blanc et d'un goût exquis. Le Sulla, qui se trouve à l'état spontané sur le plateau algérien, à 1200 mètres d'altitude, donnera probablement de bons résultats dans certaines régions du midi de la France.

On peut aussi ensemencer les mauvais terrains, les sols marécageux, les bords des fossés et des chemins de mélilot blanc, d'herbe aux chats, de verge d'or, d'agripaume et d'autres plantes mellifères appropriées.

Mais il est bien entendu que ces ensemencements n'ont qu'une valeur très faible, au point de vue de la récolte du miel, à moins qu'ils ne puissent s'exercer sur de grands espaces. Ils sont cependant utiles pour l'élevage en fournissant aux abeilles des petites quantités de miel et de pollen en dehors des périodes de grande récolte.

Ce qu'il faut pour donner du miel de surplus, même à une petite exploitation d'une trentaine de ruches, ce sont des champs de fleurs de plusieurs hectares, des millions, des dizaines de millions de fleurs. Les petits parterres de fleurs, dans un tel but, sont des enfantillages.

Choix d'un emplacement. — Pour l'installation d'un rucher, il faut rechercher un endroit abrité des vents et, si possible, pas trop rapproché des maisons d'habitation et des voies fréquentées ; l'ébranlement du sol peut avoir des inconvénients en hiver, puis les abeilles sont sujettes, dans le voisinage de leur demeure, les jours d'orage ou de disette, à se jeter sur les hommes et les animaux, surtout sur ceux qui sont en sueur.

Si l'on ne trouve pas d'abris naturels contre les

vents, on peut en créer d'artificiels au moyen de haie ou autres clôtures, puis on place les ruches à 30 centimètres du sol. Il faut éviter de les mettre trop près d'un mur faisant face au midi, car la grande chaleur incommode les abeilles : l'ombre en été leur convient.

La proximité d'une source, d'un égout de fontaine, celle de quelques buissons de noisetier, de saule marsault ou viminal leur épargne des courses dangereuses au printemps ; l'eau à portée convient aussi quand la bise souffle.

Ruches. — Je ne traiterai que de l'apiculture exercée au moyen de ruches à rayons mobiles (voir les planches à la fin du volume).

Les ruches sont des caisses généralement en bois et à parois doubles ou épaisses. Chaque rayon est contenu dans un cadre, muni en haut d'une traverse (porte-rayon), dont les deux extrémités, qui font saillie reposent sur des feuillures horizontales pratiquées en haut et en dedans de deux des parois de la ruche. Les cadres ne touchent aux parois que par ses supports et sont rangés les uns à côté des autres, à une distance variant de 32 à 38 mm. de centre à centre, mais le plus souvent de 35 à 38. L'entrée des abeilles est pratiquée en bas d'une des parois.

La ruche doit être munie d'une ou de deux cloisons intérieures mobiles, ou partitions, suspendues parallèlement aux cadres, mais touchant aux parois de deux côtés. Elles servent à proportionner la chambre à couvain, c'est-à-dire l'espace contenant les rayons et les abeilles, à la force de la famille, qui varie selon la saison. Les rayons, quel que soit leur nombre, doivent être enclavés entre les parois, de façon à ce qu'il n'y ait tout autour de l'ensemble des cadres qu'un vide de 6 à 8 mm. environ (en bas 12 à 15 mm.) servant de passage aux abeilles. Les ruelles entre les rayons sont de 8 à 13 mm. de large, selon la méthode adoptée.

Le dessus des cadres est recouvert d'une toile, peinte ou non (ou de planchettes), et d'un paillasson ou d'un coussin ; enfin d'un couvercle ou plafond.

Dans le système américain, le plafond et le plancher de la ruche sont mobiles et la visite de la colonie se fait par le haut. Dans le système allemand, les ruches au lieu d'être isolées en plein air, sont empilées les unes sur les autres et côte à côte dans un bâtiment fermé dit pavillon ; plafonds et planchers sont fixés et c'est l'un des côtés de la ruche qui est mobile, généralement celui opposé à l'entrée des abeilles.

Chacun des systèmes a ses avantages et ses points faibles ; je donne pour ma part la préférence aux ruches en plein air, mais le système des pavillons peut convenir davantage aux personnes habitant sous un climat rigoureux, comme à celles qui disposent de peu de place ou qui, n'ayant pas leur rucher à proximité, désirent tenir leurs abeilles sous clef, à l'abri des indiscrets et des voleurs.

Les modèles de ruches sont innombrables, mais il n'y en a pas beaucoup qui réunissent les deux conditions essentielles : la possibilité du développement complet des colonies et la commodité de l'apiculteur. Après avoir mis à l'épreuve un grand nombre de systèmes, je donne décidément la préférence aux grandes ruches à grands cadres (cadres donnant des rayons de 9 à 12 décimètres carrés de surface). Seules les grandes ruches, dont la contenance peut être diminuée ou agrandie à volonté, permettent d'obtenir le maximum de rendement, et leur emploi facilite et simplifie considérablement les opérations. Je les recommande particulièrement aux commençants, quelle que soit la contrée qu'ils habitent [1].

Les modèles adoptés dans nos ruchers sont les ruches Layens, Dadant et Dadant-Modifiées qui, bien que destinées à la culture en plein air, peuvent être, avec quelques modifications, adaptées à des ruchers fermés.

La ruche horizontale Layens n'a qu'une rangée de cadres hauts servant à la fois pour le nid à couvain et le magasin à miel. La ruche verticale Dadant et la Dadant-Modifiée, à cadres bas et allongés, reçoivent par-dessus le corps de ruche, pendant la récolte, une ou plusieurs hausses à cadres pour l'emmagasinement du miel.

La ruche Burki-Jeker et la ruche Blatt, telle que l'a proposée M. U. Kramer, avec addition d'un magasin à miel, sont les meilleurs types du système allemand. Elles se composent toutes deux d'une rangée de grands cadres et de plusieurs rangées de petits cadres placés au-dessus.

Je me borne à signaler ces bons modèles aux commençants, parce qu'ils peuvent servir de types, mais il y en a d'autres donnant des résultats satisfaisants.

Le débutant doit choisir un bon modèle, en faire la commande à un fabricant et se garder d'y apporter aucune modification quelconque (voir *Ruches et Ruchers*).

Si je le mets en garde contre cette fâcheuse dispo-

---

1. Dans trois pays, l'Italie, l'Allemagne et l'Angleterre, les Sociétés d'apiculture se sont entendues pour adopter un cadre uniforme. Malgré l'avantage qu'offre cette mesure en théorie, elle n'est pas sans présenter quelque inconvénient ; à l'époque où ces Sociétés ont arrêté la forme et les dimensions de leur cadre officiel ou type, on n'était pas encore édifié comme on l'est aujourd'hui sur la supériorité des grands rayons. Le cadre allemand est incontestablement trop petit latéralement (212 mm. de largeur de rayon) et l'italien un peu plus large (260 environ), exige comme l'allemand d'être doublé en hauteur pour le nid à couvain. Le cadre anglais, bas et allongé (343 × 203, fig. 76), se prête beaucoup mieux à la superposition de plusieurs rangées de rayons, mais il gagnerait, selon moi à être un peu plus grand dans les deux dimensions.

sition à ne pas se contenter des instruments qu'on lui propose, c'est qu'elle est fréquente chez les gens de peu d'expérience dans notre métier. Avant de savoir manier convenablement l'outil qu'on a en main, avant d'en avoir seulement compris le but et le fonctionnement, on lui trouve une quantité de défauts, et, se croyant plus avisé que les experts, on dénature, modifie et invente à tort et à travers. Les bons modèles de ruches, comme ceux que j'ai mentionnés plus haut, ne sont guère perfectibles. Tout, jusque dans les moindres détails, y a été combiné : dimensions, proportions, espaces, agencements, etc. : chaque disposition a sa raison d'être et son adoption est le fruit de l'expérience. C'est affaire aux apiculteurs consommés de modifier ou d'inventer, et le novice perd son temps et son argent à vouloir en remontrer aux maîtres dans un métier qu'il connaît à peine. Au risque de froisser quelques susceptibilités, je tiens à faire entendre ici la voix du bon sens. Il n'y a que les génies qui inventent quelquefois utilement sans connaître à fond la partie, et il ne s'en montre pas beaucoup dans un siècle.

Les abonnés de la *Revue Internationale, d'Apiculture*, à l'intention desquels les instructions qui suivent avaient été rédigées, habitant des contrées fort différentes sous le rapport du climat et de la flore, il ne m'est guère possible d'adapter ce *Calendrier* aux conditions locales de chacun et je me bornerai à décrire la manière de conduire un rucher dans l'Europe centrale, c'est-à-dire dans la contrée que j'habite.

Les travaux des abeilles, comme ceux de l'apiculteur sont subordonnés à la marche de la végétation ; par conséquent les époques indiquées pour ces travaux seront un peu avancées ou reculées, selon qu'il s'agira de contrées situées plus au midi ou plus au nord que la Suisse. Je rappellerai aussi que l'altitude, comme la latitude influe sur la végétation et la température, et qu'à latitude égale la montagne est en retard de quelques jours sur la plaine.

A mesure qu'on s'avance vers le sud, l'hivernage des abeilles présente moins de difficulté et les précautions contre le froid deviennent moins nécessaires, mais en tout pays on doit chercher à protéger les ruchées contre les brusques variations de température vers la fin de la saison froide, à l'époque où commence l'élevage des jeunes abeilles.

Dans le midi, il est encore plus nécessaire d'abriter les ruches contre les ardeurs du soleil et de favoriser leur aération pendant les fortes chaleurs.

Il sera souvent question plus loin de la grande récolte, appelée aussi grande floraison ou principale miellée. On désigne ainsi la période pendant laquelle les abeilles font leur principale récolte de miel ; elle varie selon la flore du pays et c'est par l'observation que l'apiculteur arrive à en déterminer l'époque et la durée habituelle dans sa région, chose de première importance pour la conduite des ruches.

Les travaux au rucher commencent seulement avec les premiers jours du printemps, c'est donc par le mois de mars que nous commencerons aussi notre *Calendrier*.

MARS

CONTENU D'UNE RUCHE. — Avant de visiter une colonie, il est nécessaire de savoir de quoi elle se compose. Sans entrer dans les développements que ne comporte pas ce simple calendrier, je rappellerai aussi brièvement que possible ce qu'il est indispensable à un commençant de connaître.

Reine, ouvrières, mâles, couvain. — Les ouvrières ou femelles impropres à la reproduction constituent la population d'une ruche à l'état normal. Les mâles ou faux-bourdons n'apparaissent qu'en nombre restreint aux approches de l'essaimage et pendant les grandes floraisons, et il n'existe dans chaque famille ou ruchée qu'une seule femelle parfaite, la reine, qui est la mère de toutes les autres abeilles. Cette dernière a pour seule mission de pondre des œufs pendant huit à neuf mois de l'année ; elle ne se repose guère chez nous qu'à partir du courant d'octobre jusqu'en janvier ou février, la période d'inaction pouvant varier de quelques semaines selon la température, la race et l'état de la colonie. C'est au printemps que la ponte prend son plus grand développement ; elle ne consiste au début qu'en un très petit nombre d'œufs déposés dans la partie la plus centrale du nid des abeilles ; mais elle augmente graduellement au fur et à mesure des naissances et, au bout de quelques semaines, elle s'étend sur un grand nombre de rayons.

Les œufs pondus passent au bout de trois jours à l'état de larves qui sont nourries par les ouvrières au moyen d'une bouillie blanchâtre élaborée par elles et dont les éléments sont le pollen, le miel et l'eau. Le petit ver baigne dans cette bouillie au fond de la cellule.

La larve ouvrière reçoit de la nourriture pendant cinq jours environ, puis elle est enfermée dans sa cellule au moyen d'un couvercle ou opercule ; sa transformation en nymphe s'opère et elle sort à l'état parfait 12 jours après avoir été emprisonnée, soit généralement le 21e jour après que l'œuf a été pondu.

La larve du mâle est nourrie pendant 6 jours et ½ l'éclosion de l'insecte parfait a lieu environ 24 jours après la ponte de l'œuf.

La larve de la mère est nourrie pendant 5 jours, l'emprisonnement dans la cellule dure environ 7 ½ jours et l'éclosion a lieu le 16me jour environ après que l'œuf a été pondu.

Il n'y a que deux expèces d'œufs : les œufs mâles, qui ne sont pas fécondés (parthénogénèse), et les œufs femelles, qui le sont et produisent soit des ouvrières, soit des mères. C'est en donnant pendant les derniers jours une nourriture plus élaborée à des larves femelles et en leur construisant des cellules plus grandes et dirigées de haut en bas que les ouvrières élèvent de nouvelles mères quand le besoin s'en fait sentir, c'est-à-dire quand la population est trop à l'étroit dans sa demeure (essaimage) ou quand la mère est défectueuse ou morte. Lorsque les ouvrières se font de nouvelles mères pour remplacer l'ancienne et non pour essaimer, elles choisissent généralement des larves écloses depuis un certain nombre d'heures pour les transformer, de sorte qu'en cas de suppression d'une reine dans une ruche, l'éclosion des nouvelles peut commencer dès le 10e ou le 11e jour après la suppression de l'ancienne, chose importante à noter.

L'ensemble des œufs, des larves et des nymphes s'appelle couvain. Les opercules des nymphes, faits d'un mélange de cire et de pollen, sont poreux ; ceux des ouvrières sont plats, ceux des mâles bombés ; les cellules des mères ont l'apparence de glands dont l'extrémité est dirigée en bas (fig. 5).

Tous les travaux de la ruche, sauf la ponte, sont exécutés par les ouvrières. Les quinze premiers jours de leur vie sont consacrés aux soins à donner au couvain, à la construction ou à la réparation des rayons, en un mot aux travaux qui se font dans l'intérieur de la ruche. Ce n'est donc que cinq semaines environ après la ponte d'un œuf d'ouvrière que l'abeille issue de cet œuf devient butineuse : chose également importante à noter, surtout pour les contrées à courtes récoltes.

Les mâles n'existent dans une ruchée normale qu'au temps des essaims et des grandes récoltes et leur présence à d'autres époques est, à quelques exceptions près, l'indice que la reine est défectueuse ou absente. Ils ne butinent ni ne travaillent, mais leur présence en certain nombre est nécessaire à l'époque des essaims pour la fécondation des reines, qui a lieu très haut dans les airs. S'il est d'une bonne administration d'en

restreindre l'élevage, en supprimant dans le nid à couvain la majeure partie des cellules qui leur servent de
berceaux et qui sont facilement reconnaissables à leurs
grandes dimensions, je ne crois pas qu'il faille chercher à les enlever complètement. Du reste, dans une
ruche où toutes les grandes cellules ont été supprimées, les abeilles réussissent à en intercaler çà et là
et, dans leurs efforts pour en obtenir à tout prix, elles
endommagent souvent de beaux rayons. Les mâles
sont pourchassés par les ouvrières quand la grande
récolte cesse et périssent soit par manque de nourriture, soit par suite des mauvais traitements qu'ils ont
endurés.

Les colonies qui se créent de nouvelles mères en
élèvent toujours un certain nombre, souvent 10 à 15
et davantage. Les races méridionales en élèvent jusqu'à 200 et 300. Après l'éclosion de la première reine,
ses sœurs cadettes sont tuées dans leurs cellules par
elle ou par les ouvrières, à moins que la colonie ne
soit en proie au besoin d'essaimer ; alors l'éclosion de
nouvelles reines a pour conséquence la sortie d'essaims accompagnés de jeunes reines. En effet, dans la
règle, deux reines ne peuvent exister simultanément
dans une ruche, l'une des deux est tuée par l'autre
ou par les ouvrières. Cependant, il n'est pas rare de
rencontrer dans la même ruche une vieille reine tolérée à côté d'une jeune, pour un temps plus ou moins
long. La méconnaissance de ce fait entraîne un échec
lorsqu'on veut introduire une nouvelle reine après
avoir supprimé seulement une des deux qui étaient
dans la ruche.

La jeune reine cherche également à sortir pour se
faire féconder dès le 5e ou le 6e jour après sa naissance et commence sa ponte deux ou trois jours après
l'accouplement. Si le temps n'est pas favorable ou s'il

y a disette de mâles, l'accouplement et la ponte peuvent être retardés ou ne pas avoir lieu. Malgré les exceptions dûment constatées, on peut considérer que, passé les 30 premiers jours, une jeune reine n'est généralement plus apte à l'accouplement.

La reine reçoit du mâle une provision de germes fécondants (spermatozoaires) qui lui sert pour toute son existence ; ces germes sont reçus dans un petit sac spermathèque), dont l'orifice est sur le passage des œufs à leur descente des ovaires, et selon que la reine va pondre dans une petite ou une grande cellule, l'œuf est fécondé ou ne l'est pas. On appelle reines bourdonneuses celles qui ne pondent que des œufs mâles ; cela provient soit de ce qu'elles n'ont pas été fécondées, soit de ce que leur provision de germes fécondants est épuisée. D'autres défectuosités dans les organes de la mère ont pour effet de lui faire pondre une proportion démesurée de mâles.

Tandis que la vie des ouvrières est limitée à quelques mois dans la saison morte et à six ou sept semaines en moyenne dans la saison d'activité, par suite de leurs rudes labeurs et des nombreux dangers auxquels elles sont exposées au dehors, les mères peuvent vivre 3, 4 et même 5 ans, mais leur fécondité diminue généralement dès la troisième année et, les abeilles ne les remplaçant que lorsqu'elles deviennent réellement impotentes, l'apiculteur de profession trouve avantage à les renouveler lui-même méthodiquement.

Il se rencontre quelquefois, dans les ruches dépourvues de reine, des ouvrières qui pondent des œufs mâles et qu'on appelle pour cette raison ouvrières pondeuses. Il peut s'en trouver un grand nombre à la fois dans la même ruchée. Ces pondeuses, qui sont absolument semblables extérieurement aux autres ouvrières et se livrent aux mêmes travaux, se rencontrent plus souvent dans les races de Chypre, de Syrie et d'Algérie.

La mère d'une ruchée ne tient point, comme on le croyait autrefois, le sceptre du gouvernement. La ruchée est une république féminine dont chaque membre travaille au bien commun, selon son âge, avec une activité et une abnégation admirables, sans qu'aucune autorité ne se fasse sentir. Les mâles n'y sont admis que pour un temps et sont même sacrifiés avant leur heure au moindre signe de disette. Quant à la mère, elle est certainement l'objet d'attentions et de soins, car sa vie est plus précieuse que toutes les autres ; elle est bien l'être indispensable sans lequel la famille ne peut subsister : son absence amène l'inquiétude, le désespoir, et finalement la démoralisation des ouvrières si elle disparaît à une époque où elle ne peut être remplacée. Mais elle n'est qu'une citoyenne comme les autres. Elle pond nuit et jour, c'est sa part du labeur de la maternité, tandis que les ouvrières en remplissent tous les autres devoirs ; ce sont ces dernières qui nourrissent le couvain et le réchauffent, de même qu'elles construisent les rayons, pourvoient à tous les besoins de la ruchée, la défendent au prix de leur vie et amassent des provisions en vue des mauvais jours.

La reine pond en raison de la nourriture qu'elle reçoit des ouvrières et dans les cellules que celles-ci mettent à sa disposition ; ce sont donc les ouvrières qui règlent la ponte et elles le font en raison des provisions disponibles, de la force de la population et des circonstances extérieures. Si les provisions manquent et qu'il n'y ait rien à espérer au dehors, la ponte se restreint ou s'arrête ; et même dans les cas de grande disette subite (les abeilles pas plus que l'apiculteur ne sont infaillibles) ou d'impossibilité d'entretenir une chaleur suffisante, la part du feu est faite : une partie du couvain existant est sacrifiée et jetée hors de la ruche, après que les sucs utilisables en ont été extraits. Si, au contraire, les vivres ne manquent pas et que les apports nouveaux soient abondants, les abeilles stimulent la ponte de la reine en la nourrissant davantage.

Si la mère vient à manquer ou si elle donne des signes de dépérissement, vite les ouvrières s'occupent de lui élever une remplaçante, à moins que la saison ne le permette pas.

Enfin, si les abeilles prévoient que la demeure qui les abrite ne suffira bientôt plus à contenir toute la population, elles se mettent à élever de nouvelles reines et, avant l'éclosion de celles-ci; une partie des abeilles part pour fonder une colonie en entraînant la vieille mère.

Le départ des essaims a cependant quelquefois une autre cause que le trop-plein de la ruchée et ce qu'on appelle la fièvre d'essaimage qui en est la conséquence. Lorsqu'une colonie se trouve ne posséder qu'une jeune reine non fécondée et n'a pas de jeune couvain, si cette reine sort pour chercher un époux, il peut arriver qu'une partie des abeilles la suivent de crainte de la perdre. Ce cas se présente chez les essaims secondaires ou tertiaires (accompagnés de jeunes reines non fécondées) nouvellement recueillis, ou chez les colonies qui remplacent leur vieille reine morte ou impotente.

Les ouvrières, constituant la population de la colonie, n'ont pas besoin d'être décrites (fig. 3). Les mâles sont sensiblement plus gros que les ouvrières et leur tête, de forme carrée, est munie de gros yeux ; le bruit qu'ils font en volant suffirait à les faire reconnaître (fig. 2). La reine ressemble davantage à l'ouvrière qu'au mâle, mais son abdomen, ou partie postérieure formée d'anneaux, est beaucoup plus développé, plus allongé et dépasse sensiblement les ailes. Son corselet est aussi plus gros ; ses pattes de derrière ont une couleur rouge-brun qui sert encore à la distinguer. Les reines varient de couleur dans la même race ; bien que généralement leur abdomen soit moins foncé que celui des ouvrières, ce n'est pas toujours le cas : dans la race italienne, il est le plus souvent d'une nuance plus claire, ce qui est d'un grand secours lorsqu'on cherche une mère au milieu de ses compagnes (fig.1).

Les mâles n'ont pas d'aiguillon et les reines ne se servent pas du leur contre l'homme.

Rayons. — Les abeilles garnissent leur habitation de rayons servant à la fois de magasins pour le miel et le pollen et de berceaux pour le couvain. Les rayons se composent soit de cellules dites petites, servant indifféremment pour le miel, le pollen et le couvain d'ouvrières, soit de cellules plus grandes servant pour le miel et le couvain de mâles (fig. 4). Livrées à elles-mêmes, les abeilles qui ont à meubler leur demeure ne construisent d'abord que de petites cellules : puis, lorsque ces bâtisses ont atteint une certaine surface, dont il n'est pas possible de préciser le chiffre, mais qu'on peut évaluer à 40 ou 50 décimètres carrés, donnant de 34,000 à 42,000 petites cellules [1], elles entreprennent la construction de grandes cellules. Une colonie déjà pourvue de rayons à petites cellules et même de rayons à grandes cellules, a une tendance marquée à ne plus édifier que de grandes cellules, dont la construction va plus vite. Une

---

1. Cette quantité varie selon la saison, la population, la race, etc., aussi mes chiffres ne peuvent-ils être qu'approximatifs

colonie orpheline ne construit que de grandes cellules ; d'autre part, une colonie ayant à sa tête une jeune reine de l'année a l'instinct de construire de préférence des petites cellules. Ces règles ne sont pas invariables et l'apiculteur, grâce à l'emploi de la cire gaufrée, dirige les constructions à volonté.

Les abeilles construisent une troisième espèce de cellules temporaires, destinées à l'élevage des reines et affectant, comme nous l'avons dit plus haut, la forme d'un gland suspendu au rayon dans une position verticale (fig. 5).

Lorsqu'un rayon contient à la fois de grandes et de petites cellules, les cellules de raccordement, plus ou moins irrégulières, ne servent guère que pour le miel (fig. 4).

La cire est une sécrétion du corps des abeilles. Elles la produisent surtout en temps de récolte et par une température élevée. On peut, par le nourrissement et en retranchant une partie des rayons de la ruche, leur en faire produire à volonté lorsque la température est favorable. Elle apparaît sur la partie inférieure de leur abdomen en lamelles ou écailles qu'elles détachent et mâchent pour les employer (fig. 7).

On n'est pas encore fixé sur la quantité de miel qu'il faut aux abeilles pour produire un poids donné de cire ; les évaluations varient considérablement. D'après les plus récentes expériences tentées à ce sujet, il faudrait environ 7 à 8 grammes de miel pour produire 1 gramme de cire.

La propolis est une résine que les abeilles récoltent principalement sur les bourgeons des arbres et dont elles se servent pour boucher, mastiquer les fentes et petites cavités de leur habitation, consolider leurs rayons, recouvrir les cadavres des animaux qui s'introduisent chez elles, etc. Mélangée à de la cire, elle leur sert à construire à l'entrée de la ruche des travaux défensifs contre leurs ennemis du dehors (fig. 8). Elles transportent cette résine, comme le pollen, sur leurs pattes de derrière.

La propolis est utilisée comme enduit, vernis et mastic à greffer ; on l'employait autrefois dans la médecine populaire [1].

Le pollen, ou poussière fécondante des fleurs, sert principalement à confectionner la nourriture destinée au couvain ; on n'est pas encore fixé sur le rôle du pollen dans l'alimentation des abeilles adultes, mais il paraît leur être nécessaire comme reconstituant des tissus, lors de la production de la cire. Les abeilles transportent le pollen sur leurs pattes de derrière et l'emmagasinent dans les petites cellules principalement dans les rayons avoisinant le nid à couvain.

Le miel est une matière sucrée provenant des nectars récoltés par les abeilles sur les plantes, nectars dont elles éliminent l'excédent d'eau et qui subissent dans leur premier estomac ou jabot une légère action chimique. Elles emmagasinent ce miel dans les rayons

---

1. En Russie, la vaisselle de bois, bien connue comme résistant à l'eau chaude, est enduite d'un vernis composé d'huile de lin, de propolis et de cire.

La propolis est purifiée dans de l'eau chaude additionnée d'acide sulfurique. Ensuite elle est versée dans de l'huile de lin chaude dans les proportions suivantes de poids : propolis 2, cire 1, huile 4. L'huile doit avoir préalablement subi pendant 17 à 20 jours la chaleur d'un fourneau sans passer par l'état d'ébullition.

La vaisselle de bois est plongée dans le mélange chaud et doit y rester 10 à 17 minutes, après quoi on la retire, on la laisse refroidir et on la frotte et polit avec un chiffon de laine. (Recette fournie par M. A. de Zoubareff.)

Voir pour les autres emplois, *Revue* 1886, p. 292 et 1885, p. 43 et 194.

pour leur nourriture et celle du couvain, et celui qui n'est pas consommé immédiatement est cacheté dans les cellules au moyen de couvercles de cire hermétiques.

Le sucre de canne, présenté aux abeilles sous une forme qui leur permette de l'absorber, peut, en cas de besoin, servir à compléter leurs provisions d'hiver et à leur faire produire de la cire, mais le miel qu'elles en font ne saurait tenir lieu, pour l'homme, de celui qu'elles tirent des plantes, dont il n'a ni le goût, ni l'arome, ni les vertus spéciales, et il ne convient pas non plus au même degré que le miel des fleurs pour l'élevage du couvain.

MANIEMENT DES ABEILLES. — **Précautions à prendre lors des visites.** — On ne doit jamais, sous aucun prétexte, ouvrir ni remuer une ruche sans avoir préalablement envoyé à l'intérieur un peu de fumée, soit par l'entrée, soit par le haut en découvrant les cadres ou, s'il s'agit d'une ruche à l'allemande, par la porte de derrière. La fumée effraie les abeilles, qui au moindre danger se gorgent de miel et sont ensuite moins disposées à piquer ; elle est sans effet sur les ruches sans provisions. Après avoir enfumé, on attend une demi-minute avant de procéder à la visite, pour laisser aux abeilles le temps d'absorber du miel. Si les opérations se prolongent, on envoie de nouveau un peu de fumée par le haut, afin de refouler les abeilles entre les rayons.

On les calme aussi en aspergeant les rayons de quelques gouttes d'eau sucrée ; c'est une ressource lorsqu'il n'y a pas de miel dans la ruche.

Si l'on a à chercher la reine, on enfume par l'entrée et très modérément. Nous en parlerons spécialement dans un instant.

L'enfumoir américain (fig. 12) est l'arme défensive par excellence de l'apiculteur. C'est un cylindre de fer battu servant de foyer et monté sur un petit soufflet à ressort. Le couvercle, de forme allongée, donne passage à la fumée. L'enfumoir au repos doit être dans une position verticale pour rester allumé. On y brûle du bois pourri, le champignon du hêtre, de la tourbe, des morceaux de vieux sacs de toile ou bien des chiffons ou du gros papier gris grossièrement enroulé.

Les déchets de phormium produisent aussi une épaisse fumée et leur emploi est très économique et propre ; ils s'allument plus facilement que les autres substances, sans laisser, à beaucoup près, les résidus noirs et goudronnés du gros papier gris ou des vieilles toiles. On en trouve toujours à la maison Adt, à Pont-à-Mousson (France). Mais à défaut de phormium, des morceaux de vieux sacs de toile, préparés d'avance, sont ce qui donne les meilleurs résultats. Il ne faut pas faire de rouleaux serrés et l'allumage s'obtient non avec une simple allumette de bois, mais avec un papier enflammé, de manière à chauffer fortement toute la base du rouleau. Un rouleau bien fait et bien allumé peut durer une heure, sans s'éteindre, si on a la précaution de tenir le soufflet couché quand il fonctionne trop fort. Ne faites jamais d'économie sur la qualité de vos soufflets et soyez toujours munis d'une bonne provision de combustible.

L'enfumoir automatique de Layens est également un bon instrument, mais il est plus délicat, plus coûteux, plus encombrant, et, pour tout dire, ne répondant, dans sa complication, qu'à des cas assez rares.

Précautions contre les piqûres. — Il faut avoir les mouvements doux, ne pas faire de grands gestes ni parer avec la main l'abeille qui annonce de mauvaises intentions ; la meilleure défense est l'immobilité et la fumée.

En cas de piqûre enlever promptement le dard sans presser la poche du venin (ce qui équivaudrait à s'injecter le venin comme avec une seringue de Pravaz), mais en le faisant sortir par une pression à la base.

Pendant la grande récolte, les abeilles sont si douces que l'on s'habitue à ne prendre aucune précaution contre les piqûres, mais quand le nectar manque, qu'il fait un vent frais, ou un temps orageux, elles sont parfois si agressives qu'on ne peut tenter que de très courtes opérations au rucher. Les conditions du travail sont donc très différentes.

Le débutant fera bien de toujours se protéger la face et le cou, afin de conserver son sang-froid. Au reste, il est imprudent, pour tout le monde, de ne pas se préserver le visage. Sans doute, un vétéran peut opérer à visage découvert, en choisissant son temps, mais combien de fois une piqûre très pénible sur le nez, ou sur les paupières l'a-t-elle puni ? C'est bien assez des piqûres sur les mains, qui sont inévitables. Mais ces dernières sont moins douloureuses, et on peut enlever le dard sur-le-champ. De fait, on s'y habitue assez vite quand on n'a pas le cœur malade. Evidemment, si on ne pouvait pas supporter une piqûre aux mains sans risquer une syncope, on n'aurait qu'à abandonner l'apiculture.

Un voile fait de tulle noir à larges trous constitue la protection habituelle des apiculteurs. On en prend un morceau de 60 centimètres sur 1 mètre, dont on coud ensemble les deux petits côtés, de façon à lui donner une forme circulaire ; sur l'un des bords, on pose un cordon élastique de la dimension d'un fond de chapeau.

Le voile est engagé en bas sous le vêtement ; les ailes du chapeau le tiennent écarté de la tête (fig. 15). Le voile de tulle possède deux qualités incomparables : il n'est pas coûteux, il s'ajuste en un instant à presque tous les chapeaux et on le met dans sa poche quand on a fini. Par contre, il se détériore facilement, le vent le colle contre la figure permettant alors aux abeilles de piquer, et, certains jours d'été, il paraît chaud.

Le voile Alexander, formé d'un cylindre de fine toile métallique, fermé en haut par un froncé en mousseline, et continué en bas par un morceau de toile qui se passe sous le vêtement, n'a pas la commodité du voile de tulle pour les déplacements, mais pour le reste il n'offre que des avantages. Il est frais, ne fatigue pas les yeux, ne s'enflamme pas comme le tulle, tient les abeilles à distance, enfin garantit le visage contre les piqûres d'une manière absolue. On le porte une après-midi entière sans même y songer, tant il est pratique.

On a inventé un grand nombre d'autres voiles plus ou moins fantaisistes, qui n'ont pas les qualités fondamentales des deux précédents.

On peut protéger ses mains au moyen de gants de fil de chanvre grossier, mais cela gêne les mouvements. C'est surtout aux poignets, à l'endroit où les abeilles, posées sur les mains sans mauvaise intention, rencontrent le vêtement, que les piqûres se produisent. On y obvie au moyen de manchettes fortement serrées. Quelques apiculteurs de notre connaissance, pour éviter ces piqûres aux poignets, opèrent avec les bras nus jusqu'au dessus des coudes.

L'enflure causée par le venin des abeilles ne se produit plus après un certain nombre de piqûres.

Une première piqûre en attire d'autres ; l'odeur du venin irrite les abeilles.

Quand les abeilles posées sur le sommet des cadres se mettent à faire des petits sauts avec les ailes écartées, c'est le moment de redoubler avec la fumée pour les refouler entre les rayons ; sans cette précaution, elles deviendraient méchantes.

Les abeilles se montrent agressives lorsque, la ruche étant ouverte et la visite se prolongeant, des pillardes provenant des ruches voisines commencent à s'y introduire ; la fumée perd alors son effet. Dans ce cas, le mieux est de remettre la fin des opérations à un autre moment.

Lorsqu'il y a récolte, c'est le milieu du jour qu'on choisit pour faire les visites, parce que les vieilles abeilles, qui sont les moins douces, sont dehors ; au contraire, lorsqu'il n'y a pas de miellée, il convient, afin d'éviter l'inconvénient du pillage, de visiter les ruches à plafond mobile de préférence le matin ou le soir, ou sinon de faire l'inspection lestement.

La farine employée comme pacificateur. — En saupoudrant les abeilles de farine, on les rend momentanément inoffensives ; cette propriété de la farine peut être utilisée dans certaines opérations (voir **Réunions et Remplacement des reines.**)

Apifuge. — Un Anglais, M. Grimshaw, a composé un liquide ayant la vertu d'ôter aux abeilles, dans une grande mesure, la disposition à piquer. On s'en enduit légèrement les mains (il est volatil et son odeur, celle du *wintergreen*, n'est pas désagréable) ; aussitôt la ruche découverte, on étend les mains au-dessus comme pour la magnétiser. Les abeilles en percevant l'odeur semblent renoncer à se servir de leur dard. J'ai fait usage de cette composition avec succès pour prélever le miel dans des ruchées de mauvais caractère ; elle n'est pas infaillible, mais son emploi, accompagné de mouvements doux, exerce certainement une action sédative sur les abeilles et peut tenir lieu de fumée dans bien des cas.

L'apifuge a en outre le mérite de calmer la douleur causée par les piqûres et d'éloigner les moustiques.

Il s'en fabrique maintenant en Suisse et en France de bonnes imitations.

Toile phéniquée. — A propos de l'emploi des odeurs comme intermédiaires entre les abeilles et l'apiculteur, je mentionnerai encore un procédé qui est d'un usage fréquent chez nos collègues anglais.

On fait la solution suivante : acide phénique en cristaux 40 gr., glycérine 40 gr. et eau chaude 1 litre, en ayant soin de bien mélanger ensemble l'acide et la glycérine avant d'ajouter l'eau et de secouer la bouteille contenant la solution avant de s'en servir ; puis on y plonge un morceau de calicot, ou mieux de toile à fromage, qu'on presse ensuite jusqu'à le rendre presque sec. Aussitôt que la ruche est découverte, on étend dessus cette toile qui doit recouvrir complètement les cadres. Les abeilles ne tardent pas à s'enfuir vers le bas des rayons et à absorber du miel. Ce moyen réussit entre autres très bien, paraît-il, pour chasser les abeilles des casiers à sections, mais il faut que la toile ait été tordue jusqu'à en être sèche; on hâte la fuite des abeilles en soufflant à travers le tissu. Le miel étant un produit très délicat, on lui communiquerait le goût de l'acide phénique si la toile n'était pas assez tordue.

Il est bon de rappeler que l'acide phénique est poison et qu'en solution trop concentrée il est caustique.

Manière de visiter une ruche à plafond mobile. — Après avoir envoyé un peu de fumée, on enlève le toit ou chapiteau, puis la couverture des cadres (coussins, paillasson, toile, piqué, planchettes, etc.). Mes ruches ont pour couverture un coussin de balle d'avoine encadré et sous ce coussin une toile peinte ou cirée (ou de la grosse toile de chanvre sans enduit) qui, pouvant être repliée sur elle-même, permet de ne découvrir la ruche que partiellement et successivement. Quelques apiculteurs l'enlèvent en automne, mais on peut la laisser tout l'hiver sans inconvénient lorsqu'elle n'est ni cirée ni peinte, ou sinon la replier partiellement de chaque côté, de façon à ce qu'elle ne recouvre que 5 à 6 rayons au centre.

L'aspect de la ruche découverte en dit déjà beaucoup ; on voit le groupe des abeilles, sa position, sa force, et l'on apprend vite à connaître, par le genre de bruit que font les abeilles, si la colonie est dans un état normal.

Pour sortir un rayon, on écarte préalablement en haut les cadres voisins de celui qu'on veut examiner, car il ne faut pas qu'il y ait frottement ni contact. Pour faire une revue complète, on éloigne une partition d'un espace, ce qui donne la place nécessaire pour sortir le premier rayon sans frottement ; ce premier rayon visité prend la place qu'occupait la partition ; le second visité prend la place du premier et, à la fin de la visite, la seconde partition prend la place du dernier cadre. De cette façon, tous les rayons sont successivement passés en revue sans être maniés plus d'une fois.

Afin d'éviter que, pendant la visite, les abeilles ne sortent entre les rayons déjà passés en revue, on peut recouvrir ceux-ci d'une planchette ou d'une toile quelconque.

Plus tard dans la saison, lorsque la ruche est entièrement garnie de rayons, on entrepose dans une caisse le premier rayon sorti, pour le remettre, à la fin de la visite à l'autre extrémité de la ruche où la place se trouve faite.

Les porte-rayons sont quelquefois collés assez fortement par leurs extrémités aux feuillures sur lesquelles elles reposent ; on les détache sans secousse en se servant du manche de la brosse d'apiculteur comme levier (fig. 10 et 11), ou de la scie d'un couteau de poche.

Pour débarrasser un rayon des abeilles qu'il porte, on le tient de la main gauche, toujours dans un plan vertical, et on balaye doucement les abeilles de haut en bas, en tenant la brosse, barbes en haut, dos en bas et légèrement inclinée contre le rayon[1]. Avec un peu d'habitude, on arrive à faire tomber presque toutes les abeilles d'un coup, soit en secouant le cadre des deux mains de haut en bas, soit en frappant de la main droite sur la gauche, celle-ci tenant solidement le porte-rayon par le milieu.

Lorsque le rayon est plein de miel operculé et par conséquent très lourd, on ne peut recourir à ce moyen, mais dans ce cas les abeilles s'enlèvent très facilement avec la brosse. Il ne faudrait pas non plus imprimer une secousse à un rayon portant des cellules à reines, ce qui risquerait de les endommager.

Les abeilles sont brossées ou secouées dans la ruche en temps ordinaire, et sur la planchette d'entrée lors du prélèvement du miel.

Comme il ne faut jamais laisser ni cire ni miel à la portée des abeilles hors des ruches, il est bon de se munir d'une caisse portative dans laquelle sont enfermés les rayons de rechange. (fig. 32).

---

1. La brosse peut être remplacée par une plume d'oie ou de cygne ou un petit balai formé de branches d'asperges ou de thym.

Manière de visiter les ruches à l'allemande. — La ruche à plafond fixe s'ouvrant par l'un des côtés, il est nécessaire d'être muni d'une pince *ad hoc* pour saisir, sortir et replacer les cadres l'un après l'autre (fig. 79), puis d'une caisse sans couvercle, ouverte d'un côté comme la ruche, dans laquelle les rayons sortis sont suspendus pendant la visite. Les abeilles restant dans la caisse sont ensuite secouées ou balayées dans la ruche.

Les opérations se faisant à l'intérieur du pavillon-rucher, on peut les faire par tous les temps ; le pillage n'est pas à craindre, mais les visites sont plus longues parce qu'il faut nécessairement sortir, entreposer et remettre un certain nombre de rayons.

Les ruches à l'allemande ont une seule partition vitrée ; la paroi mobile constitue la porte. Le dessus des cadres est généralement recouvert de planchettes ; on y ajoute pour l'hiver et le printemps un paillasson, un coussin, de vieilles étoffes, etc.

VISITE GÉNÉRALE. — Vers la fin de mars ou le commencement d'avril, on peut généralement chez nous procéder à l'inspection des ruches. Il est inutile de s'y prendre plus tôt et une visite trop hâtive peut nuire. La température doit être de 12° C. au moins. On choisit une journée de beau temps qui ait été elle-même récemment précédée d'une autre belle journée ayant permis aux abeilles de faire une sortie en masse. Lorsque les abeilles font leur première sortie après une longue réclusion, elles sont très excitées et si l'on ouvrait les ruches à ce moment-là, on risquerait d'avoir des reines tuées.

L'apiculteur a trois choses à vérifier : les provisions, la présence de la reine et le couvain.

Provisions. — En hiver, aussi longtemps qu'il n'y a pas de couvain, la consommation d'une colonie, mise en hivernage dans de bonnes conditions, est assez faible : environ 800 gr. par mois ; mais dès que l'élevage du couvain a commencé, la consommation augmente graduellemènt et finit par devenir considérable. Selon que cet élevage a commencé tôt ou tard, ce qui dépend soit de l'état du temps, soit de celui de la colonie, les provisions restantes peuvent varier beaucoup à la fin de mars. Il devient donc nécessaire de s'assurer de l'état de ces provisions.

Pour qu'une colonie puisse prendre son développement normal au printemps et donner un rendement, elle doit être dans l'abondance et toute économie que l'apiculteur serait tenté de faire de ce chef tournerait à son détriment. C'est absolument comme si l'agriculteur faisait l'économie du fumier pour son champ. Or, de la fin de mars à la grande récolte (seconde quinzaine de mai), cette colonie aura besoin de 12 à 13 kg. au moins, et comme les miellées qui peuvent se présenter dans cette période : saules, ormes, érables, arbres fruitiers, colza, dent-de-lion, marronniers, etc., sont trop variables et trop précaires pour qu'on puisse compter sur elles, l'apiculteur fera bien de surveiller les provisions et de devancer toujours les besoins des abeilles.

Les colonies trouvées à court de vivres en mars devront recevoir du miel en rayon ou, à défaut, du sucre en plaque ou du sucre en pâte (voir *Janvier-Février*). Ce n'est que lorsque la température s'est réchauffée, en avril, qu'on peut donner de la nourriture liquide qui excite les abeilles à sortir (voir **Nourrissement stimulant**).

Pollen et eau salée. — Voir au chapitre *Novembre, Décembre, Janvier et Février*, à la fin.

Recherche de la reine. — Pour constater la présence d'une reine, il n'est pas toujours nécessaire de la voir : il suffit de s'assurer qu'il y a des œufs. Pour trouver ceux-ci, on sort les rayons les uns après les autres en commençant par ceux du centre, et on regarde dans les cellules en tournant le dos au soleil ; les œufs apparaissent sous la forme de petits bâtons blancs, collés au fond. Aussitôt que l'œuf est éclos, les nourrices garnissent le fond de l'alvéole d'une gelée blanchâtre, perceptible aussi au grand jour. La présence d'œufs ou de jeunes larves indique que la reine était encore à son poste trois ou quatre jours auparavant. Il peut arriver que les œufs soient l'œuvre d'ouvrières pondeuses, mais, dans ce cas, il est facile de les reconnaître, parce qu'ils sont pondus sans régularité et le plus souvent en grand nombre dans la même cellule. Le cas, peu commun avec nos races européennes, est beaucoup plus fréquent chez les races asiatiques et africaines.

L'apiculteur quelque peu exercé est généralement fixé sur la présence de la reine par le genre de bruit que produit la colonie au moment où l'on découvre la ruche ou lorsqu'on frappe contre les parois. Si les abeilles font entendre un bruissement vif qui s'arrête promptement et franchement, c'est que la reine est là ; si le bruit se prolonge en augmentant d'intensité, la colonie est probablement orpheline. Ce signe est infaillible au printemps lors des premières visites, plus tard il est moins sûr. Il y a d'autres indices extérieurs de l'absence de la reine : lorsque les abeilles errent devant l'entrée d'un air inquiet ou qu'après être rentrées dans la ruche avec une charge de pollen elles ressortent aussitôt comme si elles cherchaient quelque chose, c'est qu'elles ont perdu leur mère récemment ; une famille qui conserve ses mâles après la récolte, lorsque toutes ses voisines ont expulsé les leurs, est souvent orpheline. Des auteurs prétendent que les ruchées orphelines ne récoltent guère de pollen ; c'est une erreur, car c'est dans les ruches privées de mère depuis un certain temps qu'on voit les plus grosses accumulations de cette matière, qui n'y trouve plus son emploi.

Il est cependant beaucoup de cas où il est nécessaire de voir la reine, par exemple pour la prendre et la remplacer, ou bien lorsqu'il s'agit de former des essaims pour l'emporter avec le rayon sur lequel elle se tient, ou au contraire pour la conserver à la ruche.

Au premier printemps, lorsque les colonies sont encore peu peuplées, il n'est pas difficile de la voir. Elle se trouve dans les rayons du centre, qui contiennent le couvain, et en visitant ceux-ci les premiers on a la plus grande chance de la trouver promptement. Elle est très craintive (les Italiennes le sont moins que les abeilles communes) et fuit souvent de rayon en rayon à mesure que l'opérateur déplace ses cadres.

Au contraire, lorsque la population s'est développée et que la ruche regorge d'abeilles, la recherche de la reine n'est pas une petite affaire, et, bien que l'habitude rende habile, il peut arriver aux plus exercés d'avoir à passer plusieurs fois en revue tous les rayons de la ruche avant de découvrir cette précieuse petite personne. Voici à ce sujet les directions que M. Ch. Dadant a données, dans le temps, aux lecteurs de la *Revue* (année 1879, p. 291) :

« Quand on opère sur une ruche à rayons mobiles, si l'on a affaire à une ruchée commune ou métisse, il est bon de donner un peu de fumée pour ne pas effrayer plus qu'il n'est nécessaire la reine et les abeilles.

« Je conseillerais aux débutants de faire leurs pre-

miers essais durant le temps où la miellée du printemps donne et à des heures où toutes les butineuses
sont aux champs, il y aura moins d'abeilles dans la
ruche, moins d'excitation, parce qu'il n'y aura pas de
pillage et la recherche sera plus facile.

« Généralement, on trouve la reine sur un des rayons
du couvain. Si les premiers cadres n'ont pas de couvain, on leur jette un coup d'œil à la hâte et on les
place en dehors de la planche de partition s'il y a de
la place dans la ruche, ou dans une autre boîte si on
n'a pas de place libre dans la ruche. On se donne
ainsi assez d'espace pour pouvoir examiner la face du
rayon suivant, dès qu'on aura sorti celui qui le précède.
La reine commune étant très timide, s'empresse de
faire le tour du rayon, sur lequel la lumière frappe
dès qu'on a levé le précédent, et souvent on peut l'y
saisir ou lever le rayon avant qu'elle l'ait quitté.

« Si on n'aperçoit pas la reine sur le rayon qui est
encore dans la ruche, on examine avec soin les deux
faces de celui qu'on tient à la main et on passe au
suivant.

« Si, après avoir visité et examiné tous les rayons,
on n'a pas trouvé la reine, on recommence, en exami-
nant les endroits où la reine peut se cacher sous les
abeilles, ce qu'elle fait souvent quand le temps est frais.

« Si cette nouvelle recherche n'aboutit pas, on sort
tous les rayons de la ruche, puis on examine si la reine
ne se trouve pas sur une des parois.

« Si la reine est invisible, on lève la ruche, on frappe
un des coins à terre (je suppose que son plancher est
momentanément attaché) et les abeilles tombent toutes
en tas ; la reine alors, plus forte et plus agile, vient
immédiatement au-dessus de la masse, où il faut se
hâter de la saisir (par les ailes ou le corselet, jamais
autrement, E. B.).

« Si, enfin, ce moyen ne réussit pas, on a la ressource de secouer ou brosser toutes les abeilles dans la boîte, puis de procéder comme nous l'avons indiqué à la méthode par le tapotement (on verse les abeilles sur une toile devant la ruche, celles-ci rentrent en procession et il est facile de voir et de saisir la reine, lorsque, escaladant les ouvrières, elle se hâte d'arriver à la ruche.

« Les longs développements que je viens de donner, pouvant décourager les commençants, je dois leur dire que d'aussi minutieuses recherches sont très rarement nécessaires ; elles ne le sont presque jamais quand on a un peu d'expérience.

« Pendant les temps de disette de miel dans les champs, la recherche des reines est plus difficile à cause des pillardes, qui, s'introduisant dans la ruche dès qu'elle est ouverte, y mettent le trouble et rendent les ouvrières difficiles à maîtriser. Quand, dans ces circonstances, la découverte de la reine tarde, il vaut mieux ne pas s'acharner à sa recherche, mais renvoyer l'opération au lendemain. »

Un moyen qui réussit généralement quand la population est forte, mais qui n'est pas expéditif, consiste à intercaler un rayon vide dans le nid à couvain ; le lendemain on trouve le plus souvent sur ce rayon la reine occupée à pondre.

Reines bourdonneuses. — Il peut arriver qu'une colonie possède encore sa reine, mais que celle-ci soit bourdonneuse, ce qui se reconnaît à la présence d'une forte proportion de couvain de mâles (opercules bombés) ou même à l'absence complète de couvain d'ouvrières. Il ne faut pas hésiter dans ce cas à supprimer la reine et à traiter la colonie d'après les indications qui vont suivre.

Colonies orphelines. — Une famille sans reine est destinée à périr misérablement et assez promptement si elle n'est pas en état de s'élever elle-même une nouvelle mère ou si on ne lui en fournit pas une. Les ouvrières perdent courage, deviennent incapables de se défendre contre les pillardes et la fausse-teigne, et la population ne se recrutant pas, diminue rapidement jusqu'à extinction complète.

Au printemps, il ne faut pas songer à laisser une colonie destinée à la production du miel se livrer à l'élevage des reines, même si l'on prévoit que les jeunes reines pourront trouver des mâles pour se faire féconder. Une interruption de trois semaines au minimum dans la ponte serait fatale au développement de la population, qui ne se produirait pas à temps pour la récolte. Il n'y a d'exception que pour les contrées à grande récolte très tardive.

Une ruche orpheline doit recevoir aussitôt que possible une reine, qu'on peut commander à un éleveur si l'on n'en possède pas soi-même en réserve dans des ruchettes. Dans le cas où l'apiculteur ne pourrait pas opérer promptement ce remplacement, il ne devra pas hésiter à réunir cette famille à une voisine, qu'elle renforcera (voir **Réunions**).

Quand une colonie est orpheline depuis plus de six semaines, elle accepte difficilement une nouvelle reine; après quelques mois, elle ne l'accepte jamais. Les abeilles sont méchantes et sans valeur. On les secoue hors de la ruche.

Le remplacement des reines est une opération délicate, demandant à être faite avec beaucoup de soins et pour laquelle on n'a malheureusement pas encore de recette infailllible. Il existe une infinité de procédés d'*introduction* ; nous employons la méthode de M. Ch.

Dadant, qui est, à de légères variantes près, celle de la majorité des apiculteurs mobilistes.

Dans sa *Théorie et pratique de l'introduction des Reines (Revue* 1884, p. 62), M. Dadant émet quatre propositions qui résument à peu près la théorie entière :

1º *Dans l'introduction d'une reine, le plus grand danger de non-réussite se trouve dans l'effroi qu'elle peut montrer au moment où elle est libérée.*

2º *L'entrée de quelques pillardes dans la ruche où on fait l'introduction peut, en mettant les abeilles sur leurs gardes, leur inspirer une défiance fatale à la reine qu'on tente d'introduire.*

3º *Une colonie qui a des ouvrières pondeuses n'accepte pas la reine qu'on lui donne.*

4º *Une ruchée qui a reconnu l'absence de sa mère depuis assez longtemps pour avoir commencé les préparatifs en vue d'en élever une autre sera portée à tuer la reine qu'on voudra lui donner.*

Ainsi, dans le cas où la reine à introduire, prend la place d'une reine supprimée, son introduction doit avoir lieu immédiatement après la suppression de l'autre. Si la colonie est orpheline depuis plusieurs jours, avant d'introduire la reine il faut faire une revue minutieuse des rayons et supprimer tous les alvéoles royaux formés ou commencés.

Lorsqu'une colonie est orpheline depuis longtemps, la reine a moins de chance d'être acceptée ; les abeilles sont vieilles et mal disposées. Si l'on met dans la ruche, quelques jours avant l'introduction, un ou deux rayons de couvain de différents âges, la reine trouvera de jeunes abeilles qui lui feront meilleur accueil, mais l'opération reste néanmoins chanceuse et il est souvent préférable de réunir la colonie à une autre.

Voici le procédé d'introduction :

La nouvelle reine est préalablement mise en cage sans aucune compagne. On doit la saisir par les ailes entre le pouce et l'index ou au moyen de brucelles. La cage est un étui fait d'un morceau de toile métallique de 8 à 9 cm. dans les deux sens ; les mailles doivent être assez larges pour que les abeilles puissent nourrir la reine au travers (environ 50 fils au dcm.). Chaque bout est fermé par un bouchon de bouteille à vin (fig. 16).

On écarte légèrement deux rayons contenant du couvain et, si le miel est rare dans les fleurs, on choisit au moins un des rayons ayant du miel operculé. L'étui est placé entre ces deux rayons, que l'on rapproche pour le maintenir ; dans les ruches à l'allemande on peut ajouter à l'étui un petit crochet de fil de fer pour le suspendre au porte-rayon. Plus le miel sera rare dans les fleurs, plus il sera nécessaire que l'étui touche le couvain et le miel ; la reine doit pouvoir au besoin se nourrir elle-même à travers l'étui.

La ruche est ensuite fermée et laissée sans être dérangée pendant 24 à 36 heures.

Au bout de ce temps, on l'ouvre de nouveau. Si les abeilles sont tranquilles et cherchent à donner à manger à la reine, on soulève un des bouts de la cage si elle est placée horizontalement et on saisit le moment où la reine est en bas pour enlever le bouchon du haut et le remplacer par un autre, fait d'un morceau de rayon de miel ou, ce qui vaut mieux en temps de disette, d'un morceau de rayon trempé dans du sirop. Puis on referme la ruche, laissant aux abeilles le soin de délivrer la reine. Elles se mettent à sucer le miel ou le sirop et à ronger le bouchon de cire. Pendant ce temps, la colonie a chassé les pillardes, s'il s'en était introduit, et repris son calme. La reine, en sortant de sa cage, se trouve sur le couvain, à la place où elle se tient d'habitude, et l'opération a réussi ; mais il est prudent d'attendre trois ou quatre jours au moins avant d'ouvrir de nouveau la ruche.

Si, au moment de faire le changement du bouchon, on remarque que les abeilles sont mal disposées, qu'il y a des ouvrières excitées essayant de pénétrer dans la cage, c'est que quelque cause les empêche d'accepter la reine. Dans ce cas, il ne faut pas lui donner la liberté immédiatement, mais rechercher auparavant le motif de cet état de choses.

La cause la plus ordinaire est la présence d'alvéoles royaux qu'il faut détruire ; la libération de la reine peut alors être de nouveau tentée 24 heures plus tard, mais il faut veiller à ce qu'elle puisse se nourrir dans l'intervalle. Quelquefois l'hostilité des abeilles est due à la présence d'une seconde reine dans la ruche ; ce cas est moins rare qu'on ne le suppose généralement ; il s'est présenté dans mes ruchers.

Lorsque les abeilles ne trouvent pas de miel au dehors, il est bon de nourrir la ruche pendant les jours que dure l'introduction. Le nourrissement se fait le soir.

Voici un autre procédé d'introduction des reines qui réussit généralement : on brosse ou on secoue les abeilles de la colonie orpheline sur un drap devant la ruche, on les saupoudre de farine, puis on place au milieu d'elles la reine également enfarinée. La famille rentre dans la ruche avec la reine, qui sera acceptée sans autre formalité.

Les reines arrivées de l'étranger sont fatiguées, et il convient de leur laisser quelques heures de repos avant de les introduire.

Si, par défaut d'habitude, éprouvant de la difficulté

à trouver la reine à supprimer, on était forcé de remettre l'opération au soir ou au lendemain, il faudrait
prendre la précaution de nourrir la reine dans un étui.
On peut la mettre dans une ruchée quelconque, entre
deux rayons de miel qu'on égratigne ; on peut aussi
la conserver dans une pièce suffisamment chaude en
lui donnant du miel ou du sirop de sucre. Pour cela,
on place quelques gouttes de bon miel ou de sirop sur
du papier blanc et on roule l'étui dans ce papier.
M. Dadant, que je cite textuellement pour ce dernier
paragraphe, dit avoir conservé ainsi des reines avec
4 ou 5 abeilles pendant plusieurs semaines pour expérience, avec la seule précaution de renouveler la provision tous les jours.

Quand on dispose de jeunes reines qui viennent
d'éclore, on peut les introduire immédiatement, avec
une bouffée de fumée, et même sans autre précaution
que de procéder sans heurt.

Une ruche dans laquelle il y a beaucoup de jeunes
abeilles qui naissent est très favorable pour l'accep-
tation d'une nouvelle reine. On a imaginé, sur ce fait,
des procédés d'introduction pour des reines de grand
prix, spécialement en déplaçant la ruche pendant que
les vieilles abeilles sont sorties.

Réunions. — Pour réunir deux colonies ensemble,
opération qu'on fait le soir, il faut préalablement les
enfumer un peu pour leur faire absorber du miel et
même, par surcroît de précaution, les asperger d'eau
sucrée aromatisée dont on prend des gorgées qu'on répand en pluie fine sur les rayons en serrant les lèvres.
On espace les rayons de la ruchée qui recevra l'autre
et dans chaque vide on intercale un rayon de celle-ci
avec ses abeilles. Les abeilles restant dans la ruche
vidée sont balayées ou secouées dans l'autre ; puis on

envoie de nouveau de la fumée et on referme. L'eau sucrée peut être remplacée avec avantage par de la farine dont on saupoudre les abeilles des deux familles.

Il faut avoir soin de grouper au centre les rayons contenant du couvain. Si tous les cadres ne trouvent pas place dans la ruche, on enlève naturellement les moins garnis de miel après en avoir brossé ou secoué les abeilles.

Lorsqu'une colonie sans reine est réunie à une autre, c'est cette autre qui doit recevoir les rayons de l'orpheline. Si les deux familles ont chacune leur reine, on peut laisser aux abeilles le soin de choisir celle qu'elles garderont, mais si l'apiculteur sait qu'une des deux est meilleure que l'autre, il fera bien de détruire la moins bonne.

Une très grande disproportion de population entre deux familles peut être cause de l'extermination de la plus faible, si l'on ne prend pas un surcroît de précaution, comme par exemple de donner aux deux colonies, avant la réunion, du sirop parfumé (anis, menthe, etc.). De même si on ne veut pas exposer la vie d'une reine de prix, on l'enferme pendant 24 heures dans une cage entre deux rayons, comme dans les introductions.

On peut aussi faire une réunion en secouant ou balayant toutes les abeilles des deux familles sur un drap étendu devant la ruche et en les saupoudrant de farine au moyen d'un tamis. Elles entreront et se mêleront sans qu'il y ait lutte. Ce procédé convient lorsqu'il s'agit d'essaims ou de ruchées logées dans des modèles différents.

Précautions lors des réunions, déplacement ou suppressions des ruchées. — La ruche dans laquelle on vient de faire une réunion, de même que toute ruchée déplacée à petite distance (déplacement qu'il faut éviter autant que possible) doit recevoir immédiatement devant son entrée une pièce de bois inclinée qui masque suffisamment le trou de vol pour forcer les abeilles à s'apercevoir, dès leur sortie, que leur domicile a changé, et à s'orienter de nouveau avant de s'éloigner. Au bout de quelques jours, la planchette devient inutile.

Pour déplacer une colonie à petite distance, il est préférable, si cela se peut, de lui faire faire autant d'étapes qu'elle a de mètres à parcourir ; on la déplace le soir après chaque jour de sortie des abeilles. Il se perd ainsi moins d'abeilles. Autrement on a recours à l'obstacle devant l'entrée comme dans les réunions. Ces précautions ne sont pas nécessaires si la colonie est transportée à plus de deux kilomètres. Pour les déplacements à une distance moindre, la meilleure époque, quand on peut choisir, est la saison morte.

Si, pour déplacer une colonie, on la réduit à l'état d'essaim, en forçant, au moyen de la fumée, ses abeilles à se gorger de miel, puis en les secouant dans une caisse où elles seront laissées quelques heures, la famille perd mieux le souvenir de son ancien domicile. Ses rayons de couvain peuvent être momentanément confiés à une autre ruchée qui les soignera.

Lorsqu'on supprime une colonie par réunion, il faut emporter la ruche vide ou tout au moins la masquer de façon à dépister les abeilles qui voudraient y rentrer.

Mais reprenons notre visite.

Ouvrières pondeuses. — Il se peut enfin que la ruchée ne possède que du couvain de mâles, sans reine, situation due à la présence d'ouvrières pondeuses. Cette colonie n'a plus aucune valeur et doit être

démontée. Nous emportons la ruche à quelque distance
et secouons les abeilles à terre, après leur avoir fait
absorber du miel pour leur donner la chance d'être bien
accueillies par les colonies voisines. Peut-être vaudrait-
il autant la détruire. On peut aussi répartir abeilles et
rayons entre plusieurs colonies, en prenant les précautions usitées dans les réunions.

Couvain. — Les opercules du couvain sont de couleur brunâtre et plus ou moins foncés, selon l'âge
du rayon. La présence de plus ou moins grandes pla-
ques *compactes* de couvain d'ouvrières est l'indice d'une
bonne reine. Si le couvain est par trop disséminé sur
le rayon, la ruchée est á surveiller. Il se peut que la
reine soit affaiblie, mais on sera mieux fixé sur ce
point à la seconde visite huit ou dix jours plus
tard.

Quelquefois la dissémination du couvain est le premier symptôme de la maladie de la loque, dont nous
reparlerons plus loin. Si l'apiculteur a quelque motif
de se méfier de son voisinage ou de la provenance
d'abeilles récemment acquises, il peut, par mesure de
prudence, déposer dans la ruche un peu de camphre
dans un chiffon ou du papier, ou bien un peu de naphtaline (voir *Avril*, **Loque**) et renouveler la dose après
évaporation.

On voit apparaître quelquefois du couvain de mâles
dès la fin de mars dans les fortes colonies, mais, en
général, lorsque la ponte des mâles commence déjà en
février ou tôt en mars, c'est l'indice que la reine est
affaiblie : ruche à surveiller.

Il peut arriver qu'une ruche possédant une reine
n'ait pas encore de couvain dans la seconde quinzaine
de mars, bien que le cas soit rare. Le simple fait de la
visite doit provoquer la ponte : si donc deux ou trois

jours plus tard on ne trouve pas d'œufs, c'est que la reine ne vaut rien.

Colonies à démonter. — En résumé, toute colonie trouvée orpheline avant la grande récolte doit recevoir immédiatement une reine ou être réunie à une autre. Toute colonie ayant une reine affaiblie ou bourdonneuse doit être rendue orpheline et traitée comme telle. Toute colonie infestée d'ouvrières pondeuses doit être démembrée.

Les colonies orphelines étant très sujettes à être pillées, on doit remédier à leur état aussitôt que possible, car le pillage se généralise promptement et peut amener la ruine d'un rucher.

Ruchées faibles. — Les ruchées faibles en population à la fin de mars doivent être conservées si elles ont une reine et du couvain d'ouvrières, car elles peuvent parfaitement, avec des soins, se développer à temps pour la grande récolte. Ce sont elles qui doivent de préférence recevoir les populations orphelines. C'est seulement dans la seconde moitié d'avril ou en mai qu'il faut rendre orphelines et réunir à d'autres familles celles restées peu peuplées. Il est trop tôt fin mars pour décider du sort d'une colonie faible et de la valeur d'une reine.

Une famille est considérée comme faible *fin mars* lorsque le groupe des abeilles n'occupe que trois rayons de 10 à 12 décimètres carrés, ce qui suppose une population de 7000 à 8000 ouvrières. Une colonie réduite au-dessous de ce chiffre ne peut se développer à temps et doit être réunie à une autre.

Nettoyage des ruches. — Lors de la visite, il faut racler et essuyer les plateaux. Le racloir est une lame de fer de 1 cm. de largeur montée en T sur un long manche. Pour les ruches à plateaux mobiles, on soulève la caisse par derrière au moyen d'une cale et on passe le racloir (fig. 9), puis la brosse. Un autre moyen consiste à avoir un plateau de rechange : la ruche est déplacée avec son plateau, le nouveau plateau prend sa place et la ruche est remise dessus. L'ancien plateau nettoyé sert pour la ruche suivante.

On fait disparaître l'humidité des ruches en ôtant les couvercles quand il fait beau. Le soleil donne sur les coussins ou paillassons et en pompe l'humidité. S'il s'agit de ruches s'ouvrant par le côté, on sort les paillassons et on les expose au soleil.

Les abeilles nettoyent les rayons moisis, mais si la population est faible, il faut les ôter pour les faire nettoyer plus tard par quelque forte colonie ou, ce qui vaut mieux si l'on est suffisamment approvisionné de bâtisses, les mettre à la fonte.

Lorsqu'une ruche est démontée, il faut en profiter pour la racler à l'intérieur et la réparer ou repeindre, s'il y a lieu. Et même, si l'on a quelque motif pour redouter la loque, la prudence indique qu'il faut aussi la désinfecter, soit au moyen de la vapeur de soufre, soit en la lavant avec un des désinfectants connus (voir plus loin *Avril*, **Loque**).

Aplomb des ruches. — On a l'habitude, pour l'hiver d'incliner légèrement en avant les ruches mobiles (cela ne peut se faire avec les ruches assemblées en pavillon), afin de faciliter l'écoulement des eaux de condensation. Il faut avoir soin au printemps de remettre les caisses bien d'aplomb, autrement les abeilles, qui suivent une direction verticale dans leurs constructions, risqueraient de ne pas bâtir dans le plan exact des cadres. L'aplomb est également nécessaire au bon fonctionnement des nourrisseurs.

Précautions contre le froid. — C'est au sortir de l'hiver, lorsque le couvain apparaît et prend un certain développement, qu'il est *de la plus grande importance* de veiller à la conservation de la chaleur dans les ruches. On doit se garder d'enlever l'attirail d'hiver : paillassons, coussins, etc., car il devient plus nécessaire que jamais. De même, il faut laisser les ruches ouvertes le moins longtemps possible, restreindre provisoirement l'espace réservé aux abeilles, de façon à ce que leur groupe embrasse et réchauffe tous les rayons laissés, et remettre les partitions si elles avaient été supprimées pour l'hivernage.

Diarrhée des abeilles. — Les abeilles sont sujettes, surtout en hiver et au printemps, à une indisposition qui a pour résultat de leur faire lâcher leurs excréments soit dans la ruche, soit sur elles, au lieu d'aller plus loin, comme c'est leur habitude lorsqu'elles sont bien portantes. Au début, ce n'est qu'une maladie passagère, due avant tout à une réclusion prolongée et souvent aggravée par la mauvaise qualité de la nourriture. Cependant, cet état, lorsqu'il se prolonge, finit par prendre un caractère contagieux par l'infection qu'il produit dans la ruche et peut amener la mort des abeilles et le dépeuplement de la colonie. Chez nous, il prend rarement des proportions aussi graves et cesse d'habitude aussitôt que les abeilles peuvent faire de fréquentes sorties et changer de régime. Une nourriture trop claire, donnée tardivement à l'automne, les prédispose à la diarrhée, de même que certaines miellées de feuilles d'arbres, les sucs de fruits, etc.

La fausse-teigne est un petit papillon de nuit qui pose ses œufs, soit dans les ruches mêmes, soit à l'entrée de celles-ci ou dans les fissures de leurs parois, et dont les larves ou chenilles (blanches à tête rousse) se nourrissent des matières azotées contenues dans les rayons. On en voit çà et là quelques-unes au printemps dans les rayons de couvain, qu'elles sillonnent de leurs galeries tapissées de soie[1]. Ces chenilles font de grands ravages dans les contrées chaudes, mais chez nous, à de rares exceptions près, elles ne causent réellement de dégâts que dans les ruches négligées, orphelines ou dépeuplées et dans les rayons sortis des ruches lorsqu'ils ne sont pas mis à l'abri de leurs atteintes. Lorsqu'on rencontre des chenilles de fausse-teigne, il faut les détruire (en ouvrant leur galerie avec une épingle), mais le plus sûr moyen de s'en préserver est de nettoyer fréquemment les plateaux des ruches au printemps et de ne laisser aux populations faibles que les rayons qu'elles occupent aux heures où leur groupe est compact.

Les Italiennes s'en défendent beaucoup mieux que la race commune.

On en garantit les rayons de réserve, soit en les enfermant dans une caisse ou armoire où l'on brûle de temps en temps un peu de soufre, soit en les suspendant dans un local sombre, frais et aéré. Si les rayons sont espacés entre eux de deux à trois centimètres, la fausse-teigne passe moins facilement de l'un à l'autre. Mais le moyen le plus parfait pour conserver les rayons est l'emploi du tétrachlorure de carbone.

On avait d'abord essayé le sulfure de carbone qui, s'évaporant assez vite, puisqu'il bout à 42°, détruit en deux minutes tous les insectes et leurs œufs. Mais le sulfure de carbone a un défaut : ses vapeurs s'enflamment. Il reste un précieux moyen pour défendre nos rayons de cire, mais il exige, à cause du danger d'in-

1. Le couvain sur lequel la teigne a passé n'est pas cacheté par les abeilles.

cendie, des précautions qui sont absolument inutiles avec le tétrachlorure. En effet, ce dernier corps est incombustible. Il produit le même effet sur les fausses-teignes, un peu moins vite, parce qu'il s'évapore moins facilement, et on peut opérer dans une pièce où il y a du feu. Toutefois, ses vapeurs sont toxiques, comme celles du sulfure de carbone ; on n'a rien à en redouter si on se contente de faire sa besogne, mais il serait dangereux de s'amuser à le respirer, ou de laisser la bouteille débouchée dans une chambre à coucher.

On emploie le tétrachlorure de carbone en le versant dans une soucoupe, ou dans un flacon à très large goulot, qu'on dépose à la partie supérieure du magasin à rayons, en fermant hermétiquement celui-ci. Les vapeurs, plus lourdes que l'air, se répandent dans le meuble en détruisant absolument tous les insectes et leurs œufs. Il est inutile d'ajouter que l'armoire à rayons doit être très bien close. Si elle avait quelques fentes on les boucherait en y collant des bandes de papier. On met une cuillerée à bouche de liquide pour dix rayons et seulement 100 grammes pour une armoire contenant 150 rayons.

Précautions contre le pillage. — L'abeille est essentiellement avide de matières sucrées et a le sens de l'odorat très développé. Elle préfère par-dessus tout le nectar des plantes, mais lorsqu'il n'y a pas de miellée son activité la porte à fureter partout en quête de butin, et si elle peut s'emparer des provisions de ses voisines elle ne s'en fait pas faute.

Lorsque les fleurs ne donnent pas, il y a constamment autour de chaque ruche quelques rôdeuses cherchant à s'introduire, et si une d'elles réussit à tromper la vigilance des gardiennes et à emporter un chargement de miel, elle reviendra avec des camarades qui tenteront d'entrer de vive force. Les ruchées dans des conditions normales, c'est-à-dire qui ont une population ordinaire, une reine et du jeune couvain, se défendent bien [1], mais celles qui sont orphelines ou très faibles en population, ou qui n'ont pas de couvain, ou dont l'entrée est trop grande (en temps de disette au dehors) pour être facilement gardée, ou encore qui, par suite d'un accident survenu à un rayon ou d'une fausse manœuvre, répandent une forte odeur de miel, celles-là risquent fort d'être attaquées et d'avoir le dessous. Les colonies que l'on nourrit et celles dont l'habitation présente des fissures sont également très sujettes à être pillées.

La nourriture, à l'exception du miel en rayon et du sucre à l'état solide ou en pâte, doit toujours être donnée le soir et retirée le matin s'il en reste dans le nourrisseur. Les entrées doivent être tenues plus étroites tant que la miellée ne donne pas et être réduites au passage d'une ou deux abeilles pour les colonies très faibles, orphelines ou fraîchement transvasées.

L'odeur du miel ou du sirop répandu grise les abeilles ; celles qui ont pu, soit se livrer au pillage d'une ruche voisine, soit s'emparer de matières sucrées laissées imprudemment à leur portée hors des ruches. deviennent très excitées ; elles se jettent sur les autres colonies et cela peut dégénérer en une bataille générale dans le rucher. C'est surtout au printemps, puis après la principale miellée qu'il faut exercer une grande surveillance. Une ruche laissée ouverte, un rayon de miel oublié au dehors, du sirop répandu peuvent avoir les plus graves conséquences. De même, toutes les manipulations du miel doivent être faites dans un

---

1. Les Italiennes et surtout les Chypriotes, se défendent mieux que la race commune ; les Carnioliennes sont les moins habiles de toutes, c'est leur principal défaut.

local clos, sans fissure. Il nous est arrivé de voir une maison, où l'on extrayait le miel dans une pièce ouverte littéralement assiégée ; les abeilles se battaient au rucher et attaquaient les passants sur la route. Gare aux animaux dans ces cas-là. Un désordre analogue s'est produit dans un rucher où l'on avait laissé entr'ouverte l'armoire aux rayons.

Lorsque le pillage a pris un certain développement, il n'est pas facile de l'arrêter ; après en avoir supprimé la cause originelle, il faut rétrécir les entrées de toutes les ruches et asperger d'eau (sous forme de pluie) celles où le pillage se produit. On peut aussi emporter à la cave soit les ruchées qui pillent, soit les pillées. On a conseillé de poser sur la planchette d'entrée de la ruche pillée un chiffon imbibé d'acide phénique ou de pétrole, de transformer son entrée en un long défilé au moyen d'un petit conduit, d'incliner une lame de verre devant l'entrée, etc. Tous ces derniers moyens réussissent quelquefois, mais souvent ne suffisent pas.

Lors de la première visite, il faut réduire les entrées à 5 cm. de longueur environ ; plus tard, on les agrandira, comme il est dit plus loin.

Manière de peupler une ruche. — On ne devrait débuter en apiculture qu'avec une colonie, ou deux à trois au plus si l'on veut se rendre compte des dangers que présente le pillage, cette pierre d'achoppement des ruchers mal tenus. Le commençant consacre la première année à observer, à s'aguerrir, à se rendre compte des ressources que présente la contrée et du plus ou moins d'aptitude et de goût qu'il se sent pour la culture des abeilles, à faire son premier apprentissage, en un mot, car il faut plus d'un an pour faire un apiculteur. A quoi bon se lancer dans des dépenses avant de savoir si l'on sera disposé à les continuer ?

Pour peupler une ruche à rayons mobiles, on peut s'y prendre de deux manières : transvaser une colonie avec ses rayons, de l'habitation où elle se trouve dans celle qu'on lui destine, ou bien introduire dans la ruche préparée un essaim fraîchement recueilli (voir plus loin **Mise en ruche d'un essaim**). Le premier moyen n'est guère à la portée de celui auquel les abeilles sont tout à fait étrangères s'il n'a pas l'aide d'un praticien ; mais, s'il a un voisin expérimenté pour lui donner un coup de main, c'est le meilleur, en ce que la colonie peut entrer en campagne dès le premier printemps, armée de toutes pièces. Nous décrirons du reste ci-après comment on s'y prend pour faire un transvasement.

Pour se procurer des essaims, on peut, soit acheter à l'avance une ou plusieurs ruchées communes et attendre qu'elles essaiment, soit s'inscrire chez un voisin pour des essaims quand il lui en sortira, soit enfin s'adresser à un éleveur.

Achat d'une ruchée. — Si le vendeur est honnête, le mieux est de s'en rapporter à lui ; lorsqu'on s'adresse à un étranger, il faut retourner la ruche après l'avoir légèrement enfumée et s'assurer que les rayons en sont bien couverts d'abeilles, qu'elle contient quelques provisions et une certaine quantité de couvain. Le couvain se trouve d'habitude au centre de la ruche et on le reconnaît à ce que les couvercles des cellules qui le contiennent sont d'un brun clair, tandis que ceux du miel sont jaunâtres et moins opaques. Les couvercles plats indiquent du couvain d'ouvrières, tandis que les bombés recouvrent des nymphes de mâles ; s'il se trouve un trop grand nombre de ceux-ci ou si l'on en aperçoit dans une ruche avant le mois d'avril, c'est généralement un mauvais signe. La reine ne pondant pas en novembre ni en décembre, il ne faut pas s'attendre à trouver du couvain à cette époque ; en janvier, en février il n'y en a pas toujours, aussi vaut-il mieux n'acheter qu'en mars ou avril, afin de pouvoir vérifier par le couvain la présence de la reine. Une ruche qui a donné un essaim l'année précédente est en possession d'une jeune reine.

Transport des ruchées. — Pour transporter une ruche en paille à distance, on la tient retournée et couverte d'une serpillière ou d'une toile à fromage bien ficelée. Pour l'entoiler sans être piqué et sans perdre d'abeilles, on s'y prend avant le soir ; on enlève la ruche de son plateau après avoir enfumé légèrement, on balaie celui-ci et on le recouvre de la serpillière, puis on remet la ruche en place en s'assurant que l'entrée n'est pas obstruée. Le soir, quand toutes les abeilles sont rentrées, on relève la serpillière autour de la ruche en commençant du côté de l'entrée, on la ficelle et on retourne la ruche, qu'on emporte soit immédiatement, soit le lendemain matin. Si les rayons sont grands ou allongés dans le sens horizontal, il est bon de les soutenir en passant une ou deux baguettes au travers de la ruche, perpendiculairement aux rayons. L'opération devrait être faite la veille du transport, afin de laisser aux abeilles le temps de souder les rayons aux baguettes.

Pour détoiler la ruche on la repose préalablement sur son plateau et on détache la serpillière, qu'on étale, puis, un peu plus tard, quand les abeilles sont calmées, on soulève la ruche et on retire la toile en secouant les abeilles qui y sont accrochées.

S'il s'agit de transporter une ruche à cadres habitée, on en ferme l'entrée et on remplace ce qui recouvre les cadres par une serpillière ou un châssis tendu de toile métallique. Si les cadres ne sont pas maintenus en place, comme dans les ruches Layens ou Dadant, par des agrafes et des équerres ou des dentiers, il faut les consolider en intercalant entre eux sur les côtés des bandes de bois, ou en employant tel autre moyen adapté au genre de construction de la ruche.

Quelques pointes, à demi enfoncées, maintiennent l'adhérence des différentes parties : ruche, hausse et plateau. Deux cordes entourant le tout complètent l'emballage. On ne saurait prendre trop de précautions pour éviter que les abeilles, trouvant une issue ne sortent pour piquer gens et bêtes (voir *Ruches* et *Ruchers*, **Grillage pour le transport** et fig. 73).

En voyage elles ont grand besoin d'air, même en hiver, car elles développent beaucoup de chaleur et faute d'une aération suffisante elles peuvent périr suffoquées ou les rayons peuvent se détacher. Le char doit être sur ressorts, et la ruche sur un lit de paille. En été, il faut éviter de voyager de jour. Pour le transport en chemin de fer, nous clouons sur chaque treillis deux lattes de quelques centimètres d'épaisseur et par-dessus une planchette.

Transvasement. — On peut à la rigueur transvaser une colonie d'une ruche vulgaire dans une ruche à cadres en toute saison, mais la période de la mi-mars à la mi-avril est, avec la fin de l'été, l'époque la plus favorable.

Voici une manière de transvaser une ruche en paille : On peut opérer sur une table en plein air, loin de tout rucher, mais les abeilles sont attirées de si loin par l'odeur du miel qu'il est infiniment préférable, afin d'éviter le pillage, de le faire dans un local clos, en face d'une fenêtre fermée, munie au bas d'une feuille de carton destinée à recevoir les abeilles qui tombent fatiguées après avoir bourdonné quelques instants contre les vitres. Ces abeilles doivent être assez fréquemment versées dans la ruche, car elles périssent très vite d'inanition.

Celles qui étaient aux champs lorsque la colonie à transvaser a été emportée sont recueillies dans une ruche vide qu'on a eu soin de laisser à sa place. Après l'opération, elles seront réunies au reste de la famille. Lorsque la température s'est réchauffée et que la colonie est déjà populeuse, il y a avantage à extraire préalablement la majorité des abeilles de la ruche par le *tapotement* ; mais au début du printemps on peut très bien s'en dispenser, à la condition de détacher les rayons avec plus de précautions, afin de ne pas blesser la reine.

Le tapotement sert, soit dans les transvasements, soit pour extraire (en saison favorable) un essaim artificiel d'une ruche à rayons fixes. Je vais décrire cette opération, mais, je le répète, elle ne réussit bien que s'il ne fait pas froid.

On enlève la ruche de son plateau après l'avoir légèrement enfumée, on la place, retournée, entre les jambes d'une escabelle renversée et on dispose dessus une ruche en paille, dans la disposition d'un couvercle de boîte entr'ouvert ; une brochette de bois plantée dans les bords des deux paniers fait office de charnière et deux tringles de fil de fer recourbées aux extrémités servent de supports pour maintenir la capote soulevée à un angle d'environ 45º[1]. Les bords des deux paniers doivent se rencontrer à un endroit où aboutissent les rayons du centre[2]. L'opérateur, placé le dos au jour

1. C'est depuis que je connais la manière d'opérer de M. Cowan et de plusieurs autres apiculteurs, que je donne cette position au panier vide. Autrefois (*Conduite* 1882), je le plaçais comme un couvercle fermé, ce qui empêchait de suivre l'ascension des abeilles.

2. Un apiculteur a dit, dans la *Revue*, que le contact des deux paniers doit avoir lieu à l'endroit où se trouve le trou de vol dans la ruche habitée, quelle que soit la direction des rayons.

en face de l'ouverture, procède au tapotement, à mains
plates ou avec deux baguettes, en commençant par le
fond de la ruche et en continuant sur les bords graduellement, sans secouer le panier vide, dans lequel les
abeilles doivent finir par se réfugier avec la reine au
bout de 5 à 20 minutes, selon les circonstances. On
frappe doucement, de façon à ne pas endommager les
rayons, et on reprend haleine de temps en temps. Les
abeilles seront mieux disposées à monter dans le panier
vide, si l'on a eu soin de verser, dix minutes avant de
commencer, un peu de sirop chaud sur le sommet des
rayons. Si l'on suit des yeux l'ascension des abeilles,
on a beaucoup de chance de voir passer la reine qui
grimpe à la surface sur le dos des ouvrières. Il est
rare que toutes les abeilles quittent la ruche, l'important est que la reine ait passé.

Pour les essaims à extraire, c'est au juger qu'on fixe
la quantité d'abeilles à donner à l'essaim.

Si la reine n'est pas montée, ce qui arrive quelquefois et ce qu'on reconnaît assez vite à l'allure inquiète
des abeilles dans le panier d'en haut... on recommence.
Lorsqu'on a tapoté en vue d'un transvasement, on entrepose dans un coin le panier contenant la population
chassée, qui reste parfaitement tranquille jusqu'au moment où on la versera dans sa nouvelle demeure.

Il s'agit maintenant de détacher les rayons. Si l'on
n'a pas eu recours au tapotement, l'opération demande
un peu plus de fumée, et, comme nous l'avons dit,
plus de précautions à cause de la reine. Si l'on a la
bonne chance de l'apercevoir on s'arrange pour ne pas
la blesser, mais le plus souvent elle se cache. Il lui
arrive de se réfugier dans quelque débris de rayon,
aussi ne faut-il jamais en mettre aucun au rebut sans
l'avoir examiné. Avec des soins il n'arrive pas d'accident ; je n'ai jamais perdu une seule reine dans un

transvasement, et Dieu sait combien j'en ai faits, tant pour moi que pour mes collègues.

On peut soit couper la ruche en deux (en observant que le couteau passe entre deux rayons, ce qui facilite beaucoup la sortie des rayons), soit détacher ceux-ci successivement en commençant par les plus éloignés du centre, et cela au moyen des outils de différentes formes usités dans les anciens ruchers. Il faut envoyer de la fumée sur le chemin que l'instrument va suivre, afin de tuer le moins d'abeilles possible. A mesure qu'un rayon a été détaché, on en brosse les abeilles sur les autres rayons (ou dans le panier contenant la *chasse*) tant que l'opération n'est qu'en partie faite, et dans la nouvelle demeure lorsqu'on approche de la fin; puis on pose ce rayon sur la table, qui a été matelassée au moyen d'une ou deux vieilles couvertures.

L'important est d'arriver promptement aux rayons de couvain, dont il faut s'occuper avant tout. Quelques cadres de la nouvelle demeure ont été préalablement garnis de fil de fer recuit (n° 6 environ) de la façon suivante : le long de chaque côté du porte-rayon (ou traverse supérieure) on a planté, selon la largeur du cadre, 3, 4 ou 5 bons clous de tapissier, en les enfonçant seulement à moitié; puis on a attaché d'un côté, à chaque clou, un bout de fil de fer assez long pour faire le tour du cadre de haut en bas et rejoindre le clou correspondant de l'autre côté. C'est dans ce cadre préparé ainsi et posé à plat (fil de fer en dessous) sur une planchette, qu'on place les rayons découpés sur mesure. Selon la forme de la ruche en paille et celle des cadres à garnir, il faudra environ un ou deux rayons, l'un au-dessous de l'autre ou l'un à côté de l'autre, pour remplir le vide du cadre. On devra couper et affranchir ces rayons (sacrifier naturellement les moins bonnes parties, les grandes cellules, et ménager le couvain), en se servant d'un autre cadre comme de mesure, de règle et d'équerre. Les morceaux sans couvain compléteront la surface à remplir ; chacun devra être assez large pour être maintenu par deux fils. Il est bon de se pourvoir de quelques rayons surnuméraires pour remplacer ce qui tombe au découpage ou ne peut servir. Le couvain sera autant que possible placé à la même hauteur dans chaque cadre et concentré. Le cadre rempli, on relève les fils qui dépassent la traverse inférieure, on les ramène par-dessus les rayons et on les entortille aux clous d'attente en haut du cadre. Cela fait, on relève le cadre au moyen de la planchette sur lequel il repose et on le suspend dans la nouvelle ruche[1]; quand il y aura deux cadres de couvain terminés, on pourra verser les abeilles dessus, afin qu'elles couvent.

Les autres rayons seront fixés de même et viendront flanquer ceux à couvain de chaque côté ; le couvain doit être encadré entre deux rayons de miel. Les partitions, qui auront dû être engagées à l'avance à leur place approximative et rapprochées par le haut pour conserver la chaleur, seront mises à leur distance exacte ; enfin la ruche sera recouverte, elle sera tenue dans l'obscurité et *ne sera reportée à sa place que le soir.*

Quelles que soient ses provisions, il sera bon de lui donner un demi-litre de sirop épais pour l'aider à préparer ses bâtisses. Pendant un ou deux jours, son entrée sera restreinte au passage de une ou deux abeilles, car il s'en échappera une forte odeur de miel qui ne manquera pas d'attirer les pillardes, et la colonie, occupée à ses travaux de réparation et de nettoyage, sera mal placée pour se défendre.

---

1. Lorsqu'on opère en saison froide, il est bon de réchauffer préalablement la ruche au moyen d'une brique chaude.

Au bout de quelque temps, on peut enlever les fils de fer qui soutiennent les rayons, mais il n'y a aucun motif de se presser.

Loin de nuire à une colonie, un transvasement fait en bonne saison semble la rajeunir et lui donner une nouvelle ardeur au travail. Le branle-bas produit par l'opération la place dans une situation analogue à celle d'un essaim qui se trouve avoir à organiser sa nouvelle demeure et s'y voue avec une activité spéciale.

Les transvasements sont beaucoup moins compliqués qu'on ne se le figure et il n'y a pas de manipulation dans laquelle on soit moins piqué. Ils demandent naturellement un petit apprentissage et le commençant fera bien de se faire aïder la première fois, mais c'est une opération fort instructive qu'il ne regrettera pas d'avoir tentée.

Abeilles étrangères. — Pendant que je traite de l'achat des abeilles, je voudrais donner encore un avis aux commençants : c'est de ne pas s'éprendre trop vite des races étrangères. Je suis fort éloigné de penser ou de vouloir dire du mal des Italiennes, des Carnioliennes, voire même des Chypriotes, qui toutes ont des qualités à côté des points faibles, mais la race commune est excellente et convient mieux sous tous les rapports pour un apprentissage, toujours accompagné de plus ou moins d'insuccès. Puis l'introduction d'abeilles étrangères a pour conséquence inévitable des familles de race croisée, qui travaillent bien, mais qui sont fréquemment d'un caractère plus agressif que les abeilles de race pure, et alors le novice ne voit plus le métier d'un aussi bon œil.

AVRIL

Nécessité du développement des colonies en temps opportun. — Si ce sont les influences indépendantes de l'apiculteur qui font les bonnes et les mauvaises récoltes, il dépend bien de lui de pouvoir tirer tout le parti possible de la miellée que les circonstances mettront à sa disposition. Pour y parvenir, étant donné qu'il possède au printemps un certain chiffre de ruchées, il doit diriger ses efforts de façon à avoir, au moment propice, non pas le plus grand nombre possible de colonies, mais des colonies contenant chacune le plus grand nombre possible d'abeilles aptes à s'approprier le nectar des fleurs, *ce qui est fort différent.*

En effet, il est acquis :

1º Que les colonies populeuses sont seules capables de donner un rendement, tandis que les faibles populations peuvent à peine récolter pour elles-mêmes.

2º Qu'une ruchée partagée en deux familles au moment de la principale miellée récoltera moins que si elle était restée réunie en une seule ; qu'il y a par conséquent avantage, si le but qu'on se propose est la production du miel, à empêcher les essaims ou au moins à les limiter au nombre nécessaire pour combler les vides qui peuvent se produire dans le rucher. (Voir *Mai*, **Essaims naturels** et **Essaimage artificiel**).

3º Que pendant la plus grande partie de l'année une famille d'abeilles vit uniquement sur des provisions amassées antérieurement ou fournies par son proprié-taire, tandis que l'espace de temps pendant lequel elle récolte plus que pour sa consommation journalière est généralement fort court.

4º Que l'élevage du couvain coûtant beaucoup de miel, les abeilles nées en très grand nombre, ou trop tôt avant la récolte ou après, sont pour l'apiculteur une perte sans compensation.

5º Enfin que l'homme peut, dans une grande mesure, augmenter ou restreindre la production du couvain dans une famille d'abeilles.

L'apiculteur doit donc avant tout connaître l'époque de la principale floraison dans sa contrée et conduire ses ruchées en conséquence, afin d'être prêt juste au bon moment. Cette époque varie dans chaque pays selon le climat, le sol et les cultures. Elle peut se présenter plus ou moins tôt dans la saison et sa durée peut varier beaucoup aussi. Elle est généralement pré-cédée ou suivie de miellées de moindre importance, fournissant cependant dans certaines années un ap-point qui n'est pas à dédaigner. Ici, telles fleurs cons-tituent la principale miellée, tandis qu'ailleurs elles ne donnent qu'un produit insignifiant, soit parce qu'elles s'y trouvent en moins grande abondance, soit parce que les influences atmosphériques sont autres [1]. C'est à l'apiculteur à étudier son terrain.

Dans les régions où la principale floraison a lieu tard, tout en ayant été précédée de miellées secon-

---

1. Ce fait est frappant pour l'épine blanche, les arbres fruitiers, le robinier-acacia, le tilleul, le trèfle blanc, etc.

daires, les ruchées qu'on a laissé se développer normalement et naturellement peuvent se trouver assez populeuses pour s'approprier le maximum de la récolte. Mais chez nous et dans les contrées à climat analogue, les principales fleurs mellifères apparaissent généralement à une époque où les colonies laissées à elles-mêmes (au point de vue de l'élevage du couvain) ne sont pas encore assez fortes pour envoyer un nombre suffisant de butineuses à la récolte. L'intervention de l'homme devient alors nécessaire.

C'est au moyen de ce qu'on appelle le nourrissement stimulant et grâce à l'agrandissement graduel de l'habitation des abeilles qu'on favorise le développement rapide des colonies.

Nourrissement stimulant. — La reine pond en raison de la nourriture que les ouvrières lui offrent avec leur langue et des cellules qu'elles mettent à sa disposition ; les ouvrières, de leur côté, sont guidées en cela par la température, par le degré de sécurité que leur inspirent leurs réserves de vivres et par l'importance des apports de miel nouveau. L'apiculteur peut donc, en facilitant aux ouvrières l'entretien d'une bonne température dans la ruche et en faisant des distributions de nourriture simulant une récolte, les déterminer à nourrir la reine plus abondamment. Mais la chaleur doit marcher de front avec le nourrissement et celui-ci ne doit pas provoquer la sortie des abeilles à des moments où la température extérieure leur serait fatale ; aussi évite-t-on de donner de la nourriture liquide avant que l'air ne se soit un peu réchauffé. Les abeilles depuis longtemps en réclusion font de courtes sorties par 7 à 8° C., mais il faut quelques degrés de plus pour qu'elles puissent voler au dehors librement et ne soient pas exposées à tomber engourdies en traversant des couches d'un air plus froid que celui qui environne la ruche. Le nourrissement stimulant doit donc être appliqué avec circonspection et jugement. Ainsi, une population faible doit être traitée par la chaleur et la nourriture solide avant d'être stimulée par la nourriture liquide, car l'espace qu'elle pourra réchauffer à la température de 36 degrés sera nécessairement limité par la petitesse du groupe qu'elle forme. Ce n'est que lorsque les naissances successives de jeunes abeilles lui auront permis d'étendre son groupe et de réchauffer un plus grand nombre de cellules qu'on pourra la stimuler plus activement.

Je n'engage personne à appliquer le nourrissement stimulant à des abeilles logées en ruches construites trop légèrement et par conséquent trop accessibles aux variations de la température extérieure. A l'époque où le nourrissement se fait, les retours de froid sont inévitables et il ne faut pas qu'une pauvre colonie qu'on a, pour ainsi dire, forcée d'élever beaucoup plus de couvain qu'elle ne l'aurait fait spontanément, se voie obligée, en resserrant son groupe, d'abandonner une partie de sa progéniture et d'arrêter la ponte de sa reine, conséquences sur lesquelles il est inutile d'insister.

Il y a d'ailleurs des printemps au cours desquels il n'est pas possible de nourrir lorsque la température se maintient trop basse. Ce fait s'est produit à plusieurs reprises dans la période froide de 1910 à 1915. Il ne faut donc pas marchander les provisions à l'automne, sous le prétexte qu'on interviendra au printemps, parce qu'on n'est pas maître du temps.

On a observé qu'une colonie normale, bien conduite, peut atteindre son développement en six à sept semaines. C'est donc 45 à 50 jours avant l'époque habituelle de la principale miellée dans le pays qu'on commence à stimuler la ponte. Intervenir plus tôt serait, ainsi que cela a déjà été expliqué, plus nuisible qu'utile, vu la rigueur de la saison. A Nyon, je commence dans les premiers jours d'avril si le temps le permet ; je m'y prenais un peu plus tôt autrefois, mais j'ai trouvé préférable de ne pas me presser autant : la première inspection est très suffisante pour donner une légère impulsion à l'élevage sans provoquer des sorties intempestives et meurtrières. La ponte, qui n'est au début que de quelques œufs, augmente graduellement avec le nombre des couveuses et finit par s'élever au bout de quelques semaines à 2000, 2500 et 3000 œufs en 24 heures, 4000 même si la reine est exceptionnellement bonne. Mais ce chiffre ne peut être atteint que s'il y a dans la ruche assez de nourrices pour prendre soin de tout ce petit monde, et malheureusement c'est souvent la mortalité des ouvrières qui arrête le développement du couvain. Dans certaines saisons et dans les localités exposées aux vents froids du printemps, il se perd quelquefois beaucoup d'abeilles au dehors, et si l'apiculteur peut éviter les fausses manœuvres qui provoquent des sorties intempestives et empêcher celles-ci dans une certaine mesure en fournissant aux abeilles la farine, le sel et l'eau à portée, il ne peut pas toujours prévenir les pertes au dehors.

Ce qui oblige l'apiculteur à stimuler ses abeilles d'aussi bonne heure dans la saison, alors que les intempéries leur font encore courir des dangers, c'est qu'il doit avoir ses contingents de butineuses prêts pour la récolte. Or, une ouvrière, comme nous l'avons dit, ne devient butineuse que 35 jours environ après que l'œuf dont elle est issue a été pondu[1], et une

---

1. On voit des abeilles devenir butineuses avant 37 jours, mais cela ne se présente généralement que dans les ruchées où les abeilles plus âgées font défaut.

colonie doit avoir pour entrer en campagne, à l'arrivée de la principale miellée, une population d'au moins 50,000 ouvrières (butineuses et nourrices) ; une bonne ruchée arrive à 70 et 80,000. On voit des populations de 100,000 abeilles et plus, mais il est rare de pouvoir atteindre ces chiffres dès le début de la récolte.

Lorsqu'on a commencé le nourrissement stimulant, on doit aller jusqu'au bout, c'est-à-dire veiller à ce que les vivres ne fassent jamais défaut, car la consommation augmente en raison de l'élevage : c'est surtout aux approches de la grande miellée qu'il faut de la vigilance. Si l'on suppose que chaque abeille coûte, pour être formée, le contenu d'une cellule en miel, pollen et eau, soit près de quatre fois son poids, 40,000 abeilles à naître nécessiteraient environ 16 kil. de nourriture, dont le miel représente une bonne partie[1].

On a employé divers moyens pour activer la ponte. Le plus élémentaire consiste à frapper de temps en temps contre la ruche pour déterminer les abeilles à se gorger de miel, à s'agiter (à produire de la chaleur) et à nourrir la reine. Ou bien on décachète quelques alvéoles de miel, ce qui donne le même résultat. Dans ces deux cas, la colonie doit être pourvue de bonnes provisions.

Le moyen le plus usuel, le plus efficace, mais aussi le plus laborieux et celui qui demande le plus de circonspection, consiste à distribuer aux colonies de petites doses de sirop ou mieux de miel dilué. On commence par 100 à 200 gr. tous les trois ou quatre soirs ; puis la température se réchauffant peu à peu et la famille se développant, on augmente les doses. Il ne s'agit pas naturellement de s'astreindre à la ponctualité qu'exige le soin du bétail : le temps manque

1. 10,000 abeilles pèsent environ 1 kilo ; 10.000 petites cellules à couvain contiennent environ 4 kilos de miel.

souvent et le rucher peut être situé à une certaine distance. L'important c'est que les abeilles reçoivent de temps en temps une nouvelle distribution s'il n'y a pas d'apport du dehors, et soient toujours dans l'abondance. Il faut donc faire de courtes inspections de temps à autre ; par une bonne température, elles sont loin d'être nuisibles et ce n'est que lorsque la grande récolte a commencé qu'il devient préférable de les éviter le plus possible.

Les petites miellées qui se présentent avant la récolte proprement dite sont d'un grand secours, en ce qu'elles stimulent la ponte bien mieux que les procédés artificiels ; mais les apports qui en proviennent sont souvent insignifiants ou insuffisants pour l'entretien de la colonie, aussi l'apiculteur qui peut faire la dépense d'une balance sur laquelle il établit une ruche ne doit pas hésiter à recourir à ce mode d'observation aussi intéressant qu'utile pour suivre la marche d'un rucher (fig. 13).

Aux approches de la grande floraison, lorsque le mauvais temps se prolonge pendant plusieurs jours, celui qui ne déploie pas une grande vigilance risque fort d'échouer au port, car la consommation journalière est devenue très considérable. Nous avons vu des ruches perdre 500 gr. de leur poids en 24 heures. A ce moment, les magasins à miel sont souvent placés (voir *Mai*) et il ne convient plus de donner un sirop qui risquerait d'être transporté dans ces magasins. Aussi je recommande de garder en réserve pour cette époque critique quelques rayons contenant du miel de l'année précédente ; à défaut de rayons, il faut nécessairement donner du miel extrait. On peut aussi quelquefois prélever des rayons de miel dans les ruches abondamment pourvues pour les donner à celles qui sont à court.

Beaucoup de bons apiculteurs contestent l'utilité du nourrissement stimulant à petites doses répétées[1], ou ne peuvent pas y consacrer le temps nécessaire, et se contentent de s'assurer que leurs abeilles soient constamment bien pourvues. S'il faut les secourir, ils donnent en une ou deux fois tout ce dont elles pourront avoir besoin jusqu'à la récolte ; mais si ces grosses distributions se font en nourriture liquide, les populations doivent être déjà d'une certaine force et, d'autre part, il faut veiller à ce que la nourriture donnée ne soit pas emmagasinée dans les rayons destinés au couvain ; il peut arriver en effet que la ponte soit entravée parce que la reine manque de place pour déposer ses œufs (voir **Agrandissement des habitations**).

En résumé, le nourrissement stimulant est avantageux dans certaines régions, comme j'en ai fait l'expérience, mais il est peut-être superflu dans d'autres, à condition toutefois que les colonies aient de fortes provisions de miel. Pour que l'apiculteur puisse se rendre compte si dans sa contrée il doit y recourir, il n'a qu'à faire l'expérience suivante: nourrir la moitié de son rucher et pas l'autre, en ayant soin de répartir ses colonies en deux parties égales sous le rapport de la force. Le résultat le fixera sur l'utilité de la stimulation dans les conditions où il se trouve.

Nourrisseurs. — Pour donner la nourriture liquide, les procédés sont aussi nombreux que variés ; voici l'un des plus simples, mais je ne dis pas l'un des meilleurs : une auge de 6 mm. de profondeur est entaillée dans la partie de derrière du plateau de la ruche (à l'opposé de l'entrée). Un trou de 15 mm. de

---

1. Il existe des régions privilégiées où l'abondance des fleurs printanières dispense du nourrissement stimulant.

diamètre, pratiqué vers le bas dans la paroi de derrière et incliné en dedans, permet d'introduire le tube d'un entonnoir coudé dans lequel on verse la dose de sirop voulue. A l'extérieur, un clapet en fort zinc, retombant de lui-même, ferme l'accès du trou aux abeilles du dehors (fig. 20 et 71 et pl. I et II).

Pour donner la nourriture à forte dose, on en remplit des bouteilles qu'on pose renversées et très légèrement inclinées sur le fond de l'auge en dehors d'une partition. Le liquide s'échappe graduellement à mesure que son niveau s'abaisse dans l'auge. Une cale quelconque empêche, au besoin, les bouteilles de tomber. On peut mettre plusieurs bouteilles à la fois ; le matin on retire celles qui n'auraient pas été vidées.

L'inconvénient de l'auge dans le plateau est de retenir dans le bas de la ruche tous les déchets de cire et les abeilles mortes. D'autre part, les abeilles prennent moins bien la nourriture dans le bas de la ruche que dans la partie supérieure. Le pillage est plus à craindre et, lorsque les abeilles n'ont pas vidé le plateau pendant la nuit, il est assez délicat d'en retirer le sirop qui reste.

De fait, on abandonne de plus en plus, dans la fabrication des ruches, l'auge dans le plateau.

MM. Ch. Dadant et fils emploient et recommandent de petits bidons en fer-blanc d'un litre environ, munis d'un couvercle emboîtant très exactement et percés de petits trous. Il les placent renversés sur les porte-rayons. On peut ménager dans le matelas-châssis, sur le bord de derrière, la place de deux ou trois bidons, en y pratiquant une ouverture encadrée de bois de trois côtés et garnie en bas d'un treillis métallique. Pendant le nourrissement, la toile en dessous est repliée de façon à permettre aux abeilles l'accès des nourrisseurs. Lorsqu'on ne nourrit pas, l'ouverture grillée est garnie d'une bande découpée dans une vieille couverture de laine ou de toute autre matière retenant la chaleur. Si l'on veut donner un grand nombre de bidons en une seule fois, on peut, comme le font MM. Dadant, les placer directement sur les porte-rayons, sans autre couverture que le chapiteau.

Le nourrisseur Siebenthal (fig. 18 et 19) se place directement sur les cadres. Il est un peu plus coûteux que les précédents.

Le nourrisseur Saudier, qui a été présenté par MM. Sautter et Odier, à Nyon, offre plusieurs grands avantages : il dispense d'ouvrir la ruche, évite tout danger de pillage et sa position permet d'administrer la nourriture très rapidement. Il se compose d'une boîte en fer-blanc enfermée dans une caisse en bois que l'on suspend par deux crochets contre la paroi de derrière de la ruche et qui communique avec l'intérieur par un trou de 5 cm. de diamètre. Dans l'intérieur de la boîte, afin d'empêcher les abeilles de se noyer, il y a un double grillage descendant jusqu'au fond. Quand on enlève le nourrisseur, on met un bouchon en bois pour fermer le trou.

Pour les ruches à l'allemande s'ouvrant par le côté, le meilleur nourrisseur consiste en un petit plateau de fer-blanc d'environ 120 mm. sur 70, avec rebords de 7 à 8 mm., qu'on introduit par l'ouverture pratiquée au bas de la fenêtre-partition. On en laisse dehors le tiers ou le quart pour pouvoir y verser le liquide, soit directement, soit en ajustant dessus une bouteille renversée. Ce petit plateau est muni d'une grille de fer-blanc perforée, de même hauteur et de même largeur dans œuvre et maintenue par un agencement qui permet de la faire glisser le long du dit plateau à la place correspondant au passage sous la partition. L'invention est de feu M. Blatt.

Le sirop employé comme stimulant doit être clair : 1 litre d'eau pour 2 kilos de miel, ou 1 ½ litre d'eau environ pour 2 kilos de sucre. Il est inutile d'y ajouter du sel.

Administrée à fortes doses pour servir de provisions, la nourriture doit contenir moins d'eau. On donne du miel pur ou, à défaut, un sirop épais : 10 kilos de sucre dans 6 litres d'eau avec une pincée de sel ; faire bouillir quelques minutes et ajouter ensuite 1 ou 2 kil. de miel pour empêcher la cristallisation. Ne jamais employer de miel étranger ou suspect sans l'avoir fait bouillir (avec 30% d'eau) pendant un quart d'heure.

Lorsqu'on nourrit en vue de faire construire des rayons, on peut employer des sucres roux de bonne qualité (non raffinés), qui, à ce qu'on a observé, conviennent mieux aux abeilles pour la production de la cire ; mais ces sucres doivent être rejetés pour l'hivernage.

Agrandissement des habitations. — Nous avons vu que le développement graduel des ruchées devait être favorisé par tous les moyens possibles ; or, pour qu'une famille augmente en population, il faut non seulement qu'elle puisse entretenir une chaleur suffisante et soit pourvue d'assez de vivres pour nourrir tout le couvain qu'elle peut élever, mais aussi qu'elle ait la place nécessaire à ce couvain, aux provisions et aux ouvrières elles-mêmes. Les abeilles ne bâtissent guère de rayons que lorsque leurs apports de miel dépassent leurs besoins journaliers[1]. Il faut donc, aussi

1. On peut en tout temps, si la température le comporte, déterminer les abeilles à bâtir, en les nourrissant abondamment et en réduisant le nombre des rayons dans la ruche, mais ce sera t un mauvais calcul que de forcer des colonies à bâti. trop tôt au printemps, alors que les jeunes abeilles sont peu nombreuses et que toutes les forces de la famille doivent être concentrées sur l'élevage du couvain.

longtemps que la miellée ne donne pas abondamment, fournir l'augmentation d'espace sous forme de rayons bâtis, à mesure des besoins. L'aspect de la ruche guide pour cela : lorsque les abeilles occupent en masse tous les rayons, on doit en introduire de nouveaux. Il est préférable de ne le faire que graduellement.

C'est par l'agrandissement au moyen de rayons tout bâtis, en aérant les ruches par le bas et en les abritant du soleil quand il fait chaud, qu'on réussit dans une certaine mesure à prévenir l'essaimage naturel, si nuisible au rendement de l'apiculture, au moins dans nos cortrées à courtes récoltes. Cette addition de rayons ne suffit pas, il est vrai, lorsque la miellée devient abondante ; les abeilles éprouvent alors un besoin naturel de produire de la cire, besoin qu'il faut avoir soin de satisfaire et d'utiliser en leur donnant, en outre des rayons, soit des cadres garnis de cire gaufrée (voir **Cire gaufrée**), soit des sections (voir **Miel en sections**).

Pour donner une idée du développement qu'une famille peut prendre en sept ou huit semaines, je mentionnerai ce fait qu'une colonie occupant à la fin de mars cinq rayons de 11 à 12 décm. carrés, en couvrira entièrement onze à douze aux approches de la grande miellée si elle a été bien conduite, et que vers le 25 mai sa population occupera cinq ou six cadres de plus (ou 11 à 12 demi-cadres) et peut-être davantage.

---

qui prime tout. De même que de très jeunes abeilles peuvent devenir butineuses avant leur âge normal pour cette fonction, lorsque les vieilles font défaut dans la colonie, les vieilles de leur côté peuvent encore à la rigueur bâtir et nourrir le couvain lorsqu'elles manquent de plus jeunes compagnes ; mais l'apiculteur se trouve toujours mal de ne pas tenir compte de cette loi naturelle de la division du travail, la besogne est mal faite.

L'espace occupé par les abeilles aura augmenté de 23 à 75 litres[1].

Bâtisses. — Remplacement des rayons défectueux, précautions à prendre en rajoutant des cadres. — L'apiculteur doit chercher à obtenir des rayons auss réguliers que possible et opérer petit à petit le remplacement de ceux qui sont défectueux. Il est difficile d'assigner une époque pour ce remplacement, qui ne peut se faire qu'à la longue. Dans un rucher de plusieurs années d'existence, les colonies sont hivernées sur de bons rayons et au printemps, il n'y a guère que les rayons trop moisis à exclure, si par hasard il s'en trouve ; mais dans les ruchers nouvellement créés, il peut y avoir des rayons provenant de transvasements et, partant, plus ou moins irréguliers ou hors de service ; d'autres, endommagés par la fausse-teigne et percés de trous ; d'autres, enfin, contenant une forte proportion de grandes cellules (à mâles), etc. De plus, il faut savoir chaque année *réformer* et fondre les vieux gâteaux trop déformés par les cellules de reines, et surtout contenant du vieux pollen (provenant des ruchées restées un certain temps orphelines), qui occupent une place inutile ou trompent par leur poids dans l'appréciation des provisions[2]. On verra plus loin que par l'emploi de la cire gaufrée on peut arriver promp-

---

1. Le cubage d'une ruche s'obtient en multipliant les dimensions intérieures du cadre l'une par l'autre, puis par la distance, de centre à centre, d'un rayon à l'autre ; le produit multiplié par le nombre des cadres contenus dans la ruche donne le cubage de celle-ci. Exemple ruche Dadant 46 cm. $\times 25 \times 3,8 \times 11 = 72$ litres. Le cubage calculé entre les parois de la ruche me paraît moins rationnel ; en tout cas, quel que soit le mode employé, on doit l'indiquer pour éviter les malentendus.

2. Des rayons de 12 décim. carrés, placés à la distance habituelle de 3,6 à 3,8 cm., contiennent, pleins, environ 4 kilos de miel, soit, en comprenant les deux faces du rayon, 1 kilo par 3 décim. carrés de rayon.

tement à se faire une belle provision de rayons (voir **Déplacement des rayons**).

Il est important de ne laisser que peu de cellules à mâles à la disposition de la reine : 200 à 300 suffisent (un demi-décimètre carré de rayon contient, en comprenant les deux faces, 265 cellules à mâles, ou 425 cellules ouvrières), et il faut même, autant que possible, que le rayon qui les contient soit l'un des plus éloignés du centre du nid à couvain. Supprimer entièrement les cellules à mâles serait une erreur, comme cela a déjà été expliqué. Si donc la ruche ne possède pas de ces grandes cellules au printemps, il faudra dans le cours d'avril, ou bien lui en fournir, ou lui permettre d'en construire quelques-unes (voir **Cire gaufrée**).

Le déplacement et l'addition de rayons dans une ruche doivent être faits méthodiquement et prudemment, surtout au printemps lorsqu'il fait froid et que les populations sont encore faibles. Le couvain doit toujours être couvé, c'est-à-dire couvert d'abeilles ; les rayons qui le portent doivent donc rester groupés ensemble et il ne faut rien intercaler entre eux tant que la température n'est pas élevée et que la colonie n'est pas très populeuse. Les rayons à ajouter se placent à l'une des extrémités du nid.

Le déplacement des rayons à couvain, pour les échanger les uns après les autres, opération permettant d'exclure graduellement du nid les rayons défectueux en les rapprochant petit à petit des extrémités jusqu'à ce qu'ils ne contiennent plus de couvain, ne doit être pratiqué que lorsque la population est déjà forte et la température réchauffée. De bons apiculteurs ont recours à ces déplacements pour activer la ponte ; ils intercalent au centre l'un des rayons de couvain des extrémités et en désoperculent les cellules à miel.

Il faut être déjà au courant du métier pour faire cette opération avec opportunité.

L'intercalation de rayons vides dans le nid à couvain demande aussi une certaine dose d'expérience que ne possèdent pas les débutants ; quant à celle de cadres garnis de cire gaufrée, ils doivent encore moins y songer. Scinder le nid à couvain en deux est une manœuvre fort dangereuse. Tout au plus peut-on, lorsque la population est forte, intercaler au centre un *rayon* préalablement réchauffé à l'une des extrémités.

Cire gaufrée. — Dans notre pays, c'est généralement dans la seconde moitié d'avril, si les fleurs donnent du miel, sinon en mai, que les abeilles commencent à montrer quelque disposition à produire de la cire, c'est-à-dire à bâtir, ce qui se reconnaît à ce qu'elles retouchent et rallongent avec de la cire plus claire les extrémités des cellules à miel en haut des rayons. Si les apports de miel ont quelque importance, le moment est venu de leur donner des feuilles de cire gaufrée, qui les dirigeront dans leurs constructions, leur fourniront une partie des matériaux et leur épargneront de la besogne. Il y aura ainsi économie de miel, de temps, de travail, et les rayons obtenus seront à petites cellules, selon le modèle fourni, réguliers et exactement dans le plan du cadre.

Chacune des deux faces d'un rayon est composée de cellules occupant la moitié de l'épaisseur du rayon et séparées de celles de l'autre face par une cloison centrale, régnant au centre du rayon sur toute son étendue et formant le fond des cellules. C'est cette cloison mitoyenne qu'un apiculteur allemand du nom de Mehring, a eu l'idée d'imiter. On l'obtient en faisant passer des feuilles de cire pure entre deux cylindres gravés, ou en versant la cire chaude entre deux plaquets montés comme des fers à gaufres. La gravure imprime dans la cire les fonds à facettes, ainsi que les rudiments des cellules (d'ouvrières) et, sur les reliefs que ces derniers présentent, les abeilles achèvent de faire leurs constructions.

Cette invention, qui rend d'immenses services à l'apiculture, n'a guère été appliquée au début que par mon compatriote Peter Jacob, fondateur du premier journal d'apiculture suisse (langue allemande), puis par quelques apiculteurs allemands ; mais·plus tard elle a été beaucoup perfectionnée aux Etats-Unis, d'où nous viennent actuellement la plupart des machines à cylindres (fig. 24, 25 et 26).

La fabrication de la cire gaufrée demandant un outillage assez coûteux et passablement de manipulations, fait l'objet d'une industrie spéciale. En adressant sa commande au fabricant, il faut avoir soin de lui indiquer les dimensions intérieures des cadres à garnir. C'est avec les cylindres qu'on obtient les plus belles feuilles, mais il se fabrique, à l'usage des apiculteurs qui aiment à faire tout eux-mêmes, des gaufriers au moyen desquels on façonne des feuilles que les abeilles acceptent aussi bien et qui sont moins sujettes à s'allonger et à se rompre sous l'influence de la chaleur (fig. 27).

Les feuilles sont de deux sortes. Les plus épaisses sont pour les rayons de nid à couvain et ceux du magasin à miel destinés à être vidés au moyen de l'extracteur (voir **Extraction du miel**). Ces rayons doivent avoir une grande solidité et les feuilles pèsent, selon la fabrication, de 1000 à 1200 gr. par 100 décim. carrés.

Pour la production du miel à livrer en rayons (boîtes ou sections, voir **Miel en sections**), on est parvenu à obtenir, avec de petites machines spéciales, des feuilles d'une minceur telle que la cloison mitoyenne des rayons achevés par les abeilles ne dépasse pas sensiblement en épaisseur celle des rayons naturels. Ces feuilles pèsent de 410 à 430 gr. par 100 décim. carrés.

Pose des feuilles gaufrées. — Il existe un grand nombre de procédés pour fixer la cire gaufrée dans les cadres, mais pour éviter au commençant l'embarras du choix, je ne décrirai en détail que celui auquel je donne actuellement la préférence.

Un rayon étant destiné à servir dix, quinze ans et plus et devant pouvoir être à volonté manié, transporté ou passé à l'extracteur, on ne saurait prendre trop de soin pour qu'il soit solidement fixé dans son cadre et ne risque pas de se rompre, quelle que soit la position dans laquelle on le tient ou le place. D'autre part, la cire gaufrée est sujette à se dilater sous l'influence de la chaleur de la ruche, à s'étirer ou à s'allonger sous le poids des abeilles ou du miel lorsque les cadres ont une certaine hauteur[1]. On a donc jugé avantageux de soutenir les feuilles gaufrées au moyen de fils de fer tendus dans l'intérieur des cadres et noyés dans la cire.

On perce dans les deux traverses du cadre, bien au centre de leur largeur, des trous espacés de 10 à 14 cm., dans lesquels on fait passer, en le faisant tendre, du fil de fer étamé (P. P.) n° 80 de la filière anglaise. Les trous des extrémités de doivent pas être à plus de 2 cm. des montants. Les deux bouts de fil sont entortillés autour de pointes plantées dans la traverse et enfoncées ensuite en-dessous du niveau du bois. D'un

---

1. Toutes les cires ne sont pas également bonnes, elles varient selon leur provenance ; quelquefois leur défaut de cohésion est dû aussi à une mauvaise méthode d'épuration.

trou à l'autre, on trace au troussequin un sillon dans lequel le fil se trouve noyé ; autrement on le couperait en raclant la traverse, ce qu'on est souvent appelé à faire (fig. 28).

Le perçage des trous peut être remplacé par de très petites agrafes plantées à l'intérieur du cadre et par lesquelles on fait passer le fil. M. Ch. Paschoud, à Genève, a imaginé un petit outil fort simple, le *fixe-agrafes*, qui rend la pose très expéditive.

Pour la pose des feuilles on a une planchette de la dimension intérieure du cadre, mais entrant librement. Elle a une épaisseur égale à la moitié de celle du cadre, diminuée de 1 ½ mm. (soit par exemple 11 mm. pour les cadres Layens ou Dadant-Modifiée, qui ont 25 mm., et 9 ½ pour le cadre Dadant, qui en a 22). Deux lattes, clouées en haut et en bas sur l'une de ses faces et débordant aux extrémités, la maintiennent en place dans le cadre (fig. 29).

La feuille gaufrée est placée sur la planchette et l'on fait emboîter le cadre par-dessus. La feuille doit avoir en largeur 2 ou 3 mm. de moins que le vide du cadre et il doit rester en bas un espace de 3 à 6 mm. environ (selon la hauteur du cadre et la qualité de la cire), en prévision de l'étirement de la cire.

Pour noyer les fils dans la cire, on a successivement employé divers procédés. En Suisse, nous avions fini par adopter un outil analogue à un tournevis dont le tranchant, légèrement en biais, serait remplacé par une cannelure longitudinale correspondant au calibre du fil, et que l'on chauffe avant de le promener doucement, de haut en bas, le long du fil. Puis M. Woiblet nous a dotés en 1887 de son éperon, qui remplit encore mieux le but (fig. 30). C'est une roulette en laiton de 20 à 21 mm. de diamètre, montée comme un éperon, et dans laquelle ont été entaillées 26 dents triangulaires ;

les dents sont encochées dans leur épaisseur, de façon à emboîter le fil lorsqu'on fait courir la roulette le long de celui-ci. On chauffe l'outil à la flamme d'une petite lampe à alcool ; la chaleur du métal fait légèrement fondre la cire, qui recouvre le fil derrière le passage de la roulette (fig. 31).

La feuille adhère suffisamment aux fils pour être maintenue en place, et les abeilles se chargent de l'attacher au cadre en haut et sur les côtés.

Nous devons mentionner aussi l'insertion des fils de fer par l'électricité, méthode toute nouvelle, qui sera développée dans la nouvelle édition de l'*Abeille et la Ruche*. C'est une solution industrielle pour grands ruchers.

Il n'est pas nécessaire de tendre de fils les cadres de petites dimensions en hauteur. Pour la pose des feuilles on se sert de la planchette décrite plus haut et l'on verse de la cire bien chaude le long de la ligne de contact de la feuille et de la face intérieure du porte-rayon (traverse supérieure). La feuille reste libre des trois autres côtés. On peut aussi fixer la feuille sous le porte-rayon en la pliant à angle droit sur une largeur de quelques millimètres et en pressant la partie pliée contre le bois avec une lame de canif ; la partie à faire adhérer peut être divisée en plusieurs sections qu'on plie et presse alternativement d'un côté et de l'autre. Si l'on opère par une température basse, il faut chauffer légèrement la cire. La cire peut être pressée au moyen d'une roulette (voir *Mai*, **Miel en sections**). Un autre procédé consiste à partager le porte-rayon dans sa longueur par un trait de scie et à engager la feuille dans la fente.

Il s'est fabriqué aux Etats-Unis des feuilles gaufrées dans lesquelles le fond des cellules est plat au lieu d'être à trois facettes et qui sont déjà garnies de fils.

Ces feuilles sont acceptées et achevées par les abeilles et il s'en fait un grand usage en Amérique et en Angleterre. Cependant les rayons ne sont pas aussi solidement fixés que lorsque les fils sont reliés aux cadres en haut et en bas et ils ne supportent pas d'être tenus autrement que dans la position verticale[1]. De fait, après avoir eu une grande vogue, on a renoncé à la fabrication des cires gaufrées à fond plat, aux Etats-Unis.

L'insertion d'un cadre garni de cire gaufrée dans le corps de ruche (ou chambre à couvain) doit se faire à l'une des extrémités, entre l'avant-dernier rayon et le dernier ; si celui-ci contient du couvain, ce qui ne se présente guère à l'époque où l'on fait bâtir, la feuille est placée la dernière. Il ne convient pas de la mettre au centre et cela pour deux raisons : elle séparerait le nid en deux, puis la chaleur étant plus forte et les abeilles plus nombreuses elle pourrait s'affaisser, se déformer. Lorsqu'une feuille est achevée, on peut en donner une autre, on fait bâtir plus ou moins, selon les besoins du rucher, mais on doit toujours fournir aux abeilles l'occasion de produire un peu de cire au commencement de la miellée.

Pour obtenir des cellules à mâles, on laisse dans un cadre, vers l'une des extrémités, un espace d'un demi-décimètre carré sans le garnir de cire gaufrée.

Il ne convient pas de laisser des feuilles à bâtir dans une ruche lorsque la miellée ne donne pas ; elles occupent inutilement de la place et finissent pas être rongées et salies par les abeilles. Il arrive assez fréquemment qu'une feuille est achevée du côté intérieur, tandis

---

1. L'invention est de M. Hetherington et remonte à 1856. Le procédé consistant à tendre les fils dans les cadres avant de poser la feuille a été indiqué par le journal *Gleanings*, en 1859 ; j'ai adopté ce dernier dès l'année suivante.

que la face extérieure reste intacte; on la retourne alors, mais seulement si la face intérieure ne contient ni œufs, ni larves.

Nous avons vu, pendant la grande miellée, des feuilles de 12 décimètres transformées en véritables rayons dans l'espace de vingt-quatre heures, mais d'habitude les choses ne vont pas aussi vite que cela. Il faut un temps favorable, une bonne population et des feuilles de bonne fabrication.

Au commencement de la saison et plus tard lorsqu'il s'agit de prévenir l'essaimage, une feuille gaufrée ne tient pas lieu d'un rayon tout bâti ; or, le débutant n'a pas encore de ces derniers en provision, et s'il peut s'en procurer de bien sains, c'est-à-dire provenant d'un rucher où la loque n'a pas régné, il fera bien d'en découper et fixer quelques-uns dans des cadres, de la manière décrite au paragraphe **Transvasements** ; cela lui permettra d'attendre que les abeilles lui aient bâti sur cire gaufrée.

Rayons pour miel de surplus. — L'insertion des rayons destinés au magasin à miel ne demande pas autant de précautions que celle des rayons à couvain. A l'époque où l'on garnit ces magasins, les familles sont fortes en population et la température s'est réchauffée. On peut donc présenter à la fois un certain nombre de cadres à bâtir, soit dans une boîte placée au-dessus du corps de ruche, soit à côté du nid à couvain si l'on fait usage de ruches dites horizontales (voir **Magasins à miel**, p. 86). On se contente quelquefois pour les magasins, de faire bâtir dans des cadres simplement amorcés c'est-à-dire dans lesquels on a collé sous le porte-rayon une étroite bande de cire gaufrée ou de petits morceaux de rayons naturels. Je déconseille complètement ce procédé pour les rayons destinés à l'extraction, parce que les abeilles remplissent ces cadres de grandes cellules dans lesquelles la reine vient souvent pondre fort mal à propos des œufs de mâles. Du reste, pour le miel en sections il présente le même inconvénient.

Lorsqu'on garnit un magasin de cire gaufrée, il est bon que l'un des cadres au moins, de préférence celui du centre, contienne un rayon déjà achevé, qui attire les abeilles et les détermine plus vite à monter. Le résultat est encore plus sûrement obtenu si on met un peu de miel sur ce cadre vide. C'est dans ce but que beaucoup d'apiculteurs ne font pas nettoyer leurs rayons par les abeilles après la récolte. Ces cadres gluants de miel, sont, en effet, immédiatement occupés.

Espacement des cadres. — J'ai dit que les cadres se plaçaient dans la chambre à couvain de 32 à 38 mm. de centre à centre, selon la méthode employée ou selon la saison. A 32, les abeilles peuvent encore élever du couvain d'ouvrières ; au-delà de 38, elles sont sujettes à intercaler un petit rayon dans la ruelle. L'espacement à 37 ou à 38 mm. ne présentant pas d'autre inconvénient que de permettre l'élevage des mâles, qu'on peut du reste prévenir au moyen de la cire gaufrée, et offrant l'avantage d'un meilleur groupement des abeilles en hiver, ainsi que d'un maniement plus facile des cadres dans la ruche ; il a été adopté par beaucoup d'apiculteurs[1]. Dans la Suisse romande, nous avons adopté la méthode consistant à régler la position des cadres du corps de ruche au moyen d'équerres ou de dentiers fixés dans le bas des parois et d'agrafes de tapissier plantées dans les feuillures sur

---

1. M. Dadant fait valoir une autre raison à l'appui : chaque nymphe laisse dans sa cellule un cocon qui en diminue la profondeur ; les abeilles sont donc obligées d'allonger la cellule peu à peu, et la largeur donnée à la ruelle permet d'utiliser plus longtemps les rayons

lesquelles reposent les porte-rayons (pl. I et II). Nos collègues de langue allemande placent leurs cadres à 35 mm. et les espacent au moyen de pointes plantées dans les montants. En Italie, les pointes sont remplacées par de petites bandes de fer-blanc. Ailleurs on se contente de régler l'écartement en haut en donnant plus de largeur aux extrémités des porte-rayons. D'autres enfin, les Américains par exemple, et beaucoup d'Anglais, le règlent à l'œil ou au toucher. En Angleterre, on a imaginé une grande variété de bouts métalliques engagés dans les porte-rayons et maintenant les distances. M. Cowan, une grande autorité, place ces cadres à 33 mm. dans la bonne saison et les écarte à 40 et même plus pour l'hivernage. Sans contester l'excellence du procédé en théorie, je ne suis pas encore prêt à renoncer à nos agrafes et dentiers, qui offrent une grande commodité et présentent, en outre, un avantage réel dans le transport des ruches. Je les recommande surtout aux commençants ; il leur sera toujours facile de les enlever.

Dans les magasins à miel, l'espacement peut être un peu plus grand ; M. Dadant a adopté 42 mm. pour les rayons à extraire.

Réunion des ruchées qui ne se sont pas développées. Si, dans le cours des trois ou quatre semaines qui précèdent l'époque habituelle de la grande floraison, on constate que la faiblesse d'une colonie tient au défaut de fécondité de la reine, il ne faut pas hésiter à sacrifier cette reine et à réunir ses abeilles et son couvain à une autre ruchée. Une colonie faible aux approches de la récolte est une non-valeur : elle consomme, demande des soins et ne peut rien produire par elle-même, tandis que sa population fournira à une voisine un bon appoint de butineuses qui rendront des services.

La dimension des entrées ou trous-de-vol, ont une grande importance dans la conduite d'un rucher. L'ouverture doit pouvoir être réduite à 7 mm. en hauteur (si elle est plus haute, souris et sphinx tête-de-mort peuvent passer ; pour des cétoines dans le Midi, voir *Juin*) et pendant la récolte il faut l'agrandir considérablement. Dans mes ruches, l'entaille a 7 mm. sur 24 cm. de longueur. Une bande de métal, fixée au dessus par des pitons et réglant la hauteur, protège le bois contre les dents des souris et sert à maintenir deux autres bandes glissant horizontalement sur le plateau contre la paroi et pouvant être écartées ou rapprochées à volonté (fig. 72). Pour la récolte, je soulève nos ruches par devant au moyen de cales d'un centimètre environ, afin que les abeilles puissent circuler sous toute la largeur de la paroi (figure 70).

Dans les ruches à plateau fixe (ruches allemandes), il est nécessaire de faire l'entaille plus haute ; la bande de zinc à demeure doit alors être mobile, ce qu'on obtient en allongeant verticalement les ouvertures par lesquelles passent les pitons de soutien.

En hiver, mes entrées restent ouvertes sur 18 à 24 cm. de longueur, selon la force de la population.

Au printemps, je les réduis en longueur à 5 cm. environ, puis je les agrandis successivement. Je ne mets les cales que pendant la grande récolte. Les ruches en nourrissement ont le passage réduit à 3 cm. ; celles qui sont faibles également. Quant aux orphelines sans couvain, je ne leur laisse que 1 ou 2 cm. jusqu'à ce que j'aie pris un parti à leur égard, ce qui doit être fait le plus promptement possible (voir **colonies orphelines**, p. 37). En cas de pillage ou de menace de pillage, il faut immédiatement rétrécir toutes les entrées des ruches.

Magasins à miel. — Les bonnes ruches à cadres peuvent être ramenées à trois types principaux :

1° La ruche allemande, s'ouvrant par l'un des côtés et appropriée aux pavillons (type Burky-Jeker, fig. 95, ou Berlepsch, fig. 94), contient plusieurs rangées de cadres superposées. Ce sont les rangées supérieures qui constituent spécialement le magasin à miel, tandis que la rangée inférieure, généralement composée de cadres plus grands (en hauteur) est surtout destinée à l'élevage du couvain et aux provisions nécessaires à la colonie (pl. III).

2° La ruche verticale s'ouvrant par-dessus (type Dadant) est composée d'un corps de ruche, formant la demeure proprement dite des abeilles ou chambre à couvain et d'une ou plusieurs boîtes, généralement de hauteur moindre, dites boîtes de surplus ou magasins, formées de quatre parois sans fond ni couvercle et qu'on ajoute successivement par-dessus au moment de la récolte. Ces boîtes forment le magasin·à miel (fig. 57, 67, 69, 70, 72 et pl. I).

Lorsque le cadre adopté pour le couvain est trop petit pour qu'un seul corps de ruche suffise au développement complet de la colonie (type anglais, fig. 56), un second corps de ruche de mêmes dimensions est ajouté à l'autre avant la miellée pour compléter la chambre à couvain, et les boîtes pour le miel de surplus sont également pareilles au corps de ruche. L'inconvénient que présente, à mes yeux du moins, la petitesse du cadre à couvain est compensé dans une certaine mesure par l'avantage d'avoir un seul modèle de caisses et de cadres. Mais ce système ne convient que si le cadre est bas et allongé horizontalement, comme le type anglais ou le Langstroth (fig. 56 et 55), sans l'être d'une façon exagérée comme dans certains modèles.

3º La ruche horizontale s'ouvrant par-dessus (type Layens) est composée d'une seule caisse servant à la fois de chambre à couvain et de magasin à miel. Dans ce système, il n'y a qu'une seule rangée de cadres tous pareils et plus hauts que larges (fig. 58, 93 et pl. II). Les abeilles emmagasinent le miel de surplus dans les rayons que l'apiculteur ajoute au fur et à mesure des besoins à côté des rayons à couvain [1].

Dans les deux premiers types, le magasin à miel est donc plus ou moins distinct de la chambre à couvain, bien qu'il n'en soit séparé par aucune cloison, et il se trouve au-dessus d'elle ; tandis que dans le troisième il n'est qu'une sorte de prolongement de la chambre à couvain dans le sens horizontal. Ce magasin se trouve alors non pas au-dessus mais de chaque côté du couvain, ou d'un seul si l'on préfère.

J'ai dit qu'il fallait aux abeilles qui élèvent du couvain de la sécurité quant aux provisions ; il leur en faut aussi quant à la place nécessaire au développement de la population et à l'emmagasinement du miel, si l'on veut éviter la fièvre de l'essaimage. C'est par l'aspect de la ruchée et les signes d'une miellée prochaine que l'apiculteur doit être guidé dans le choix du moment propice pour l'agrandissement de l'espace en vue de la récolte. Dans la ruche horizontale, les cadres peuvent être ajoutés deux par deux ou trois par trois, entre les rayons existants et les partitions, qu'on recule à la distance nécessaire. Dans la ruche allemande on met tout ou partie d'une nouvelle rangée de cadres, en déplaçant les planchettes correspondantes, qui sont reportées au-dessus, et l'on ferme ce nouvel étage avec une fenêtre-partition. Enfin s'il s'agit de la ruche

1. On peut cependant placer aussi sur les cadres des petites boîtes ou sections pour miel à livrer en rayons, que les abeilles remplissent dans les bonnes années.

verticale, lorsque tous les rayons du bas sont occupés par les abeilles, on adapte une boîte garnie, que la toile (ou la natte ou les planchettes) recouvrira. Dans toute espèce de ruche l'agrandissement doit se faire un peu en avance des besoins, mais autant que possible par une bonne température.

Lorsqu'on est appelé à ajouter une seconde boîte, ou une seconde rangée de cadres ou de nouveaux rayons, il faut éloigner de la chambre à couvain les rayons contenant le miel et intercaler les vides entre eux et le couvain. Par conséquent : la boîte contenant du miel (type Dadant) sera enlevée et replacée sur la vide ; la seconde rangée de cadres (type allemand) sera placée un étage plus haut, pour céder sa place à une rangée vide ; et dans la ruche horizontale (type Layens) les rayons pleins de miel seront reculés avec les partitions pour faire place aux nouveaux cadres garnis de rayons ou de cire gaufrée.

Cependant, lorsque la miellée tire à sa fin, sa population nécessite un nouvel agrandissement, il est préférable de ne pas éloigner le miel du couvain et d'ajouter rayons ou boîtes aux extrémités ou en haut.

L'attirail d'hiver doit, à un moment donné, céder la place aux rayons ou boîtes ajoutés, mais il est bon que le dessus des ruches soit toujours chaudement couvert, car, même en été, des nuits froides peuvent chasser les abeilles des boîtes. Du reste les coussins servent aussi de protection contre l'ardeur du soleil.

Maladies. — Les abeilles sont sujettes à diverses maladies plus ou moins graves, dont plusieurs sont contagieuses.

Loque. — J'ai déjà dit quelques mots dans l'**Introduc-**
tion de ce fléau des ruchers. Les auteurs anciens nous
apprennent que la loque a existé de tout temps[1]. Elle
est due à l'introduction dans le tube digestif des abeilles et des larves de certains organismes végétaux infiniment petits, qui trouvant là un terrain propice s'y
développent et s'y multiplient très rapidement. Les
germes ou spores de ces microbes de la loque sont des
poussières invisibles à l'œil nu, qui sont transportées
par l'air et surtout colportées par les abeilles elles-
mêmes, lorsqu'elles ont été en contact avec elles, soit
dans une ruche loqueuse, soit au dehors dans son voisinage, où ces poussières peuvent s'être déposées. La
loque n'est donc pas une maladie spontanée comme
quelques personnes sont encore tentées de le croire ;
elle est toujours due à des germes loqueux introduits
dans la ruche. Diverses causes, telles qu'un refroidissement, une nourriture insuffisante ou de mauvaise
qualité, peuvent amener la mort du couvain et sa
décomposition, mais la pourriture spéciale qui caracté-
rise la loque et qui est essentiellement contagieuse ne
se déclare que si des spores de loque ont été apportées
du dehors.

C'est donc de l'invasion de ces spores, ou de
leur propagation si elles ont été introduites dans

---

1. Aristote dit, après avoir décrit les ravages de la fausse-teigne :
« Une seconde maladie est une sorte d'inertie qui tombe sur les abeilles;
la ruche contracte une mauvaise odeur. » (*Histoire des Abeilles,*
liv. IX). L'inertie est le propre des ruchées décimées par la loque ;
il est probable que les Anciens, non plus que nos campagnards, ne
visitaient pas souvent l'intérieur de leurs ruches et qu'ils ne connais-
saient la maladie qu'à l'inactivité des colonies et à leur mauvaise
odeur.

Della Rocca, dans son *Traité complet sur les Abeilles* (Paris, 1590,
vol. III, p. 227), décrit avec beaucoup de détails une peste qui a
ravagé et détruit les ruches de l'île de Syra, de 1555 à 1580, et qui
n'était autre que la loque, bien qu'il ne lui donne que le nom de
pourriture du couvain. Il cite l'abbé Tessier et Schirach qui ont
décrit cette maladie avant lui.

le rucher, que l'apiculteur doit chercher à se garantir[1].

Le mal peut atteindre les différents membres de la famille, mais chez les abeilles adultes on ne constate guère sa présence que par l'examen anatomique, et les ouvrières qui y succombent vont mourir au dehors, tandis que les larves infectées entrent en décomposition dans leurs cellules et ne sont pas expulsées par les ouvrières si l'homme ne vient pas à leur aide au moyen de désinfectants. C'est donc surtout l'état du couvain qui révèle à l'œil inexpérimenté la présence de la maladie dans la ruche. Par l'examen au microscope, on constate que les abeilles adultes, ainsi que les larves loqueuses et même les œufs si la reine est malade, contiennent dans leur suc des microbes appartenant à la catégorie des bacilles (analogues aux bacilles du choléra). Ces organismes, doués de motilité[2], se multiplient avec une rapidité inouïe en se sectionnant

1. M.M. Dadant, père et fils, qui cultivent les abeilles par centaines de colonies, sont restés pendant plus de quarante ans sans voir une seule ruche loqueuse dans leurs ruchers ; il leur est arrivé de trouver du couvain mort de refroidissement ou de faim et jamais la loque ne s'est déclarée. Ils concluent donc avec raison que cette maladie n'est pas spontanée (*Revue*, 1882, p. 230).

Quinby, sans être aussi affirmatif, estime que dix-neuf cas de loque sur vingt doivent être attribués à la contagion et déclare qu'après trente ans de patientes et minutieuses observations, il n'a pas encore pu se convaincre d'une façon satisfaisante qu'un seul cas de maladie grave parmi les abeilles ait été amené par le refroidissement du couvain (*Bee-keeping*, édition de 1858, p. 214). « Souvent dit-il plus loin, la maladie éclatait au printemps dans mes colonies les plus populeuses et les mieux approvisionnées et même plutôt dans celles-là que dans d'autres. » Il a constaté le premier cas de loque dans ses ruchers en 1837, bien avant l'emploi des ruches à cadres mobiles.

Della Rocca (déjà cité), pour expliquer l'origine de la loque, se livre à la supposition que « quelque rouille pestilentielle avait sans doute corrompu la qualité du miel et les poussières des étamines. Aristote avait écrit : « Les abeilles sont sujettes à devenir malades lorsque les fleurs sur lesquelles elles font leur récolte sont attaquées de la rouille. »

2. Grâce à l'obligeance de M. Cowan et à son puissant microscope, nous avons pu observer, dans les sucs de larves et d'abeilles, des bacilles de *B. alwei* se tortillant et d'autres à divers degrés de leur transformation en spores.

en deux parties dont chacune acquiert une existence propre. Leur reproduction se continue tant qu'ils trouvent à se nourrir, à végéter dans les corps des larves, et lorsque toute la matière nutritive est consommée les bacilles se transforment en spores ou graines, qui s'attachent aux abeilles, comme à tous les corps avec lesquels ils entrent en contact, et propagent la maladie dans la ruche et au loin. Ces spores, comme beaucoup de graines de végétaux, ont une vitalité remarquable qu'elles conservent très longtemps [1] et résistent aux plus grands froids. Lorsqu'elles sont de nouveau en contact avec des larves dans une ruche, elles entrent en germination et deviennent des bacilles ; or l'expérience démontre que dans les cas de loque (de même que dans les épidémies de choléra) ce sont les êtres débiles, mal nourris, qui sont surtout atteints au début et deviennent des foyers d'infection pour les autres. Par conséquent, ces spores pouvant se trouver répandues dans le rucher ou dans son voisinage, ou être apportées par des pillardes de ruchers voisins, ou rapportées par des abeilles du rucher qui auraient pillé une ruche loqueuse étrangère, le premier soin de l'apiculteur doit être de veiller à ce que le couvain de ses ruches ne souffre jamais ni de refroidissement, ni d'une alimentation insuffisante ou défectueuse et qu'il ne soit pas élevé dans des rayons trop vieux, malpropres ou humides.

La maladie, à ses débuts, c'est-à-dire avant la formation des spores, peut être combattue avec succès ; on peut tuer les bacilles au moyen de désinfectants, mais ceux-ci n'ont aucune action sur les spores. Il est donc très désirable qu'un traitement soit appliqué

---

[1]. Le Dr Maassen a constaté que des spores de *Bacillus alvei* ont germé après avoir été conservés au sec pendant vingt ans et des spores de *Bacillus brandeburgiensis* après vingt-deux ans.

dès qu'apparaissent les premiers symptômes du mal.

Les auteurs admettent généralement deux formes de loque toutes deux contagieuses: l'une virulente, répandant une mauvaise odeur et difficile à guérir, l'autre bénigne, sans odeur et plus facile à combattre. Jusqu'à ces dernières années, on attribuait l'une et l'autre forme à la présence d'un microbe appelé *Bacillus alwei*, mais récemment des bactériologistes ont trouvé que dans la loque bénigne d'autres microbes produisent la maladie le *Bacillus Burri*, du Dr Burri, le *Bacillus brandenburgiensis*, du Dr Maassen, qui est probablement le même puis un autre qui n'a pas encore reçu de nom.

Les premiers symptômes de la maladie sont une sorte d'inertie à laquelle les abeilles sont en proie, un mauvais groupement de la population, la dissémination du couvain ; enfin, et c'est là le signe le plus facile à reconnaître pour un commençant, la mauvaise position de quelques larves dans leurs cellules. La larve saine est d'un blanc de perle et arrondie en forme de C au fond de sa cellule : la larve malade s'allonge horizontalement dans sa cellule pour mourir, devient jaunâtre, puis brunâtre et se décompose. Lorsque le mal se développe dans des larves déjà operculées, l'opercule s'affaisse légèrement et un trou s'y produit au centre (fig. 6) ; l'intérieur est alors déjà en putréfaction (ne pas confondre avec les larves saines dont l'opercule n'est pas achevé et dont la blancheur indique l'état de santé).

Les abeilles ont l'habitude d'expulser immédiatement des cellules et de la ruche tout couvain défectueux, détérioré par accident ou mort, mais elles font exception pour le couvain loqueux qu'elles ne touchent pas volontiers et laissent pourrir dans les cellules ; c'est à ce signe aussi que l'on reconnaît la présence de la

maladie. La matière pourrie est plus ou moins vis-
queuse, elle file quand on la sort avec une épingle.

Traitement. — Si l'on peut, comme je l'ai dit plus
haut, traiter la loque dès l'apparition des premiers
symptômes, c'est-à-dire lorsqu'il n'y a encore que peu
de cellules contenant des larves atteintes et que la
formation des spores n'a pas encore commencé, on
peut arrêter le mal en recourant à des désinfectants
tels que le naphtol bêta, l'acide formique ou le
phényle.

Naphtol bêta. — Le Dr Lortet, qui s'est livré à de
minutieuses recherches sur les bactéries loqueuses
(*Revue* 1890, supplément de février), préconise le traitement au naphtol bêta, administré dans la nourriture
dans la proportion de un tiers de gramme par litre.
Un tiers de gramme de naphtol est d'abord dissout
dans un litre d'eau pure, additionné d'un gramme d'alcool destiné à faciliter la solubilisation du médicament.
C'est ce premier liquide qui sert à faire le sirop de
sucre ; on en fait absorber les plus grandes quantités
possibles aux colonies malades.

Ce traitement, il faut l'avouer, est de plus en plus
délaissé.

Acide formique. — L'apiculteur Sproule dit avoir
guéri des ruches de la loque au moyen de cette subs-
tance dès l'année 1882, et depuis lors beaucoup d'apiculteurs l'ont employée avec un plein succès.

L'acide formique est déposé dans la ruche en solution et c'est en s'évaporant lentement qu'il l'assainit.
La solution doit être à 10 % et la dose à déposer dans
la ruche est de 100 grammes environ. L'acide formique
se trouve généralement dans le commerce en solution

à 25 % , il faut donc augmenter la proportion d'eau et il convient d'y ajouter un peu d'alcool bon goût pour activer l'évaporation. Voici la formule pour une dose :

Acide formique à 25% . .	40 grammes
Eau.	40 »
Alcool	20 »
Total	100 »

On peut verser la solution dans les faces intérieures des deux rayons avoisinant le couvain, mais il est plus simple de la mettre dans une petite auge profonde de 6 millimètres posée sur le plateau de la ruche[1]. Si l'auge est en métal, elle doit être préalablement vernie au copal. La dose est renouvelée chaque semaine jusqu'à la guérison, qui a généralement lieu après deux ou trois traitements.

Pour aider à la guérison, on peut ajouter un peu de la solution à 10% dans la nourriture des abeilles, mais il ne faut pas dépasser la proportion d'une cuillerée à potage (15 gr.) par litre de nourriture.

Si la ruche contient un grand nombre de rayons, il est bon de retirer ceux des extrémités, afin de resserrer autant que possible les abeilles sur les bâtisses contenant le couvain. Ces rayons soigneusement mis à part, seront aspergés de la solution au moyen d'un pulvérisateur, après qu'on aura décacheté les cellules contenant du miel operculé. Ils seront rendus plus tard à la ruche.

Afin de préserver les ruches saines, il est bon de mettre, sur leur plateau, une fiole contenant de la solution et bouchée très légèrement avec un peu de coton.

1. Ou dans l'auge entaillée dans le plateau, fig. 71.

Le phényle, connu aussi en France sous le nom de créoline et recommandé par M. Cowan, a été appliqué avec succès par plusieurs apiculteurs de ma connaissance. Voici le traitement tel qu'il a été publié dans la *Revue* de juin 1889.

RECETTES — N° 1. Solution pour asperger, désinfecter, etc. : une demi-cuillerée à café de phényle soluble dans un litre d'eau.

N° 2. Solution pour laver les ruches, les plateaux, etc. : deux cuillerées à café de phényle soluble dans un litre d'eau.

N° 3. Solution pour nourrissement : un quart à une cuillerée à café de phényle soluble dans un litre de sirop.

NOTA. — L'eau ou le sirop *doivent toujours être versés sur le phényle* ; en agitant ensuite, le mélange formera une émulsion. Agiter toujours avant emploi.

MODE D'EMPLOI. — Préparez une ruche et un plateau propres qui auront été lavés ou badigeonnés avec la solution n° 2. Retirez un par un les rayons de couvain de la ruche infectée, secouez-en les abeilles dans la ruche propre et après avoir aspergé (au pulvérisateur) les rayons avec la solution n° 1, placez-les aussi dans la ruche propre de façon à ce que les abeilles puissent se grouper dessus. Retirez tous les rayons superflus, aspergez-les avec la solution n° 2 et extrayezen le miel. Celui-ci peut alors être bouilli et si on l'emploie comme nourriture pour les abeilles on peut le diluer et y ajouter du phényle dans la proportion de un quart de cuiller à café pour un litre de miel dilué.

Enclavez les rayons entre les partitions et commencez le nourrissement avec du sirop : quatre litres sur

une cuillerée à café de phényle. Si les abeilles l'acceptent, on peut augmenter graduellement la proportion
de phényle, mais elle ne devra en aucun cas dépasser
une cuillerée à café par litre de sirop.

Si les abeilles refusent d'y toucher, ce qui n'est pas
du tout improbable si elles ont accès à d'autre nourriture, versez du sirop médicamenteux à la dose la plus
faible dans les rayons voisins du couvain. Elles s'y
habitueront vite et apprendront à le prendre de la
manière ordinaire. A mesure que les abeilles auront
besoin de rayons, donnez-leur ceux qui ont été aspergés avec la solution n° 2.

La vapeur de phényle agit aussi comme désinfectant,
on peut donc placer dans un coin de la ruche une petite fiole de phényle concentré. Au lieu d'un bouchon
de liège, mettez un léger tampon de coton en laine dont
une partie soit en contact avec le liquide. La capilla-
rité entretiendra le coton humecté et la chaleur de
la ruche produira de l'évaporation. On peut aussi
saturer de phényle un morceau de papier buvard ou
de feutre et le poser sur le plateau, à condition qu'il
soit dans une boîte recouverte de zinc perforé, afin
que les abeilles n'aient aucun contact avec lui.

Le phényle n'est *ni un poison, ni un corrosif* pour
l'homme ou les grands animaux, mais à fortes doses
il tue les insectes ; par conséquent, il ne faudrait
pas dépasser les proportions données ci-dessus.

Il faut stimuler la production du couvain en nourrissant libéralement avec le sirop médicamenteux, et
si la maladie ne cède pas devant ce traitement, il ne
reste plus qu'à supprimer la reine.

Si l'apiculteur n'a pu combattre la maladie dès le
début, s'il ne la découvre que lorsque l'infection a

gagné une grande partie du couvain et qu'il se trouve déjà des cellules de nymphes dont l'opercule s'est affaissé, il est trop tard pour se contenter de désinfectants, parce que la ruche contient beaucoup de spores. Il faut alors faire le sacrifice des rayons, des cadres, des toiles et même des abeilles si la colonie est faible.

Pour détruire une colonie, on met dans l'enfumoir une mèche soufrée et on enfume les abeilles, le soir, quand elles sont toutes rentrées, en introduisant la cheminée de l'enfumoir dans le trou de vol. Rayons, cadavres et toiles ou planchettes sont brûlés et la ruche est désinfectée, ainsi que le coussin.

La caisse peut être désinfectée de différentes manières. Après l'avoir soigneusement raclée, on peut, si l'on possède une chaudière assez grande, la faire bouillir pendant 20 minutes dans l'eau, ainsi que le coussin. Sinon on brûle du soufre à l'intérieur, on la lave à l'extérieur avec du sublimé à 1 pour 1000 et on la repeint à l'huile en dedans et en dehors.

Si la colonie est encore forte, on peut la conserver en la réduisant à l'état d'essaim et en la mettant provisoirement dans une ruche de paille. On la nourrit avec du sirop au naphtol, puis, au bout de 48 heures, le miel que les abeilles avaient emporté étant consommé, on la transvase dans une ruche saine contenant quatre ou cinq cadres garnis de cire gaufrée et on lui administre encore pendant quelques jours du sirop médicamenteux. La ruche en paille ayant servi au transvasement doit être brûlée.

Précautions a prendre. — On ne saurait trop insister sur les mesures à prendre pour éviter de propager la contagion. On doit s'abstenir de toute fausse manœuvre pouvant provoquer de l'excitation et du pillage dans le rucher : restreindre les entrées des ruches malades et n'ouvrir ces ruches autant que possible que le matin ou le soir quand les abeilles ne sortent pas ; soustraire aux atteintes des abeilles tout ce qui provient de ruches loqueuses : miel, rayons, raclures de plateau, débris, etc. ; se munir d'un tablier spécial pour les opérations et laver soigneusement avec un désinfectant ses mains et ses outils après tout contact avec des ruches infectées. Le sublimé corrosif à 1 pour 1000 est l'un des meilleurs désinfectants ; on peut aussi employer l'acide phénique à 3 pour 100 ou le lysol à 2 pour 100. On doit de même laver au lysol les vases, extracteurs, etc., ayant contenu du miel suspect. On évitera autant que possible les échanges de rayons, plateaux, partitions, toiles, coussins d'une ruche à l'autre. Les débris de rayons, raclures, etc., provenant de ruches malades seront brûlés.

La loque réapparaît quelquefois dans les ruchers où elle a sévi, mais c'est généralement sous une forme bénigne et l'apiculteur en a plus facilement raison s'il applique de nouveau le traitement sans perdre de temps.

Mesures préventives. — Si la loque règne dans le voisinage d'un rucher, son propriétaire doit veiller à ne pas conserver des colonies faibles ou orphelines qui pourraient attirer les pillardes du voisin et il entretiendra dans chaque ruche un peu de naphtaline. Mais quand on considère le peu de valeur antiseptique de la naphtaline, il apparaît que son action consiste surtout à donner à toute la ruche une odeur qui permet aux abeilles de reconnaître sur-le-champ les pillardes, et aussi d'éloigner ces dernières. Il fera mieux encore de déposer dans la ruche une petite fiole à goulot étroit contenant un peu de la solution à l'acide formique et la remplir de nouveau quand le contenu s'est évaporé.

Il doit aussi chercher à obtenir du voisin qu'il éloigne, soigne ou détruise ses ruches loqueuses et au besoin lui offrir de les traiter.

Si la loque apparaît dans vos ruches, ne vous contentez pas de traiter les malades, mais mettez dans chacune des autres un peu d'acide formique dans une petite fiole pour les préserver.

Couvain noir. — Cette maladie a été signalée pour la première fois il y a une dizaine d'années en Amérique, où elle fait beaucoup de mal dans certaines régions. Je n'ai pas eu l'occasion de l'observer. Elle ressemble un peu à la loque, paraît-il, mais n'en a pas la mauvaise odeur et les larves qui en sont atteintes ne filent pas quand on les sort avec une épingle, leur peau ou chitine n'étant pas complètement détruite. Elle passe pour très contagieuse et l'on conseille de la traiter comme la loque. C'est ce qu'on appelle aujourd'hui le sacbrood, ou couvain sacciforme.

Mal-de-mai et Paralysie. — On désigne sous le nom de mal-de-mai une maladie mal définie et peu fréquente chez nous, qui paraît être la même que celle appelée par les Américains « paralysie »; bien qu'elle ait généralement plus de gravité chez ces derniers que dans nos régions. Les abeilles se traînent péniblement hors de la ruche ; elles sont incapables de voler et meurent au bout de quelques heures, l'abdomen gonflé et rempli d'excréments.

On n'a pas encore trouvé de traitement efficace pour ce mal assez mystérieux.

La maladie de l'Ile de Wight est du genre des précédentes.

Fourmis. — Les ruches sont assez fréquemment hantées par les fourmis, mais je n'ai jamais observé que cela eût des inconvénients sérieux. Il y a surtout une petite espèce noire qui aime à s'installer sosu la couverture et à y nicher ; elle ne s'aventure pas dans l'intérieur de la ruche, sauf quelquefois vers les angles en dehors des partitions, et c'est surtout la chaleur et un bon abri qui l'attirent. Du miel ou du sirop répandus sur la toile peuvent attirer d'autres espèces, mais les abeilles ne les laissent jamais, chez moi du moins, pénétrer dans leurs domaines et je me borne à balayer celles que je trouve sous les coussins. Un peu de naphtaline en cristaux répandue sur la toile ou un morceau de papier goudronné suffisent pour les éloigner.

On s'en garantissait autrefois en plaçant les assises du rucher sur des pierres entaillées en forme d'auge dans laquelle on entretenait de l'eau, mais cette précaution me paraît superflue.

La craie peut remplacer l'eau pour isoler les ruches du sol.

MAI

Agrandissement des habitations. — Je reviens sur ce sujet, déjà traité le mois dernier, car c'est en mai que les colonies prennent généralement leur grand développement et demandent beaucoup d'espace. Un rayon de 11 à 12 dcm. carrés bien couvert d'abeilles en porte environ 5000 ; si la reine arrive à pondre de 1500 à 2000 œufs par 24 heures[1], il naîtra à peu près autant d'abeilles chaque jour et, cette ponte prise pour base, ce serait donc tous les trois ou quatre jours qu'il faudrait ajouter un rayon ou un cadre de cire gaufrée, jusqu'à ce que le corps de ruche soit plein et que l'on puisse procéder à la pose des magasins à miel, si la ruche est d'un système à hausses. Mais comme il meurt aussi chaque jour un certain nombre de vieilles abeilles, l'augmentation de la population ne va pas tout à fait aussi vite ; c'est du reste d'après l'aspect de la ruche qu'on se guide pour agrandir. Plus tard, il continue à se perdre beaucoup d'abeilles aux champs, de sorte que la population n'augmente pas indéfiniment ; pendant la récolte, elle tend à diminuer en même temps que la ponte.

Il ne convient jamais de donner trop de place à la fois ; c'est pourquoi l'on fait généralement les boîtes

---

1. Pour calculer la ponte journalière d'une reine, on divise par 21 le nombre des cellules contenant des œufs, des larves ou des nymphes. Un rayon de 12 dcm. carrés contient environ 10.200 cellules d'ouvrières.

de surplus (ou les rangées de cadres des magasins) de la moitié seulement du corps de ruche en hauteur et même plus petites. Lorsque l'une d'elles est bien occupée et en partie remplie de miel, on peut en intercaler une seconde (voir **Magasins à miel**).

Miel en sections. — L'apiculteur trouve souvent avantage à vendre une partie de son miel en rayons au lieu de l'extraire en totalité. Cela dépend des habitudes du marché où il l'apporte et des préférences de sa clientèle. De plus, en présence de la concurrence des produits étrangers et surtout des fabriques de glucose, il n'est pas douteux que le miel présenté en rayons, marchandise d'un transport plus difficile et impossible à falsifier quoi qu'on en dise, offre à l'amateur de vrai miel du pays plus de garantie d'authenticité que lorsqu'il est extrait.

Le miel en rayons se vend en capes ou calottes, en cadres ou en sections.

Les capes ont leurs amateurs fidèles qui n'admettent le miel que sous cette forme. Il s'y mêle souvent pour eux des souvenirs d'enfance ; puis il est certain qu'une cape proprette, en paille neuve et garnie de rayons dorés, est une chose fort appétissante et d'un transport relativement facile. Aussi suis-je tout à fait d'avis qu'on ne doit pas abandonner ce genre de produit, bien qu'il soit d'un rapport moindre que ceux obtenus par les nouvelles méthodes. C'est la spécialité du cultivateur de la ruche de paille, qui n'a souvent ni le goût, ni les moyens de devenir mobiliste. Du reste on peut faire remplir des capes sur nos ruches en ayant soin de fermer avec des planchettes échancrées (ou des feuilles de carton peint) les espaces que les capes ne recouvrent pas.

Le miel en cadre ordinaire est aisé à obtenir, et si

les cadres sont petits on peut mieux le détailler que s'il est en capes ; mais il est difficile à transporter, les faces des rayons n'étant pas protégées comme dans les sections décrites ci-après.

Celui qu'on fait emmagasiner par les abeilles dans des boîtes assez grandes pour contenir plusieurs rayons présente, comme les capes, l'inconvénient de ne pouvoir être aisément détaillé et il n'en a pas l'aspect attrayant ni ce cachet du vieux temps qui séduit beaucoup de gens.

Pour réunir le plus d'avantages possible, c'est-à-dire facilités de maniement, de transport, de vente au détail et aspect attrayant, les apiculteurs progressistes ont adopté ce qu'ils désignent sous le nom de sections. Ce sont de petits cadres à peu près carrés, faits généralement de lames de bois plus larges que celles des cadres à extraire ; les montants ou lames verticales ont plus de largeur encore que les traverses, de façon à dépasser de chaque côté de quelques millimètres l'épaisseur du rayon contenu et à le protéger contre les chocs (fig. 22 et 44). Les dimensions des sections sont calculées de manière à ce que, pleines, elles se rapprochent le plus possible du poids de 500 grammes, y compris le bois. Elles sont placées en dehors du nid à couvain, c'est-à-dire soit sur les côtés de la ruche, soit au-dessus. On les emboîte par 2, 3 ou 4 dans des cadres spéciaux suspendus dans la ruche ou dans des boîtes (fig. 46), ou bien elles sont rangées sur des châssis à claire-voie ; mais dans ce cas elles doivent nécessairement être placées au-dessus du nid à couvain (fig. 47, 48, 49, 51).

Ces petites cloisons de rayons doivent être aussi propres et coquettes que possible, aussi les apiculteurs se sont-ils appliqués par d'ingénieuses dispositions à les garantir de toute tache de propolis ou de pollen, c'est-à-dire à éviter que les faces extérieures du bois soient en contact avec les abeilles. De même, pour obtenir des rayons d'une épaisseur uniforme, ils placent entre les rangées de sections, c'est-à-dire parallèlement aux rayons, des lames de bois mince ou de carton durci, ou plus généralement de fer-blanc, qui empêchent les abeilles d'allonger les cellules au delà d'une certaine limite. Ces séparateurs sont plus étroits que les sections ne sont hautes, de façon à laisser en haut et en bas un espace de 8 à 12 mm. non fermé. Ils sont cloués d'un côté aux cadres contenant les sections ou, dans les châssis, supportés par des traverses clouées au fond de ceux-ci (fig. 46, 46 *bis*, 47, 51).

On détermine moins facilement les abeilles à entrer dans les sections et à y travailler lorsque celles-ci sont isolées les unes des autres par des séparateurs ; c'est l'une des raisons pour lesquelles beaucoup d'Américains et d'Anglais, grands producteurs de sections, ont conservé les petites chambres à couvain, qui, sous d'autres rapports (prévention de l'essaimage, développement complet des colonies), présentent de réels inconvénients et demandent beaucoup plus de surveillance et de soins. On a donc essayé de supprimer les séparateurs, mais sans pouvoir obtenir la même régularité, la même perfection ; si l'on obtient davantage, e produit est moins beau ; souvent les rayons dépassent leur encadrement au détriment de leurs voisins et ne peuvent être emballés. Celui qui pense trouver l'écoulement sur place de ses sections irrégulières peut à la rigueur se passer de séparateurs, mais une expérience de plusieurs années m'engage néanmoins à préférer leur emploi. Ce point n'est pas encore tranché du reste et les journaux de langue anglaise sont remplis de discussions à ce sujet, comme à propos de l'épaisseur à donner aux sections. On les fait de 39 à 51 mm. et toutes les dimensions intermédiaires ont leurs partisans, mais celle de 51 mm. (2 pouces) est de beaucoup la plus usitée. Les abeilles ayant besoin de 6½ mm. pour circuler, l'intercalation de séparateurs entre deux sections nécessite deux passages, ce qui diminue l'épaisseur de chaque rayon de 6½ mm. environ. Les sections sans séparateurs doivent avoir les montants de 42 mm. de large au maximum ; celles avec séparateurs, de 42 mm. au minimum. Les traverses doivent être plus étroites de 8 à 10 mm., ou entaillées de chaque côté de 4 à 5 mm. de façon à livrer passage aux abeilles. Une innovation heureuse consiste à entailler aussi des passages dans les montants, afin de mettre chaque section en communication avec ses voisines. Les séparateurs doivent alors être percés d'ouvertures verticales aux places correspondant aux montants des sections, afin de compléter, comme en haut et en bas, le passage nécessaire aux abeilles (fig. 46 *bis*, 50 et 51).

Je me borne à ces indications générales, laissant à chacun le soin de choisir parmi les nombreux modèles en vente chez les fabricants[1]. Les sections s'achètent non montées ; l'assemblage se fait à mortaises et tenons, ou bien la section est faite d'une seule pièce qu'on plie aux places où se trouvent des cannelures entaillées dans l'épaisseur du bois (fig. 43 et 22).

1. Chez les Américains et les Anglais, nos maîtres dans ce genre de production, le modèle courant est une section de 4 ¹/₄ × 4 ½ × 2 pouces (108 × 71 mm.) employée avec séparateurs et donnant un poids, bois compris, d'environ une livre anglaise (474 gr.).

Les sections que j'avais adaptées à nos cadres Dadant ont 13 ½ cm. de hauteur sur 17 ½ ou 11 ½ cm. de largeur, selon que je divisais l'espace en trois ou quatre, mais c'est un peu trop grand pour être facilement manié d'une seule main, et la grandeur de la surface augmente aussi la fragilité dans le transport. Un nouveau modèle, la Section Française, de 130 × 107 × 70 mm., s'adapte également bien aux cadres de la ruche Layens, de la Dadant-Modifiée et de la Burki-Jeker, et donne un poids, bois compris, d'environ 700 gr.

Afin d'éviter autant que possible la propolisation, on serre les sections les unes contre les autres au moyen de clefs ou pièces de bois, taillées en biseau ou munies d'un ressort, qu'on force à l'une des extrémités entre la partition et la paroi de la boîte ou du châssis à claire-voie (fig. 47, 48, 51).

Entre les sections placées sur la ruche et le dessus des cadres, il doit y avoir un passage, soit 6½ à 7 mm. d'espace. Lorsque les sections sont placées dans des cadres, les montants et traverses de ceux-ci doivent avoir une largeur égale à ceux des sections, mais on a la ressource d'augmenter ou de diminuer l'épaisseur des lattes, selon la dimension des sections adoptées, de façon à observer l'espacement de rigueur entre cadres et parois, ou entre cadres et cadres superposés (6 à 8 mm.).

Les châssis ou casiers à sections, de même que les boîtes à cadres (si l'on place des sections dans des cadres), peuvent avoir une surface moindre que celle de la ruche ; cela est même préférable avec les grandes ruches. Les espaces non couverts sont fermés au moyen de lattes, soit mobiles, soit fixées aux parois de la boîte.

Les sections doivent être amorcées, ou mieux, garnies de cire gaufrée très mince que l'on fixe de l'une des manières indiquées au paragraphe **Cire gaufrée** (fig. 22). Avec le petit instrument Parker (fig. 45), la besogne se fait très promptement. Il se compose d'un levier relié à une planchette qui se visse sur une table. Après avoir enduit le levier de miel, on place la section sur la planchette contre l'arrêt et dessus on introduit la feuille gaufrée jusqu'à ce qu'elle dépasse un peu la moitié de la largeur de la section ; on relève l'extrémité du levier en serrant et on plie la feuille à angle droit contre celui-ci qui est ensuite retiré. Le bord de la feuille se trouve pressé contre la section. Les dimensions de l'instrument doivent être adaptées à celles de la section. Les feuilles étant sujettes à s'allonger, vu leur extrême minceur, il faut laisser un espace vide sur les côtés et surtout en bas.

On introduit chaque jour des perfectionnements dans la fabrication des sections et la pose des feuilles ; je renvoie aux journaux pour les détails [1].

Il est nécessaire, lorsqu'on emploie des ruches verticales de grande dimension, de restreindre l'espace dans la chambre à couvain au moment où l'on place les sections au-dessus, afin de hâter l'ascension des abeilles. Ainsi, dans les ruches Dadant ou Dadant-Modifiée, on réduit le nombre des rayons à 7 ou 8, en retirant ceux des extrémités après en avoir brossé ou secoué les abeilles ; les cadres restants sont enclavés entre deux partitions. Les abeilles manquant de place se répandent dans la hausse. Il est important de donner les sections de bonne heure, c'est-à-dire dès que la grande floraison s'annonce.

1. J'ai fait l'essai, pour nos sections d'une seule pièce, d'un outil qui fonctionne bien, le rouleau Hambaugh. Il se compose d'une roulette de laiton de 22 mm. de diamètre sur 9 mm. d'épaisseur, montée sur un manche, et d'une planchette découpée servant de guide. La section est placée non pliée sur la table ; la feuille est mise d'un côté, sur la partie à laquelle elle doit adhérer, de façon à déborder de 4 à 7 mm. le centre de cette partie, et le guide est appliqué dessus pour la maintenir ; puis on presse avec la roulette la bande de cire non couverte par le guide et la feuille est ensuite pliée à angle droit. La roulette doit être enduite d'amidon ou de miel.

Une autre invention récente consiste en une section en six pièces dont les montants sont partagés en deux dans leur longueur (fig. 70). L'assemblage de la section se fait dans une forme (*block*) ; avant de placer les secondes moitiés des montants, on met la feuille gaufrée qui, coupée légèrement plus large que la section, déborde les montants et se trouve serrée de chaque côté lorsqu'on engage les deux dernières pièces. Traverses et montants sont entaillés de façon à ménager un passage aux abeilles des quatre côtés. Les sections sont placées dans des cadres.

La section Lee (du nom de son inventeur), qui offre d'autres particularités trop longues à décrire, présente de nombreux avantages, à ce qu'assurent ceux qui en ont fait l'essai. Elle est brevetée.

Il faut inspecter fréquemment les sections placées dans les ruches pour les retirer dès qu'elles sont achevées, c'est-à-dire operculées, autrement les abeilles augmenteraient inutilement la couche de cire des opercules et finiraient par les tacher. Ce sont celles du centre qui sont le plus promptement achevées et beaucoup de producteurs déplacent méthodiquement les sections, qu'ils mettent d'abord dans le corps de ruche, où elles sont plus vite bâties, pour les faire ensuite remplir de miel dans la boîte; celles des extrémités, dans la boîte, prennent la place de celles du centre, à mesure que ces dernières sont operculées et retirées. C'est, on le voit, une opération assez minutieuse si l'on veut imiter ce que l'expérience a enseigné aux spécialistes.

Pour examiner les sections dans les casiers, on envoie un peu de fumée, à moins qu'on ne fasse usage de la toile phéniquée, on enlève la clef de serrage, on écarte les sections l'une après l'autre et les abeilles restant sur celles que l'on sort sont brossées sur la planchette d'entrée. Il faut quelque attention pour ne pas écraser les abeilles en remettant les sections.

L'inspection des sections placées dans des cadres est un peu plus facile; après avoir ôté la clef de serrage, on écarte les cadres et on les sort s'il y a lieu.

Les sections s'emballent et s'expédient par 3, 6, 12, etc., dans de petites caisses de mesure exacte que les fournisseurs livrent non assemblées (fig. 54). Deux des côtés des caisses sont vitrés, avec lattes de garantie clouées par-dessus. La vue du contenu empêche généralement les employés de chemins de fer ou des postes de maltraiter les colis. Il est bon d'étendre au fond des caisses du papier parchemin et de faire une bonne poignée avec la ficelle qui entoure la caisse. Nous avons expédié des sections de cette façon à de grandes distances (Le Havre, Paris, Nice) et les accidents ont été très rares ; une fois un rayon s'est détaché, une autre fois une vitre a été cassée, sans autre avarie. On peut par surcroît de précaution matelasser le fond de la caisse.

Pour l'emballage des sections à livrer isolément, on fabrique des enveloppes en carton avec poignées en ruban, des boîtes vitrées ou en fer-blanc, etc.

La production des sections demande beaucoup de soin et de surveillance et nous engageons les débutants à attendre leur seconde année d'apprentissage pour commencer leurs essais.

La section est et restera un article de luxe qu'il faut vendre plus cher que le miel extrait, vu son prix de revient plus élevé.

Essaims naturels. — Dans notre pays et sous les climats analogues, c'est généralement en mai, un peu avant la grande récolte ou à son début, que les ruches essaiment ; cependant on en voit jeter des essaims en avril, ainsi qu'en juin, et même, accidentellement, plus tard. Dans les pays de bruyère et de sarrasin, il peut se produire un essaimage en automne.

L'essaimage, qui est chez les abeilles le mode de propagation naturel de l'espèce, est généralement provoqué par un trop-plein de population dans la ruche ou par une défectuosité de celle-ci sous le rapport de l'exposition (trop de soleil) et de l'aération. Quelquefois, il est dû à la mort de la reine et à son remplacement par les abeilles. Un essaim se compose d'une partie de la famille, c'est-à-dire d'ouvrières de différents âges et de mâles qui émigrent avec la reine.

Les signes ordinaires, mais non infaillibles ni constants, de la prochaine sortie d'un essaim, sont une certaine agitation des abeilles remplaçant leur activité habituelle, quelquefois l'encombrement à l'entrée, puis la présence de mâles et de cellules de reines.

On appelle *essaim primaire* le premier essaim sorti d'une ruche, s'il est accompagné de la vieille mère, c'est-à-dire d'une reine fécondée. L'*essaim secondaire* est celui qui sort d'une colonie ayant donné quelques jours auparavant (généralement 8 à 9 jours) un essaim primaire. Il est accompagné d'une reine nouvellement éclose et non encore fécondée. L'*essaim tertiaire* est le troisième sorti de la même ruche ; il a également à sa tête une reine non fécondée, sœur de la précédente.

Les essaims provenant du remplacement d'une reine morte ou défectueuse ont le caractère de l'essaim secondaire, c'est-à-dire que leur reine est nouvellement née et encore vierge, et ils demandent les mêmes précautions.

La reine qui accompagne un essaim primaire est chargée d'œufs et lourde[1] ; aussi l'essaim se pose-t-il toujours assez promptement après sa sortie et ne repart qu'après un temps assez long, quand il repart ; tandis que les essaims secondaires et tertiaires, qui ont des reines alertes et vierges repartent plus promptement et quelquefois même ne se posent pas du tout dans le voisinage ; il faut donc se hâter de les arrêter et de les recueillir. Les essaims primaires ne sont pas nécessairement suivis d'essaims secondaires, tertiaires, etc. ; puis on peut prévenir la sortie de ceux-ci en supprimant dans la ruche qui a jeté l'essaim tous les alvéoles maternels et en donnant une nouvelle reine[2]. On peut aussi rendre l'essaim secondaire ou tertiaire

---

1. Quelquefois, elle peut à peine voler et tombe devant la ruche ou ne peut pas même sortir ; dans ce dernier cas, l'essaim rentre de lui-même. Si la reine est perdue, l'essaim ressortira plus tard comme secondaire.

2. Les alvéoles supprimés servent au besoin à faire des essaims artificiels. On peut aussi laisser un alvéole qui fournira la nouvelle reine.

à la *souche* le lendemain de sa sortie ; cela empêche assez généralement la production de nouveaux essaims, mais le meilleur moyen de faire cesser la fièvre d'essaimage est le suivant, qui malheureusement ne peut guère être appliqué qu'aux ruches placées isolément en plein air.

Prévention des essaims secondaires. Voici la méthode que décrit M. James Heddon dans son *Success in Bee-Culture* : « L'essaim primaire prend la place de la souche, qui est portée à quelques pouces du côté nord (les ruches de M. Heddon sont orientées à l'est), mais avec son entrée regardant le nord. Dès que la nouvelle colonie s'est mise au travail et a bien remarqué son emplacement, soit au bout de deux jours, la souche est remise parallèlement à l'essaim, de sorte que les deux colonies regardent l'est et se touchent presque. Tout en reconnaissant chacune leur propre ruche, elles sont, par rapport aux autres colonies, sur un seul et même emplacement. Deux ou trois jours avant la sortie possible d'un second essaim, soit le 5ᵐᵉ ou le 6ᵐᵉ jour après la sortie du premier, pendant que les abeilles sont actives aux champs, on enlève la souche pour la porter ailleurs. »

La souche finit par perdre toutes ses butineuses, qui vont rejoindre l'essaim, et la fièvre d'essaimage est coupée, mais cette perte d'abeilles n'a lieu que graduellement, ce qui a une grande importance pour la santé du couvain. L'éclosion journalière de jeunes abeilles répare les pertes au fur et à mesure. L'essaim reçoit de la cire gaufrée et, dès le second jour, ou successivement s'il y a plusieurs boîtes, on lui donne le magasin à miel de la souche. On en obtient un produit à peu près égal à ce qu'aurait rendu la souche si elle ne s'était pas divisée.

Le procédé Heddon, qui n'est du reste qu'un per-fectionnement de méthodes anciennes, m'a donné d'excellents résultats.

Pour recueillir un essaim, on se sert d'une ruche en paille et de son plateau ou d'une petite caisse légère avec couvercle à coulisses[1]. Si l'essaim tournoie trop longtemps sans se poser, on lance en l'air dans sa direction de l'eau ou, à défaut, de la terre pour simuler la pluie. Dans quelques contrées, dans l'Isère par exemple, on lui envoie un coup de fusil chargé de plomb très fin[2]. Il se pose généralement sur une branche d'arbre ; lorsque le groupe est bien formé, on le fait tomber dans la ruche en paille (ou caisse), on applique le plateau par-dessus (ou l'on rentre le couvercle de la caisse aux trois quarts), on retourne et on pose le tout à terre, aussi près que possible de l'endroit où était l'essaim. Si celui-ci était posé très haut, on suspend la ruche (ou caisse) dans l'arbre au moyen d'une corde. Il faut avoir soin de mettre des cales entre la ruche et son plateau, afin que les abeilles tombées au dehors ou qui n'ont pas encore rejoint puissent se réunir facilement au groupe (on met également une cale sous la caisse si elle est posée à terre).

Si l'essaim se trouve à terre ou près de terre, on place la ruche au-dessus ou auprès, et les abeilles s'y rendent généralement d'elles-mêmes. On peut les y déterminer en employant la fumée et une plume.

Pour s'emparer d'un essaim posé à une grande hauteur, si l'on ne peut arriver jusqu'à lui avec une

1. Le modèle que j'emploie est muni d'une poignée sur la face opposée au couvercle. Dans l'une des parois est une ouverture grillée, servant à l'aération dans le cas où l'essaim devrait être transporté à une grande distance.

2. Un apiculteur allemand, M. Barnack, a indiqué un autre moyen : il dirige sur les abeilles des éclairs de lumière avec un petit miroir.

échelle, on emploie un panier, ou mieux un sac ajusté au bout d'une perche et maintenu ouvert au moyen d'un cercle. On a inventé toutes sortes d'appareils ingénieux pour ces cas exceptionnels.

Un jeune sapin planté devant le rucher devient généralement le rendez-vous des essaims. On les attire aussi en suspendant à l'avance une ruche en paille vide ou une planchette munie en-dessous d'un rayon vide.

Il ne faut pas attendre que toutes les abeilles soient rentrées dans la ruche pour porter l'essaim à la place qu'on lui destine. C'est une faute de renvoyer au soir pour le faire ; dès qu'on voit des butineuses se détacher du groupe, on doit emporter l'essaim et le mettre dans l'habitation qui lui est destinée, ou l'entreposer dans un local frais et obscur jusqu'à ce qu'on en ait disposé.

Mise en ruche d'un essaim. — La ruche a été préalablement meublée de quelques cadres garnis de cire gaufrée Quatre cadres de 11 à 12 dcm. carrés suffisent pour un essaim ordinaire ; il vaut mieux ne donner que juste la place nécessaire et n'ajouter un nouveau cadre que lorsque les premiers sont entièrement construits. On peut donner des cadres simplement amorcés, mais la ponte et l'emmagasinement du miel iront plus vite si l'on donne des feuilles et même, au centre, un rayon tout bâti. Les partitions doivent flanquer les cadres de chaque côté. Si l'on secoue les abeilles sur un drap devant l'entrée, on recouvre la ruche avant de les secouer. J'ai l'habitude de secouer l'essaim directement dans la ruche et j'écarte les partitions en haut pour faire entonnoir ; je les rapproche ensuite petit à petit, en m'aidant au besoin de l'enfumoir pour diriger les abeilles. Puis la ruche est recouverte et le soir je lui donne un litre de bon sirop épais, en renouvelant la dose le lendemain soir si les abeilles n'ont pu récolter au dehors. Si l'on a eu recours à la méthode Heddon décrite plus haut, c'est du miel et non du sirop qu'il faut donner, car la nourriture risque d'être en partie transportée dans les magasins à miel.

Pour introduire un essaim dans une ruche à l'allemande, on se sert d'un large entonnoir en fer-blanc ou en carton, dont l'embouchure est placée de côté (fig. 97).

Un essaim moyen pèse 2 kilos (19.000 abeilles environ) ; les beaux atteignent 3 et 4 kilos. Si deux essaims, sortis au même moment, se sont réunis, cela n'est pas à regretter ; la ruchée n'en vaudra que mieux en ce qu'elle bâtira plus vite et récoltera bien davantage.

Les essaims secondaires et suivants sont sujets à repartir le lendemain ou même plus tard à la suite de leur jeune reine en quête d'un époux. On les retient le plus souvent en leur donnant un rayon de jeune couvain aussitôt leur mise en ruche. Quelquefois ces essaims contiennent plusieurs reines écloses en même temps ; les surnuméraires sont tuées par les abeilles. Il m'est arrivé d'en sauver et d'en donner à des nucléus formés *ad hoc*. Une reine vierge est généralement acceptée sans préliminaires, même par une véritable colonie (orpheline), mais à la condition d'être présentée dans les premières heures qui suivent sa naissance.

Les essaims secondaires sont souvent assez forts pour faire de bonnes ruchées dans la saison, mais il n'en est pas de même des essaims suivants, qui sont généralement faibles et qu'il vaut toujours mieux prévenir ou rendre à la souche, à moins qu'on ne veuille en profiter pour les jeunes reines qu'ils possèdent.

En supprimant l'essaimage naturel (voir *Avril,*

Agrandissement des habitations), on se dispense d'une surveillance très assujettissante et l'on évite l'affaiblissement des populations au moment de la grande miellée, ce qui est, comme nous l'avons déjà expliqué, d'une importance capitale au point de vue de la récolte, principalement dans les contrées où la miellée est de courte durée. Il faut alors, si l'on veut augmenter le nombre de ses colonies et n'entretenir que des reines jeunes et fécondes, recourir à d'autres moyens de multiplication et d'élevage.

L'essaimage artificiel est basé sur ce principe qu'une colonie d'abeilles privée de sa reine en élève de nouvelles pour la remplacer, si elle est en possession d'œufs ou de jeunes larves d'ouvrières. Cet élevage ne peut aboutir qu'aux époques où il existe des mâles pour féconder les reines, et il ne se fera dans de bonnes conditions que s'il y a récolte au dehors, ou si les abeilles sont nourries artificiellement.

PREMIÈRE MANIÈRE. — Voici comment peut s'y prendre le commençant pour faire un essaim : A l'époque de la grande floraison et par une belle journée, après avoir fait choix d'une forte colonie riche en couvain, ce qui est une condition essentielle, il en cherche la reine (voir *Mars*, **Recherche de la reine**) et place le rayon qui la porte, avec les abeilles qui le recouvrent, dans une ruche vide. Il prend un second rayon de couvain, *mais sans les abeilles*, et même un troisième si la ruche en possède plus de cinq contenant du couvain[1], plus un rayon de miel ; il les met à côté du

---

1. On prend à la souche environ la moitié de son couvain ; comme elle perd ses butineuses, il est nécessaire de diminuer la proportion du couvain par rapport au nombre des nourrices laissées pour le soigner, vu qu'elles seront seules pour le réchauffer.

premier et ferme la ruche, sans oublier d'enclaver les rayons entre deux partitions, puis il installe cette ruche à la place de celle qui vient d'être divisée.

Dans cette dernière, qu'on désigne sous le nom de souche, les rayons restants ont été rapprochés ; ceux à couvain seront groupés au centre et l'un d'eux au moins devra contenir des œufs. Elle sera installée à un autre endroit du rucher. Ses butineuses retourneront à leur ancien emplacement et renforceront l'essaim, tandis que ses jeunes abeilles, se sentant orphelines élèveront de nouvelles reines. La colonie montrera fort peu d'activité pendant quelques jours, ayant perdu ses butineuses ; il faudra lui donner un peu d'eau dans le nourrisseur, et même du miel le soir si le temps est mauvais pendant l'élevage des larves royales. Il est infiniment peu probable qu'elle jette un essaim, malgré son élevage de reines, ayant eu sa population considérablement réduite. Elle se refera petit à petit par l'éclosion du couvain qui lui restait lors de sa division, et du reste on pourra la renforcer plus tard (voir **Précautions après la récolte**), en lui donnant un rayon de couvain pris dans une autre colonie.

Le dixième jour après son déplacement, on pourra utiliser les cellules royales surnuméraires qu'elle contiendra (en en laissant au moins une et de préférence deux), pour les faire élever dans des ruchettes (voir **Elevage artificiel des reines**) ; mais pour faire de bon élevage il est préférable d'opérer méthodiquement, comme nous le décrivons ci-après, et dès le début de la récolte ; il ne convient guère d'avoir des ruches en formation au moment où elle cesse, à cause du danger que présente le pillage à cette époque.

Au lieu de laisser la ruche orpheline élever des reines, on peut avec avantage lui en présenter une sous cage le jour même de son déplacement (voir *Mars*, **Remplacement des reines**).

L'essaim devra naturellement, ainsi que la souche, être surveillé au point de vue des provisions et de l'agrandissement de l'habitation selon les besoins.

Lorsqu'on attend la fin de la grande floraison pour opérer la division d'une colonie, on en obtient naturellement un plus fort rendement en miel, mais l'opération demande alors plus de précautions et n'est pas à conseiller à un novice. La miellée ayant cessé, la souche, qui est momentanément sans reine, est plus exposée au pillage ; puis, il devient nécessaire, qu'elles que soient ses provisions, de la nourrir chaque soir pendant les cinq à six jours que peut durer l'élevage des larves royales.

Deuxième manière. — Une autre méthode est celle que recommande en premier lieu le livre de M. Dadant, *L'Abeille et la Ruche, de Langsroth et Dadant.*

Quelques jours avant l'époque habituelle de la sortie des essaims naturels, c'est-à-dire lorsque les ruches sont bien peuplées, on prélève toutes les abeilles d'une forte colonie que nous désignons par A, et on les met dans une nouvelle ruche à la place de la souche. Celle-ci est mise elle-même à la place d'une autre bonne colonie B, qui est portée dans un nouvel emplacement.

Pour faire le prélèvement des abeilles, on prend d'abord le rayon portant la reine et on le place tel quel dans la nouvelle ruche, avec quelques cadres garnis de cire gaufrée, ou même avec des rayons bâtis si on en possède. Les abeilles des autres rayons sont brossées sur un drap devant la ruche, ou secouées lorsque les rayons ne contiennent pas trop de nectar fraîchement récolté.

Les rayons débarrassés des abeilles qu'ils portaient sont immédiatement rendus à la souche, mais il est bon d'en donner un à l'essaim contenant du miel.

Deux colonies participent ainsi à la formation d'un essaim. L'essaim est très fort, et la souche qui reçoit les butineuses de la ruche B reste également très peuplée.

Elle pourra bien essaimer si on lui laisse tout son couvain, mais on diminuera ce risque d'essaimage en raison de la quantité qu'on lui en ôtera, lors du prélèvement de ses abeilles, pour l'ajouter à l'essaim formé.

La ruche B déplacée perd ses butineuses, mais sa population se reconstitue très promptement par l'éclosion journalière de son couvain.

Troisième manière. — Voici enfin la méthode simplifiée à laquelle M. de Layens donne la préférence :

La première condition est de posséder deux colonies très fortes en abeilles et en couvain (40 à 50 mille alvéoles de couvain). On doit faire l'essaim douze à quinze jours avant l'époque probable de la grande récolte. Par une belle journée où les abeilles sont très actives, on prend dans une colonie la moitié de tous ses rayons, avec toutes les abeilles qu'ils portent et on les place dans une nouvelle ruche entre les partitions. On aura soin, pendant l'opération, de constater qu'il existe, dans la colonie à laquelle on a pris les rayons, du couvain de tout âge et qu'il en est de même dans celle nouvellement formée.

La nouvelle colonie est alors mise à la place d'une autre forte ruchée qui est elle-même portée quelques mètres plus loin.

Si quelques heures après l'opération la colonie à laquelle on a pris les rayons a repris son travail régulier, c'est qu'elle possède la reine ; si au contraire elle donne des signes d'agitation, c'est que la reine se trouve dans la nouvelle ruche.

Quatorze ou quinze jours après, la colonie sans reine pourra donner un essaim secondaire, mais on en sera averti la veille ou l'avant-veille par le chant des reines, chant que l'on entend facilement le soir et qui ressemble assez à celui d'une petite musette[1]. Si les reines ne chantent pas il n'y aura pas d'essaim ; si les reines chantent, on aura soin à ce moment de mettre l'essaim quelques mètres plus loin et, dès qu'elles ne chanteront plus, de remettre la colonie à sa place.

On ne devra pas oublier de surveiller l'essaim et la mère de l'essaim, afin que ces colonies ne manquent pas de place pour la ponte, non plus que pour la récolte du miel.

La possession de deux ruchers, distants l'un de l'autre d'au moins deux kilomètres, facilite les opérations d'essaimage en ce que les abeilles déplacées à cette distance ne retournent pas à leur ancien domicile.

Il existe une infinité de manières de faire des essaims, mais sachant par expérience qu'il ne faut pas embrouiller l'esprit du commençant, je m'en tiendrai pour lui aux trois que j'ai décrites, avec lesquelles il sera, je crois, le moins exposé aux mécomptes et aux accidents.

M'adressant maintenant aux personnes d'un peu plus d'expérience, je décrirai deux méthodes pour faire de l'essaimage en grand et élever des reines artificiellement, en laissant de côté divers procédés très perfec-

---

1. Dans une ruche qui élève des reines, la première éclose si elle est empêchée par les ouvrières de détruire ses rivales, fait entendre un petit cri répété qui rappelle un peu une trompette entendue dans le lointain : *tu... tutu.* Les autres reines encore enfermées dans leurs cellules répondent par un chant étouffé.

tionnés imaginés par des apiculteurs professionnels d'Amérique[1] et d'Europe, mais un peu trop compliqués pour trouver place dans ce manuel.

Essaimage progressif et élevage artificiel des reines. L'essaimage progressif décrit par M. Ch. Dadant dans ma *Revue* de 1881, p. 89, permet d'accroître le nombre des colonies et d'élever des reines sans diminuer sensiblement la récolte[2].

Dans un rucher, il y a généralement un quart environ des colonies qui, pour des causes diverses, mettent plus de temps que les autres à se développer et n'ont pas encore, à l'arrivée de la grande récolte, assez de *butineuses* pour donner un bon rendement. Ce sont ces colonies qui fourniront les abeilles pour les essaims et les meilleures d'entre elles qui seront chargées d'élever les reines au moyen des œufs de bonne provenance qui leur seront procurés.

Les ruches les meilleures comme développement, activité et caractère fourniront, les unes les œufs pour l'élevage des reines, les autres les mâles destinés à les féconder. Pour obtenir ces derniers, on aura soin d'introduire dès la fin de mars, dans une ou plusieurs ruchées de choix, un rayon à grandes cellules.

1. Voir entre autres la 3me édition du grand ouvrage *L'Abeille et la Ruche*, de Langstroth et Dadant.

2. J'ai introduit quelques modifications de détails dans la méthode Dadant, afin d'obtenir plus sûrement que les colonies choisies pour l'élevage des reines élèvent un grand nombre de larves et que les larves, adoptées par les nourrices pour être transformées en reines, le soient dès leur sortie de l'œuf. L'opinion de la majorité des apiculteurs américains est qu'une larve ouvrière peut encore donner une bonne reine si elle a reçu dès le quatrième jour de sa vie larvale le traitement des larves royales (nourriture et berceau spéciaux), et les dernières recherches du Dr de Planta sur la bouillie alimentaire des larves (*Revue*, 1890, février) viendraient à l'appui de cette opinion en ce qui concerne la nourriture ; mais il reste la question du berceau, c'est-à-dire de l'alvéole. Celui de la larve ouvrière est beaucoup plus petit que celui de la larve royale et son axe a une autre direction. Un séjour de plusieurs jours dans ce berceau insuffisant ne peut-il pas compromettre le développement de la larve comme reine ? Pour moi, la question n'est pas encore résolue

Le choix de la ruche qui doit élever des reines est d'une grande importance ; que de fois n'arrive-t-il pas que la colonie choisie n'élève que deux ou trois cellules royales au lieu des huit ou dix que l'apiculteur attend ! Souvent encore ces rares cellules sont d'une valeur douteuse. C'est que la ruche n'était pas disposée à ce travail ; elle a été surprise, ce n'est qu'à contre-cœur qu'elle s'y est mise, et ce produit forcé de la nécessité ne pourra guère être de première qualité.

Pour qu'une population produise le plus grand nombre de reines de qualité, il faut que toute la famille soit bien disposée à la reproduction, mûre pour l'essaimage. Dans cet état les larves royales sont nourries, soignées avec beaucoup plus d'affection et de sollicitude que dans une colonie indifférente. Et pourquoi les soins affectueux ne joueraient-ils pas un rôle décisif dans l'éducation de ces êtres qui en une dizaine de jours doivent acquérir tout leur développement ?

Une ruche qui a une reine de première année est rarement disposée à l'élevage ; il faut plutôt choisir une colonie qui a une mère plus âgée. Il y a du reste un moyen bien simple, conseillé par M. Kramer, pour vérifier l'état d'une ruche à cet égard. On enlève les deux angles du bas dans quelques rayons du centre ; si les abeilles sont disposées à l'élevage elles se mettent aussitôt à bâtir des cellules de mâles et la reine y pondra de suite.

Six ou sept jours avant d'enlever la mère, on nourrira tous les soirs avec du miel chaud dilué et l'on continuera même après, à moins que le temps ne soit extraordinairement favorable à la récolte.

La grande miellée arrivée, on choisit une colonie qui s'est montrée disposée à élever des cellules royales,

selon l'expérience décrite ci-dessus. On tue sa reine [1]
et on lui enlève tous les rayons contenant du couvain
non operculé pour les donner à une ou plusieurs colonies quelconques, qui fournissent en échange à l'orpheline le même nombre de rayons contenant du couvain
tout operculé [2]. Puis, cette colonie orpheline reçoit au
centre un rayon vide qu'on aura eu soin d'introduire
trois jours avant au centre d'une colonie de choix et
dans lequel la reine de choix aura déposé des œufs.

On aura préalablement découpé le bas de ce rayon
contenant les œufs de choix, pour supprimer les cellules sans œufs et permettre aux nourrices d'allonger
les cellules royales en bas. On aura même enlevé trois
œufs sur quatre dans la rangée inférieure, afin d'espacer les cellules royales, qui seront ainsi plus faciles
à découper.

Si, pendant les cinq ou six premiers jours de l'élevage des larves, le temps est défavorable, il faudra
nourrir le soir avec du miel ou du bon sirop et tenir
la ruche chaudement couverte.

Le douzième jour à partir de l'introduction des
œufs de choix, les cellules royales seront prêtes ; elles
écloront à partir du treizième jour.

Le nombre des cellules royales construites décide
de celui des nucléus à former. Comme il faut en laisser
une à la ruche d'élevage, s'il s'en trouve sept il y en
aura six disponibles. Deux cellules adhérentes ne
comptent que pour une.

Les nucléus ou noyaux de colonies sont installés
dans des ruches ordinaires qui prennent dans ce cas
le nom de ruchettes. Chacun se compose d'un rayon
contenant du miel et si possible du pollen, d'un rayon

---

1. Ou l'on en dispose de quelque façon.
2. S'il ne reste qu'un très petit nombre de larves non operculées
dans un rayon, on peut les retirer avec une épingle.

de couvain avec ses abeilles et un supplément d'abeilles ·
plus d'une cellule royale.

Le onzième jour, c'est-à-dire la veille de celui où
les cellules royales devront être prélevées[1], on prépare le matin les ruchettes, en mettant d'abord dans
chacune le rayon de miel flanqué d'un côté d'une
partition ; l'autre partition est placée de l'autre côté,
mais à un espace de distance et légèrement inclinée
en dehors pour permettre l'intercalation du rayon de
couvain. Cette opération doit être faite à l'abri des
pillardes. Les ruchettes sont recouvertes ; leur entrée,
ou trou de vol, est soigneusement fermée et elles sont
portées à la place qu'elles doivent occuper.

Chacune reçoit ensuite un rayon de couvain pris
avec les abeilles qu'il porte dans une ruchée médiocre,
plus les abeilles d'un second rayon de couvain qu'on
secoue ou brosse dans la ruchette en dehors de la partition[2]. Avant de prendre ou de secouer un rayon de couvain, il faut chercher la reine et veiller à ce qu'elle ne
risque pas d'être emportée avec le rayon ou les abeilles.
Immédiatement après l'introduction du rayon et des
abeilles, la ruchette est soigneusement refermée.

On cherche en peuplant les ruchettes à leur donner
surtout de jeunes abeilles, qui ne retournent pas à
leur ancien domicile. Les rayons de couvain, au moment d'une miellée, portent principalement des jeunes,
les butineuses étant aux champs.

Vingt-quatre heures plus tard on fait la distribution
des cellules royales. On les découpe avec une lame de
canif, en les touchant le moins possible avec les doigts

1. Plus une cellule approche de sa maturité, plus elle a de chance
d'être acceptée par les abeilles auxquelles on la présente. Les abeilles
amincissent les opercules des cellules un peu avant l'éclosion.

2. Les partitions doivent toujours être construites de façon à
ce qu'il reste entre leur bord inférieur et le plateau de la ruche un
passage de 10 à 12 mm. de hauteur.

et en laissant à chacune un talon de cire qui permette de la saisir. Elles sont délicatement placées dans une boîte sur un lit d'herbe non odorante ou de coton ; il faut éviter de les secouer, de les laisser tomber et de les exposer au froid ou au soleil. En ouvrant les ruchettes pour placer les cellules, on envoie immédiatement beaucoup de fumée par le haut pour chasser les abeilles vers le bas des rayons. La cellule est prise de la main gauche par son talon, de la droite on écarte les deux rayons, et, après avoir introduit la cellule, pointe en bas, au-dessus du couvain, on les rapproche de façon à ce que le talon soit pincé. Si le talon est trop petit, on peut le soutenir avec une épingle de quelque façon; les abeilles le consolideront très vite[1].

Les entrées des ruchettes ne seront rouvertes qu'à la tombée de la nuit, et on ne leur donnera que deux centimètres de largeur vu la faiblesse de la population. Il sera bon d'incliner devant une tuile ou une planchette, pour forcer les abeilles à s'orienter de nouveau et conserver ainsi le plus possible de butineuses au nucléus.

Le lendemain, il faudra s'assurer que les nucléus ont encore suffisamment de population et si le couvain n'est pas bien couvert, on brossera ou secouera de nouveau dans la ruchette les abeilles d'un rayon de couvain appartenant à une colonie médiocre.

Trois ou quatre jours après la formation du nucléus, toutes les jeunes reines devront être sorties de leurs cellules[2] et celles qui auront réussi devront commen-

---

1. On peut aussi greffer les cellules dans les rayons, mais c'est plus long et l'on endommage ceux-ci. Le talon doit alors avoir la forme d'un V, et une ouverture de même forme est découpée dans le rayon pour le recevoir.

2. Les œufs pouvant avoir été pondus le 1ᵉʳ, le 2ᵉ ou le 3ᵉ jour du séjour du rayon vide dans la colonie de choix, les reines peuvent éclore le 13ᵉ, le 14ᵉ ou le 17ᵉ jour après le transport de ce rayon dans la colonie d'élevage.

cer la ponte, si le temps a été favorable, huit à dix jours plus tard, soit environ vingt-deux à vingt-quatre jours après la ponte de l'œuf, mais il pourra y avoir quelques jours de retard si leurs sorties à la rencontre des mâles ont été contrariées par le froid ou la pluie.

Après l'éclosion des reines, lorsque les nucléus ne contiendront plus de couvain non operculé, soit cinq à six jours après leur formation, il faudra leur redonner un rayon de couvain de différents âges, pris sans les abeilles dans une colonie médiocre. Les faibles populations sans jeune couvain se défendent mal contre les pillardes et sont sujettes à déserter la ruche lorsque la jeune reine sort pour se faire féconder. Si l'on veut économiser les rayons de couvain et ne pas donner de développement au nucléus (c'est-à-dire si l'on se propose de le démonter après avoir disposé de sa reine), on peut donner le rayon operculé du nucléus à la colonie médiocre, en échange de celui non operculé que celle-ci fournit. Si, au contraire, le nucléus est destiné à devenir une colonie, on lui laisse son premier rayon de couvain, de sorte qu'il se compose de trois rayons, dont deux de couvain.

Lorsque les jeunes reines ont commencé à pondre, elles deviennent disponibles et peuvent être introduites soit immédiatement, soit plus tard, dans d'autres colonies (voir **Remplacement des reines**). Le nucléus est ensuite démonté et son contenu sert à fortifier d'autres nucléus (voir **Réunions**), ou est réuni à quelque colonie médiocre affaiblie par des prélèvements.

Si le nucléus est considéré comme essaim à conserver, on lui donne un troisième rayon de couvain, de préférence operculé, et l'on veille à ce qu'il ne manque pas de vivres ni de place. Son entrée est graduellement agrandie à mesure que sa population augmente. Huit jours plus tard, on pourra lui donner un nouveau rayon de couvain et comme, à cette époque, la grande récolte est généralement terminée ou près de l'être, on pourra faire ces nouveaux prélèvements de rayons dans les plus fortes colonies. Je rappelle que les rayons de couvain doivent toujours être groupés ensemble.

Les cellules royales ne sont pas toujours acceptées ; quelquefois elles sont détruites, ce qui se reconnaît à ce qu'elles sont ouvertes par le côté et à ce que les abeilles en construisent de nouvelles. Ces nouvelles cellules doivent être supprimées et le nucléus démonté, à moins qu'on ait fait un second élevage quelques jours après le premier et qu'on puisse lui donner une autre cellule. Quelquefois aussi la jeune reine se perd dans son vol de fécondation, ce qui nécessite encore la suppression du nucléus. Les ruchettes demandent beaucoup de soins et de fréquentes inspections.

La ruche d'élevage doit être suivie de près comme les nucléus, et si sa reine n'a pas réussi, elle recevra l'une de celles des nucléus.

Selon le but qu'on se propose et le nombre des ruches disponibles, on constitue une ou plusieurs ruches d'élevage. La seconde est formée trois ou quatre jours après la première, afin qu'on puisse utiliser pour la seconde série de nucléus ceux de la première dont les cellules n'auront pas été acceptées.

Il est impossible de prévoir à l'avance combien une ruche d'élevage fournira de cellules ; cela varie de trois ou quatre à vingt, et même davantage si l'élevage est fait par une race orientale. On a observé que ce sont les colonies moyennes qui en élèvent le plus. J'ai, du reste, indiqué plus haut comment on peut, dans une certaine mesure, reconnaître les familles le mieux disposées à l'élevage.

L'essaimage progressif permet d'augmenter le nombre des ruches sans nuire beaucoup au rendement en miel si ce sont les colonies médiocres qui sont mises à contribution[1], et par la sélection des œufs d'élevage on obtient des reines de première qualité, ce qui n'est pas toujours le cas lorsqu'on abandonne l'élevàge aux hasards de l'essaimage naturel ou du remplacement naturel. Les colonies qui remplacent leur reine devenue vieille peuvent le faire en saison défavorable, et celles qui sont en proie à la fièvre d'essaimage, tout aussi bien que celles simplement rendues orphelines sans autre précaution, font quelquefois choix, dans leur hâte, de larves trop âgées pour donner de bonnes reines.

Naturellement, une reine qui naît èn septembre ne trouve pas de mâle pour être fécondée, et non seulement la colonie est perdue, si on n'y prend pas garde, mais elle va coûter fort cher à l'apiculteur en consommant les provisions de la ruche. On fait l'économie des provisions, en même temps qu'on utilise la colonie orpheline, en la réunissant à une autre colonie qui a besoin d'être renforcée.

1. Je suis cependant disposé à croire, surtout depuis de récentes observations faites tant par moi que par d'autres apiculteurs, que les abeilles nourrices ont leur part d'influence sur le caractère, les dispositions futures de leurs nourrissons; en d'autres termes, que les qualités ou défauts des abeilles leur sont en partie transmis par la bouillie, c'est-à-dire le lait qu'elles reçoivent pendant leur état larval, ou peut-être par l'exemple donné par les nourrices devenues adultes aux plus jeunes qu'elles ont élevées. Le choix des nourrices aurait alors autant d'importance que celui des œufs ou jeunes larves destinées à devenir des reines, et ce ne serait plus dans les colonies médiocres que devrait se faire l'élevage des alvéoles royaux, ma dans celles de choix.

Dans ce cas, l'économie sur la récolte obtenue par l'utilisation des ruchées médiocres ne pourrait être réalisée, mais la méthode d'élevage de M. Dadant n'en serait que simplifiée dans ses détails. Les reines des ruches de choix destinées à l'élevage des alvéoles royaux, au lieu d'être sacrifiées, seraient employées à former des essaims artificiels.

Les physiologistes qui acceptent la théorie du transformisme doivent bien admettre que, chez les abeilles, les nouvelles aptitudes acquises progressivement dans le cours des siècles par les ouvrières — qui seules travaillent dans la communauté et n'ont pas de descendance — ont dû se transmettre en partie par le nourrissement et l'éducation de la progéniture de la reine et non exclusivement par la reine et le mâle, qui ne remplissent que les fonctions de reproducteurs à l'exclusion de toute autre.

En somme, le rendement d'un rucher dépend de la qualité des reines et dans un grand établissement la peine que donne un élevage méthodique est compensée par le produit, ainsi que par la suppression presque complète des ennuis que causent soit les pertes de reines en hiver et au printemps, soit le traitement de colonies faibles, qui coûtent en nourriture et en soins souvent plus qu'elles ne rapportent.

Ce mode d'essaimage n'est pas à la portée de tous et je ne le conseille même pas à ceux pour lesquels l'apiculture n'est pas l'occupation principale, mais c'est celui que devra choisir l'apiculteur de profession qui veut tirer tout le parti possible de ses abeilles et améliorer méthodiquement la race de son rucher.

L'amateur et le simple cultivateur se contenteront de faire un peu de sélection, soit en ne demandant des essaims qu'aux colonies les plus productives, soit en supprimant les reines produisant des ouvrières inférieures comme activité ou caractère et en empêchant que leur progéniture ne donne lieu à un élevage de reines.

Autre méthode d'élevage. — Voici maintenant une manière d'élever des reines plus en grand qui a été préconisée par le Dr U. Kramer. Elle a été appliquée avec succès par M. U. Gubler, le digne président de la Société romande, qui a bien voulu en faire la description suivante pour mes lecteurs :

« Il arrive souvent que la ruche qui a essaimé, ou celle qu'on a choisie pour élever des reines, a produit plus de cellules royales qu'on ne peut en employer immédiatement. Ces cellules sont rarement d'égale valeur, et l'apiculteur a tout intérêt à contrôler les reines qui en sortent pour pouvoir éliminer celles qui sont défectueuses. Le désir de ne laisser perdre aucune de ces mères, et de pouvoir les examiner toutes après leur naissance, a fait imaginer les nourriceries, petites cages destinées à loger chacune une cellule royale mûre jusqu'à l'éclosion de la reine (fig. 21). Ces cages en bois ont huit à dix centimètres de long sur six de large et autant de haut ; elles ont deux compartiments, dont le plus grand reçoit une poignée d'abeilles et la cellule royale ; dans l'autre, plus petit, on met un mélange de miel cristallisé et de pollen. Le bas de la cage est fermé par de la toile métallique et le haut par un couvercle à coulisse muni d'un trou dans lequel s'adapte un bouchon, porteur de la cellule. Sept ou huit de ces cages se placent dans un casier qui a la longueur et la hauteur d'un cadre de boîte de surplus ; une toile métallique ferme le bas (fig. 21).

Pour peupler une petite cage, on y introduit une cellule royale qu'on a découpée dans la ruche mère, en lui laissant un bon talon. Pour cette introduction, le bouchon du couvercle est enlevé et on laisse tomber sur sa face intérieure quelques gouttes de cire fondue ; puis vite on y applique le talon de la cellule, qui s'y trouve fixée dès que la cire est refroidie. (Pendant cette opération, la cellule doit être tenue dans sa position naturelle, c'est-à-dire la pointe en bas.) Ensuite, on brosse une vingtaine d'abeilles de la ruche mère dans la cage, on remet le bouchon qui porte la cellule royale, et on place la cage au fond du casier. Quand toutes les cages sont garnies et placées, on les couvre chaudement de ouate et on introduit le casier au centre de la boîte de surplus d'une ruche très forte. Là, les cellules reçoivent de la colonie la chaleur nécessaire, les reines ne tardent pas à sortir et trouvent aussitôt des nourrices pour les soigner.

Après leur éclosion, ces mères sont placées le plus vite possible dans des ruchettes, d'où elles font leur sortie pour se faire féconder. Ces ruchettes (fig. 21 *bis*) à un seul cadre, ont une largeur intérieure de 45 à 48 millimètres (si on les faisait plus larges, les abeilles bâtiraient à côté du cadre) ; la longueur est de 23 centimètres et la hauteur de 17. Les deux parois latérales sont vitrées et mobiles ; le fond a une ouverture grillée de 40 millimètres de diamètre pour l'aération ; il n'est pas cloué, mais vissé. Le trou de vol se trouve au bas d'un des côtés étroits. Le cadre, simplement amorcé, est suspendu de manière à laisser au bas un espace d'un centimètre et demi, et en haut le double pour placer le nourrisseur.

Pour peupler une ruchette, on la place sur une table contre une paroi ; on abaisse la paroi vitrée qu'on a devant soi et on brosse dessus les abeilles d'un rayon de couvain operculé, environ un demi-kilogramme. On lâche la reine qui se hâte de rentrer avec les abeilles dans l'intérieur obscur. Avec un pulvérisateur, on fait tomber une pluie fine sur le petit essaim pour lui ôter l'envie de s'envoler. La ruchette fermée se place avec une autre dans une caisse-enveloppe, où les deux petits ménages se tiennent au chaud réciproquement ; l'une a sa sortie à gauche, l'autre à droite (fig. 21 *ter*)[1]. Cette caisse est percée d'ouvertures correspondant aux trous de vol et aux ouvertures d'aération des ruchettes. Sous son fond sont clouées, aux extrémités, deux traverses permettant la circulation de l'air entre elles.

Autrefois, on garnissait le cadre d'un rayon bâti et contenant du miel ; mais l'expérience a démontré qu'il valait mieux n'y mettre qu'une amorce et nourrir fortement avec du miel et du pollen, que, dans la saison où on opère, on trouve facilement dans les ruches. Le

---

1. Cages, casiers, ruchettes, etc., figuraient à l'exposition de Boudry en septembre 1908.

petit peuple se met alors courageusement à construire, il se produit une activité étonnante et, grâce à cette vie pleine d'entrain, la fécondation de la reine ne se fait pas attendre. Si le temps est favorable, on trouve, dès le sixième ou le huitième jour, une belle ponte.

Cette méthode convient surtout à celui qui veut faire l'élevage en grand ou à celui qui a l'intention d'agrandir beaucoup son exploitation. A celui qui ne veut élever que quelques bonnes reines pour les besoins de son rucher, je conseille d'acheter quelques ruchettes et de greffer la cellule royale mûre immédiatement sur le cadre de chaque ruchette. C'est plus simple, on n'a pas besoin de déplacer la reine pour la fécondation ; en naissant, elle se trouve aussitôt au milieu d'une population qui la chérit, la nourrit et la traite avec tous les égards qui lui sont dus.

Les ruchettes peuplées et fermées doivent être gardées provisoirement dans l'obscurité, en un endroit pas trop frais ; ce n'est que le soir du second jour qu'on les sort et qu'on ouvre le trou du vol.

Si une reine est fécondée, on ne doit pas la laisser plus de huit jours dans la ruchette ; la place lui manquerait pour déposer ses œufs, et c'est pour cette raison que souvent ces petits essaims prennent la clé des champs. Il faut donc lui procurer un champ d'activité plus grand, soit qu'on l'utilise pour remplacer une reine défectueuse, soit qu'on l'introduise dans une nouvelle colonie. Mais cette opération présente quelque difficulté ; il ne suffit pas que la jeune mère soit acceptée, tolérée. Trop souvent, même après un stage de plusieurs jours, pendant lequel elle avait déjà fait une belle ponte, elle est massacrée et jetée hors de la ruche. Nous devons donc demander plus qu'une agrégation involontaire, forcée ; il faut que dès l'abord la petite majesté soit la bienvenue, aimée et choyée par tous les membres de la famille. A cet effet, appliquons la méthode que le Dr Kramer recommande dans son livre la « Rassenzucht der Schweizer Imker », méthode qui donne d'excellents résultats parce qu'elle est imitée de la nature. « Nous réduisons à l'état d'essaim les abeilles qui doivent recevoir la reine, en les brossant dans une simple caisse suffisamment grande et bien aérée au moyen d'ouvertures grillées. Au temps de la récolte, on utilisera les abeilles qu'on a secouées des rayons de boîtes de surplus, et sans grande peine, sans perte pour les ruches, on peut créer de cette manière de nouvelles familles ; à cette époque, les colonies ne se ressentent guère d'une petite saignée. Lorsqu'on a deux à trois kilos d'abeilles dans la caisse, on met le couvercle, qui doit avoir une ouverture de 220 millimètres sur 45 fermée par une toile métallique mobile (glissant entre des rainures). Une boîte de miel chaud, dilué, qu'on a fermée avec un linge assez mince pour permettre au liquide de suinter à travers, est renversée sur l'ouverture. Les abeilles, en faisant bombance, se calment vite et font bonne connaissance les unes avec les autres, même quand elles proviennent de ruches différentes. On les transporte alors à la cave et, le jour suivant, elles sont tout heureuses de recevoir une mère.

Le lendemain donc, on cherche la ruchette pour la porter à côté de la caisse contenant l'essaim en préparation. D'un coup sec, on fait tomber la grappe d'abeilles au fond de la dite caisse ; une petite pluie répandue sur l'essaim au moyen du pulvérisateur calmera l'agitation. Puis on enlève la toile métallique qui ferme l'ouverture pratiquée dans le couvercle de la caisse et l'on met à la place la ruchette, dont le fond a été préalablement dévissé. La réunion se fera tranquillement ; mais on laissera quand même la nouvelle colonie encore deux jours à la cave et on ne la transvasera que le soir tard dans la ruche qu'elle doit occuper. »

Grande miellée, espace à donner aux colonies, aération, etc. — La grande miellée commence généralement, dans notre pays, du 20 au 25 mai. Les ruches se remplissent, aussi doit-on pourvoir à ce que toutes les colonies aient largement la place nécessaire pour entreposer les nectars et emmagasiner le miel. C'est à ce moment qu'on peut facilement constater de combien les fortes populations devancent les autres.

Il faut aussi veiller à ce que les abeilles ne souffrent pas de la chaleur ; on abrite les ruches du soleil ; celles à plateau mobile sont soulevées par devant au moyen de cales d'un centimètre environ, de façon à ce que les abeilles puissent circuler sous toute la largeur de la paroi de devant. Avec nos modèles, dont les parois ont des feuillures recouvrant la tranche du plateau de trois côtés, ces trois côtés restent fermés. C'est par ces précautions qu'on empêche les abeilles de s'amasser en grappes au dehors de la ruche et de rester oisives quand la besogne les réclame (voir fig. 70). Aussitôt après la récolte, il faut avoir soin d'enlever les cales, afin d'éviter le pillage.

Quand les abeilles font la barbe — c'est le terme consacré, — il y a donc toujours quelque chose qui n'est pas en ordre dans la ruche. Habituellement c'est le manque de place ou d'aération.

JUIN

Moment où l'on prélève le miel. — Dans nos contrées
la première récolte se termine, en plaine, avec les fenaisons [1], qui ont également lieu dans la première
quinzaine de juin. Elle dure donc deux ou trois
semaines, rarement plus. Celui qui veut obtenir du
miel blanc doit procéder à l'extraction avant l'épa-
nouissement des fleurs de seconde récolte, dont les
nectars sont généralement plus colorés et d'un goût
plus accentué et moins fin. Dans un rucher de quelque
importance, il y a tout intérêt à séparer les deux qualités de miel, Chez moi, dès que les premières fleurs
du tilleul commencent à s'ouvrir, je retire le miel des
ruches ; j'attends ce moment, qui ne se présente
d'habitude qu'un bon nombre de jours après les
fenaisons, afin de laisser au dernier miel récolté le
temps de mûrir.

En principe, le miel ne doit être considéré comme
mûr, et par conséquent comme bon à extraire, que
lorsqu'il a été operculé ; mais vers la fin de la récolte
les abeilles réservent souvent au bas des rayons, pour
les besoins journaliers, des cellules qu'elles n'opercu-
lent pas et l'on peut prélever ces rayons, cachetés
seulement aux deux tiers ou aux trois quarts, lorsqu'on sait que la récolte a cessé depuis quelque temps.

---

1. A la montagne, les fenaisons se prolongent pendant des mois
et la distinction entre les diverses récoltes est plus difficile à faire,
mais le miel récolté au commencement de la saison y est, comme en
plaine, plus blanc que le miel d'été.

Le miel fraîchement récolté par les abeilles contient encore une telle proportion d'eau qu'il fermenterait hors de la ruche, à moins d'être mûri artificiellement ; aussi faut-il se garder d'extraire celui des rayons dont les cellules ne sont pas en majorité cachetées.

Dans les régions où la grande floraison se prolonge davantage que dans la nôtre, il est possible de retirer des rayons operculés sans attendre la fin de la récolte ; le prélèvement du miel s'y fait donc en plusieurs fois. Chez nous, même dans les bonnes années, lorsqu'une colonie a rempli deux boîtes, on peut quelquefois extraire la première donnée, qui se trouve en dessus, sans attendre la fin de la miellée.

La sortie des rayons doit se faire méthodiquement et très prudemment, le pillage étant à craindre. En effet, comme on opère généralement à un moment où les prés sont fauchés et où les fleurs de seconde récolte ne donnent pas encore, les abeilles, privées de pâture, sont de mauvaise humeur et très portées au pillage. Pour cette opération, un voile est indispensable ; les caisses à transporter les rayons (nous employons nos caisses à essaims, contenant cinq ou six cadres maintenus en place par des équerres et agrafes comme dans les ruches) doivent être munies de bons couvercles fermant facilement (fig. 32).

Armé de son enfumoir et de sa brosse, l'opérateur sort un seul rayon à la fois, recouvre immédiatement les autres de la toile (natte ou planchettes) et brosse ou secoue les abeilles en dehors sur la planchette d'entrée ; puis il place le rayon dans la boîte, qu'il referme lestement et sort un deuxième rayon de la même façon. Les rayons sont déposés dans une pièce close, c'est-à-dire absolument hors de l'atteinte des abeilles. Il faut se garder de laisser, même un instant, un rayon ou seulement quelques gouttes de miel à leur portée. L'entrée de la ruche sur laquelle on opère doit être rétrécie, et il faut, nous le répétons, ne laisser une ruche ouverte que strictement le temps nécessaire pour en sortir un rayon. Si, malgré les précautions prises, les pillardes attaquaient la ruche sur laquelle on opère, ce dont on s'aperçoit très vite aux piqûres, il faudrait remettre la fin de l'opération à un autre moment, c'est-à-dire lorsque le calme serait rétabli. En cas de vrai pillage, il faut rétrécir toutes les entrées et répandre de l'eau en pluie sur les ruches excitées ou attaquées. Toutefois, en procédant comme nous l'indiquons, on supprime toute cause de désordre et les accidents sont bien rares.

On gagne beaucoup de temps, et on assure toutes les opérations de la récolte en les faisant à deux. Pendant que l'un manie l'enfumoir et s'empare des cadres afin de les débarrasser des abeilles qui les couvrent, soit en les secouant par un petit coup sec, soit en les brossant, l'autre reçoit ces cadres vides d'abeilles et les entrepose rapidement dans la caisse à rayons. Avec un peu d'entente dans les mouvements, le travail est si accéléré que les pillardes n'ont pas le temps de s'organiser, et si le temps est favorable, on arrive à prélever en une heure, et sans une piqûre, de quoi s'occuper à désoperculer pendant le reste de la journée.

Lorsque les rayons à extraire sont dans une boîte de surplus mobile, et non dans la ruche même comme dans le système allemand ou dans les ruches horizontales (type Layens), on peut prélever la boîte elle-même, toujours à condition de recouvrir et de refermer promptement la ruche. Après avoir refoulé les abeilles vers le bas au moyen de la fumée ou de la toile phéniquée, on décolle la boîte avec une lame de couteau introduite aux angles et on l'emporte à distance, hors de l'atteinte des abeilles. Mais il reste toujours plus ou moins d'abeilles sur les rayons. On a procédé de diverses façons pour s'en débarrasser : les uns mettaient la boîte sous une cloche en toile métallique qu'ils retournaient de temps en temps pour donner la volée aux abeilles posées en dedans sur le treillis ; d'autres recouvraient la boîte d'une planchette munie d'une issue à clapets par laquelle les abeilles sortent successivement sans pouvoir rentrer. D'autres enfin se contentaient de déposer les boîtes dans un local fermé dont la fenêtre était ouverte de temps à autre pendant un instant. Ces divers moyens ont été récemment remplacés par l'emploi d'un ingénieux petit engin, le *chasse-abeilles* (*Porter's spring bee-escape*), perfectionné par M. Porter. C'est une sorte de petite trappe en fer-blanc (fig. 31 *bis*) par laquelle les abeilles peuvent descendre de la boîte, mais non y monter. On l'ajuste au milieu d'une planche percée d'une ouverture proportionnée et on insère cette planche entre la boîte à prélever et le reste de la ruche. .Les abeilles séparées par la planche quittent successivement la boîte pour rejoindre le reste de la famille. En plaçant la planche pourvue de son chasse-abeilles dans la matinée, on trouvera la boîte débarrassée de ses abeilles vers le soir ; si on la place le soir, la hausse pourra être retirée le lendemain matin. Les abeilles sortiront plus rapidement si l'on envoie un peu de fumée. Il est bon que la planche de séparation, de même surface que la ruche, soit bordée sur les deux faces de lattes d'un centimètre d'épaisseur ménageant un passage aux abeilles en dessus et en dessous d'elle.

L'emploi du chasse-abeilles Porter facilite considérablement le prélèvement du miel, en prévenant tout pillage et toute excitation au rucher, ainsi que les piqûres qui en sont la conséquence.

Avec les ruches à l'allemande, disposées en pavillon fermé, le prélèvement du miel présente infiniment moins de danger au point de vue du pillage. C'est un des avantages de ce système.

On peut, si l'on tourne doucement, passer à l'extracteur les rayons contenant encore du couvain operculé, à condition de les rendre sans trop tarder, mais nous déconseillons aux commençants de le faire. Quant aux rayons contenant du couvain non operculé, il ne faut pas songer à en extraire le miel.

La quantité de miel à laisser aux abeilles varie selon les ressources qu'offre la contrée après la grande floraison et le but que se propose l'apiculteur. S'il doit transporter ses ruches à la montagne ou ailleurs pour faire une seconde récolte, il pourra les alléger un peu ; mais de toute façon il est plus sage de toucher le moins possible à la chambre à couvain et de prévoir les disettes d'été, dont les années 1888 et 1894 peuvent fournir des exemples. Les abeilles n'useront du miel laissé que selon leurs besoins et l'excédent se retrouvera à la visite d'automne.

Les rayons vidés sont rendus aux ruches si l'on compte sur une seconde miellée, mais *cela ne doit être fait que le soir ;* sinon on les met à l'abri (voir *Mars,* **Fausse teigne**)[1].

Laboratoire. — Le local où se fait l'extraction doit être sec, aéré et absolument à l'abri des atteintes des abeilles. Si, pour y parvenir, on a à franchir deux

1. Depuis quelques années, sur le conseil de notre excellent collègue, M. Gubler, nous ne faisons plus nettoyer par les abeilles les rayons sortant de l'extracteur et les plaçons tels quels dans l'armoire aux rayons. Nous évitons ainsi des manipulations fastidieuses et sujettes à provoquer le pillage. Cela ne présente qu'un très léger inconvénient; le miel dégoutte un peu dans l'armoire, mais il est facile d'y remédier en plaçant au fond de celle-ci un plateau de fer-blanc.

portes dont la première puisse être refermée avant que la seconde soit ouverte, on évite d'introduire les pillardes postées en dehors. Comme il reste toujours quelques abeilles sur les rayons apportés et qu'il s'en introduit chaque fois que la porte s'ouvre, s'il n'y en a pas une seconde, on a imaginé diverses combinaisons pour les expulser sans trop de peine. J'ai dans mon atelier des fenêtres à panneaux étroits tournant sur pivots verticaux et, de temps en temps, lorsqu'il y a des abeilles posées sur les vitres, je fais faire un demi-tour aux panneaux. On peut aussi garnir les fenêtres d'un treillis (voir **Outillage**, fig. 54 *bis*).

Les murs du laboratoire sont garnis de larges tablettes sous lesquelles sont vissées aux distances voulues des coulisses à tiroir entre lesquelles nous suspendons nos cadres et partitions. Des armoires munies de tasseaux pour supporter les rayons servent à exposer ceux-ci à la vapeur de soufre ou de tétrachlorure de carbone et à les conserver à l'abri des souris.

Le plafond de la chambre est garni de crochets auxquels sont suspendus les bidons de diverses grandeurs servant à loger et à expédier le miel.

Extraction du miel. — L'extracteur, dont l'idée première est due au major De Hruschka et dont le fonctionnement est basé sur la force centrifuge, est un instrument dont l'apiculteur mobiliste ne peut se passer, mais il sera promptement indemnisé de la dépense que lui occasionnera cet appareil.

En en faisant la commande au fabricant, il faut avoir soin de lui désigner le modèle de ruche adopté ou d'indiquer la dimension des cadres[1].

1. En Suisse, les extracteurs livrés par les fabricants sont faits de façon à pouvoir recevoir tous les modèles de cadres connus. Le prix varie selon la matière employée (bois ou fer-blanc) et le genre de l'agencement.

Voici en quoi consiste un extracteur pour le miel. Une cage est fixée au centre d'un cylindre en bois ou en fer-blanc. On ne se sert pas du zinc, parce qu'il est facilement attaqué par le miel. La cage tourne sur un pivot vertical maintenu en haut par une traverse. On le met en mouvement au moyen d'une poulie à courroie, d'un engrenage à manivelle ou d'une roue à frottement. Le bâti de cette cage, généralement quadrangulaire, est revêtu extérieurement entre ses quatre montants, de corde ou de toile métallique contre lesquelles on applique en dedans verticalement les cadres à vider. Cordes ou toiles doivent être bien tendues et soutenues au besoin par des tringles entre les montants. Le fond du cylindre est légèrement incliné, de façon à ce que l'écoulement du miel se fasse vers un point où se trouve une ouverture fermée avec un bouchon ou un robinet à clapet (robinet américain). Le cylindre est monté sur trois pieds suffisamment écartés à leur base pour donner une bonne assiette à l'appareil, ou bien on le place sur quelque support auquel on le visse au moyen de trois pattes en fer fixées au bas de l'appareil. Tel est l'extracteur dans sa simplicité et tel que nous l'employons (fig. 36, 37 et 38).

On en construit de beaucoup de modèles différents. Dans quelques-uns, chaque cadre est contenu dans une boîte en toile métallique mobile ; tel est le *Rapide* (fig. 38 *bis* et 38 *ter*) présenté par M. Cowan en 1875.

Le même apiculteur a inventé un extracteur automatique dans lequel, par un simple mouvement de la manivelle, on fait faire un demi-tour à ces boîtes, au nombre de deux, qui sont montées sur pivot ; cela permet d'extraire le miel successivement des deux faces du rayon, sans sortir ni manier celui-ci. Le pivotement des boîtes et l'arrêt après un demi-tour sont obtenus au moyen d'une tige en crémaillère reliant trois pignons, le tout logé dans la traverse creuse qui porte les boîtes. L'invention est aussi simple qu'ingénieuse.

Pour extraire le miel, on désopercule préalablement les rayons, c'est-à-dire qu'on tranche les couvercles des cellules au moyen d'un couteau en forme de truelle[1].

Les rayons sont ensuite placés dans la cage de l'extracteur, contre la toile métallique (ou la corde), à travers laquelle le miel est lancé contre les parois du cylindre lorsque la machine est mise en mouvement. Quand un rayon est vidé d'un côté, on le retourne. S'il s'agit de rayons nouvellement construits et délicats, il est prudent de ne désoperculer qu'un côté à la fois et de tourner très doucement. Il faut éviter de placer vis-à-vis les uns des autres des rayons de poids trop différents, parce que cela occasionne de l'ébranlement à la machine. Le miel est reçu à sa sortie de l'extracteur dans des vases munis d'un tamis interceptant les particules de cire.

Les rayons de forme basse et allongée horizontalement, comme ceux des cadres Dadant, Langstroth, anglais, sont placés sur un de leurs petits côtés dans l'extracteur, au lieu d'être suspendus comme dans la ruche[2]. Si l'on observe la direction des cellules dans un rayon, on comprendra facilement que c'est dans la première position que la force centrifuge rencontre le moins de résistance pour chasser le miel hors des cellules. Mais il ne faut pas se tromper de côté : en supposant que la direction du mouvement de rotation

---

1. Le meilleur couteau est celui de l'Américain Bingham, dont la large et longue lame est biseautée en dessous, ce qui empêche qu'elle ne pénètre dans le rayon (fig. 33). En Suisse, nous employons aussi les couteaux Fusay (fig. 34) et Huber et celui à deux mains de Joly, qui sont également de bons modèles.

2. Les cadres hauts sont placés dans la même position que dans la ruche ; pour les mettre sur le côté, il faudrait faire des extracteurs d'un trop grand diamètre.

soit indiquée par une flèche, le porte-rayon se trouvera du côté des barbes de la flèche et la partie inférieure du rayon du côté de la pointe.

Pour désoperculer les cadres, il est bon de les accrocher par les extrémités de leurs supports, dans une position inclinée, sur un chevalet garni d'une feuille de fer-blanc (fig. 35), d'où le miel découle dans une auge. Quand le couteau est chargé de cire et de miel, on le racle sur une lame étamée engagée en travers d'un récipient quelconque, à défaut d'un ustensile spécial. Le véritable bassin à opercules, de forme analogue à une vaste cafetière à grille dont le diamètre est égal à la hauteur, est divisé en deux parties s'emboîtant l'une dans l'autre. La partie supérieure est garnie en bas de deux tamis mobiles en toile métallique ; l'un fin, en dessous ; l'autre plus grossier, en dessus. Le miel coule dans la partie inférieure, qu'on vide de temps en temps. Lorsque l'ustensile est plein de cire, on achève de faire couler le miel qu'il contient en le plaçant au soleil, recouvert d'un carreau de verre. L'ouverture servant à vider la partie inférieure doit pouvoir être fermée hermétiquement [1].

Le miel est hygrométrique et se comporte mal dans un local humide ou mal aéré. Si l'on a quelque doute sur la maturité de celui qu'on extrait, il est prudent de laisser ouverts pendant quelque temps les vases qui le contiennent, en les recouvrant d'une mousseline et en favorisant l'évaporation de l'excédent d'eau ; mon atelier est pourvu de grands ventilateurs grillés. Le mieux est d'avoir un grand bassin en fort fer-blanc, d'un diamètre un peu inférieur à la hauteur, dans lequel on verse le miel à sa sortie de l'extracteur et où

---

1. Toutes les ouvertures servant à l'écoulement du miel doivent être très larges, le miel coulant difficilement. Ainsi le diamètre des robinets à clapet ne doit pas être inférieur à 35 mm.

il repose quelques jours. La partie la plus dense va au fond et peut être soutirée au moyen d'un robinet à clapet placé au bas du bassin (fig. 39). Je me sers toujours de cet ustensile pour remplir les flacons ou les petits bidons dans lesquels la quantité doit être mesurée exactement ; puis cela me dispense de l'écumage. Le bassin est rempli de nouveau avant d'être entièrement vidé. La partie la plus aqueuse revient à la surface avec les débris de cire, et à la fin, on peut la mettre à part pour en faire de l'hydromel ou la distribuer aux abeilles.

Le miel soutiré, après un repos de quelques jours, a la densité la plus favorable pour une longue conservation. J'ai des miels de 5 et 6 ans, en parfait état ; ce résultat est impossible à obtenir avec des miels non soutirés qui contiennent toujours, en plus d'un excédent d'eau, des parties de cire et de pollen provoquant la fermentation dès le retour des chaleurs.

Dans les années très chaudes, comme en 1911, où le miel a une densité naturelle très élevée, on le conserve plus facilement ; c'est alors que le soutirage, en assurant une très longue conservation, permet à l'apiculteur de se faire une réserve pour les années de disette.

Le soutirage est donc une opération essentielle, qu'on ne peut pas négliger si on veut obtenir des produits parfaits et réguliers.

Mais on ne parvient à une longue conservation, même avec un miel très bien récolté, qu'en l'entreposant dans des boîtes hermétiques, placées dans un endroit sec et frais tout à la fois. La chaleur et l'humidité altèrent le miel assez difficilement pendant les premiers mois, mais il n'y a que les produits bien à l'abri de ces deux causes d'altération qui résistent pendant plusieurs années.

On appelle la cuve à soutirage un *maturateur* ; le terme est impropre, le miel ne mûrit pas dans la cuve, il se purifie seulement comme je viens de le dire. C'est donc un purificateur, si on tient à lui donner un nom.

Le miel cristallisé doit être manié le moins possible, et pour mes livraisons je répartis la récolte dans des bidons de différents poids qui sont livrés tels quels.

Lorsqu'on extrait le miel tard en automne et que la température s'est refroidie, il sort difficilement des rayons et l'on doit opérer dans une chambre bien chauffée, ou exposer préalablement les rayons dans une couche de jardin, lorsque le soleil luit. Les miels très épais, comme celui de bruyère, ne peuvent guère être extraits à la machine. Pour les séparer de la cire il faut briser les rayons et les presser fortement dans un appareil spécial.

Vases pour le miel. — En France le miel vendu en gros est généralement logé et livré dans du bois, les miels blancs dans des barils de 45 kilos, les miels rouges et ceux de presse en fûts de 300 kilos, mais en Suisse la majorité des apiculteurs préfèrent l'emploi du fer étamé ou du fer-blanc et font leurs livraisons tant en gros qu'au détail, en bidons cylindriques de la contenance de 2 ½ à 25 kilos. Ceux-ci sont munis d'une anse et de couvercles à emboîtement, sur le bord desquels on colle une bande de cotonnade ou de papier. Les gros bidons ont une poignée au couvercle et peuvent être entourés d'une tresse de paille ou de jonc des marais. Je reconnais qu'en *petite* vitesse les bidons sont quelquefois maltraités, et les apiculteurs qui ont à recourir à cette voie auront peut-être moins d'ennuis avec le bois.

On peut livrer en facturant le poids brut au prix du miel ; le coût du bidon se trouve à peu près couvert.

Pour les échantillons et les livraisons de 500 grammes à 10 kilos, il se fabrique maintenant des boîtes de fer-blanc à fermeture spéciale, dite hermétique, dont je viens de parler, qui sont peu coûteuses.

Il y a enfin les flacons pour la vente au détail et pour l'étalage. On doit présenter le miel sous un aspect attrayant. Il ne manque pas de modèles ; ceux dont le couvercle est vissé et l'ouverture large me semblent les plus recommandables (fig. 40 et 41).

Miel en rayon. — Le maniement du miel en sections est une opération minutieuse et délicate. On racle la propolis qui reste attachée au bois des sections et on classe celles-ci en première, deuxième et troisième qualité selon leur aspect. Le mieux est de s'en défaire le plus tôt possible. Pour être conservé dans de bonnes conditions, le miel en rayon doit être maintenu dans une température douce et égale. Exposé au froid ou à l'humidité, il suinte à travers les opercules. Nous conservons le nôtre dans une armoire placée dans une pièce constamment habitée (voir pour emballage *Mai*, **Miel en sections**).

Purification de la cire. — Je n'entreprendrai pas de donner ici les diverses méthodes employées pour purifier la cire en grand, et me bornerai à décrire l'emploi du purificateur à cire solaire, qui suffit à l'exploitation d'un rucher ordinaire, dispense d'emprunter la cuisine et le foyer et permet, pendant les quatre mois chauds de l'année, d'obtenir de la cire pure sans risquer de la détériorer. En fondant la cire à la vapeur, par exemple, on est exposé, pour peu qu'on ne s'y prenne pas bien, à la brûler, à lui faire perdre une partie de ses qualités, et les fabricants de cire gaufrée donneront toujours la préférence aux cires fondues au soleil.

C'est un apiculteur italien du nom de Léandri qui a fait connaître le procédé à l'Exposition d'apiculture de Milan, en 1881 :

Une petite caisse recouverte d'une vitre inclinée reçoit, sur un fond légèrement en pente, la cire brute brisée en petits morceaux. La cire est mise en fusion par les rayons du soleil frappant la vitre à angle droit et, en s'écoulant lentement vers une auge disposée au bas du plan incliné, elle abandonne ses impuretés, qui restent en chemin (fig. 42).

On fabrique cet appareil de bien des manières ; j'en ai vu un très perfectionné chez M. Guazzoni, ingénieur à Golasecca. La caisse est à double parois ; la vitre est double aussi ; l'inclinaison du fond mobile, ainsi que celle de la vitre (laquelle est garnie d'un emboîtement) peuvent être modifiées au moyen de vis de rappel et le tout pivote sur un pied. Mais, simple comme je le décris au chapitre *Outillage*, le purificateur remplit parfaitement son office sous notre climat de Suisse.

Les résidus du purificateur solaire contiennent encore un peu de cire. On peut les conserver pour les refondre, lorsque la quantité en vaut la peine, dans de l'eau bouillante selon l'ancienne méthode, et en extraire la cire au moyen d'une presse.

Précautions après la récolte. — Après que le miel a été prélevé, il est bon d'égaliser un peu la force des colonies, en prenant aux plus fortes des rayons de couvain prêt à éclore pour les donner aux faibles. Cette précaution est indispensable avec les petits essaims formés par progression. Il faut également s'assurer que toutes les familles possèdent leur reine ; les orphelines en reçoivent une ou sont réunies à d'autres. Le pillage est fort à craindre lorsque le miel manque au dehors et le rucher doit être surveillé et en bonnes conditions.

Apiculture pastorale. — C'est aussitôt après l'extraction du miel de première récolte que se font les transports de ruches à la montagne ou dans les autres régions fournissant aux abeilles une seconde miellée. Le voyage doit se faire de nuit, vu la température (Voir *Mars*, **Transport des ruchées** et *Ruche Dadant*, **Grillage pour le transport**).

Cétoines. — Dans le Midi et en Algérie, pendant la belle saison, un insecte de l'ordre des coléoptères, la cétoine opaque (*Cetonia opaca*), très friande de miel, s'introduit dans les ruches dont les entrées ne sont pas barricadées et commet des dégâts. On s'en garantit au moyen de lames dentelées appropriées. L'insecte a 22 mm. de longueur, 12 de largeur et 7 ½ à 8 d'épaisseur. Il fait entendre en volant le même bourdonnement sonore que la cétoine dorée, très répandue dans toute l'Europe, et s'en distingue par sa couleur, qui est d'un noir à reflets bleuâtres.

Selon un apiculteur de l'Isère, la cétoine dorée s'introduirait aussi quelquefois dans les ruches.

JUILLET ET AOÛT

Faire construire des rayons. — Surveillance des colonies. — Conservation des rayons. — Nourrissement stimulant d'été. — Achat de colonies nues, sauvées de l'étouffage. — Sphynx tête-de-mort. — Poux des abeilles.

Faire construire des rayons. — Dans les contrées où il existe une miellée d'été, on peut en profiter pour faire produire quelque cire aux abeilles. La provision de bâtisses n'est jamais trop forte dans un rucher bien tenu et le miel de seconde récolte ayant généralement moins de valeur sur le marché, il est naturel d'en consacrer une partie à la production de rayons qui trouveront leur emploi au printemps suivant. Pour déterminer les abeilles à bâtir, on leur supprime une partie des rayons que l'on remplace par des cadres garnis de feuilles gaufrées. Nous observons, toutefois, qu'il est plus difficile de faire bâtir en août qu'en juin, et la seconde récolte de miel étant plus précaire que la première, il s'ensuit une production de cire moins assurée. On profitera donc seulement des circonstances quand elles seront favorables en août.

Quand il n'y a pas de récolte, il est inutile de donner des cadres à bâtir ; ils s'effondrent quand il fait très chaud et les abeilles les salissent.

Surveillance des colonies. — Lorsque la sécheresse se prolonge, les abeilles ne trouvent plus rien au dehors et s'en vont furetant chez les voisines et dans les maisons. Tenons-les abritées du soleil, pourvues d'eau dans les abreuvoirs et assurons-nous qu'elles ont assez de provisions pour atteindre le mois de septembre, ainsi que du couvain. Les ruchées faibles ou orphelines se laissent dévaliser et sont facilement envahies par la fausse-teigne, surtout si elles ont trop de rayons à protéger.

Dans les années froides, on a intérêt, après la récolte, à enlever les cales sous les ruches (qui avaient été mises pour obtenir une meilleure aération), afin de rétrécir les entrées.

Toute mesure prise pour éviter le pillage est très recommandée, car c'est un fléau qu'il est plus facile de prévenir que de faire cesser. Alors qu'en mai et juin on pouvait presque impunément oublier un cadre, laisser une ruche longtemps ouverte, etc., en juillet, la plus petite négligence occasionne un désordre presque immédiat, et, si l'on n'y prend pas garde, un désastre.

Conservation des rayons. — A mesure que la saison avance, les populations diminuent ; il est préférable de retirer de temps en temps les rayons vides non occupés par les abeilles et de les mettre en réserve, à l'abri de l'humidité et des fausses-teignes (voir, *Mars* **Fausse-teigne**). C'est surtout aux colonies faibles qu'il faut enlever les rayons non occupés. Avant d'enfermer les rayons, et de les exposer à la vapeur de soufre, ou à celle du tétrachlorure de carbone, on racle les parties extérieures des cadres qui sont souvent enduites de propolis ou de cire, en recevant chacune des deux matières dans des caisses séparées.

Nourrissement stimulant d'été. — Si, par l'effet de la sécheresse et de l'absence de miellée, la ponte se trouvait considérablement réduite à la fin de l'été, il faudrait la stimuler pendant une quinzaine de jours environ, vers la fin d'août ou le commencement de septembre, en pratiquant un nourrissement à petites doses analogue à celui du printemps ; les colonies doivent contenir à l'entrée de l'hiver une forte proportion de jeunes abeilles nées en septembre ; c'est une condition importante pour un bon hivernage et un bon développement de la population au printemps. En faisant cette opération, on redoublera de précautions contre le pillage, et, en tout cas, on rétrécira les entrées, et on ne nourrira qu'à la tombée du jour.

Achat de colonies nues sauvées de l'étouffage. — C'est généralement à la fin de l'été que les étouffeurs d'abeilles se livrent à leurs opérations. En leur offrant à l'avance d'acheter les populations condamnées, on peut souvent se procurer des colonies à très bas prix. On extrait les abeilles par le tapotement (voir *Mars, Transvasements*) ou par l'asphyxie momentanée [1] et on les installe comme des essaims dans des ruches à cadres garnies de bâtisses ou de cire gaufrée, puis on leur administre (toujours le soir) du miel ou de bon sirop à fortes doses. Cinq cadres de 11 à 12 dcm. carrés suffisent généralement pour l'hivernage d'une colonie issue d'une ruche vulgaire.

Dans les régions où les étouffeurs ne font leur récolte

---

1. Ce moyen est très peu recommandable, mais il faut le connaître, il peut rendre des services dans des cas exceptionnels; voilà pourquoi je décris le procédé : sous la ruche habitée, débarrassée de son plateau, on place, renversée, une ruche vide de même diamètre, garnie d'un papier lisse pour que les abeilles ne puissent pas s'y accrocher. On complète la fermeture au moyen d'un linge lié autour de la ligne de contact des deux ruches. Puis, avec un fumoir chargé de chiffons nitrés, on envoie de la fumée par l'entrée de la ruche renversée ou par un trou pratiqué à une certaine hauteur ; la fumée ne doit pas atteindre les abeilles qui tombent au fond. Au bout de quelques minutes les abeilles se laissent choir les unes après les autres. Elles sont versées sur un carton, puis dans leur nouvelle demeure lorsqu'elles reviennent à elles.

Il faut environ 5 grammes de nitre pur (azotate de potasse ou salpêtre) pour asphyxier momentanément une ruche. On fait dissoudre le sel dans un peu d'eau chaude et l'on fait absorber la solution par des chiffons qui sont ensuite séchés.

qu'en octobre ou novembre, il est nécessaire, vu l'époque avancée de la saison, de fournir aux abeilles des rayons entièrement bâtis et contenant des provisions operculées.

Comme il est reconnu que ces colonies sont le plus souvent de qualité médiocre, avec une grande proportion de vieilles abeilles, on fera bien de ne les acquérir qu'à très bon compte.

Sphynx tête-de-mort. — Ces papillons de nuit font leur apparition dans notre pays à la fin d'août ou au commencement de septembre. Si les entrées sont assez hautes pour leur livrer passage, ils s'introduisent dans les ruches et s'y gorgent de miel, mais ils ne peuvent pas passer par un trou de vol réduit à 7 mm. de hauteur.

Poux des abeilles. — Dans quelques contrées, en automne, on observe parfois sur les ouvrières et principalement sur les reines de petits parasites de forme arrondie et de couleur brunâtre auxquels les entomologistes ont donné le nom de *Braula cœca*. Il peut s'en trouver jusqu'à 50 et plus sur le corps d'une reine, mais ils ne paraissent pas avoir de mauvaise influence[1]. J'ai vu de jeunes reines qui en étaient couvertes à l'automne se montrer très bonnes pondeuses au printemps suivant. Une bouffée de fumée de tabac fait lâcher prise à ces hôtes incommodes, qui tombent sur le plateau et peuvent être ensuite balayés hors de la ruche.

1. M. J. Pérez a observé que ce parasite se nourrit de miel : « Quand le pou veut manger, il se porte vers la bouche de l'abeille, où l'agitation de ses pattes munies d'ongles crochus produit une titillation désagréable peut-être, tout au moins une excitation des organes bucaux, qui se déploient un peu au dehors et dégorgent une goutelette de miel que le pou vient lécher et absorber aussitôt. »

SEPTEMBRE ET OCTOBRE

Préparatifs pour l'hivernage. — On appelle mise en hivernage l'ensemble des opérations que l'on fait subir à une colonie en vue de sa conservation pendant l'hiver.

S'assurer de la présence de la reine, vérifier l'état des provisions et les compléter au besoin, retirer les rayons superflus, réunir la famille à une voisine si elle est orpheline ou si sa population n'occupe pas au moins 4 rayons, sont des opérations importantes qu'il est *nécessaire* et en même temps beaucoup plus facile de faire en bonne saison. Compléter l'attirail d'hiver de la ruche, nettoyer son plateau et protéger son entrée ne sont que les opérations finales de la mise en hivernage.

Provisions, suppression des rayons superflus. — Dans nos régions, il ne faut pas attendre plus tard que la mi-septembre pour faire la revue générale des ruches et compléter les provisions d'hiver si cela est nécessaire. Si l'on tarde davantage, on peut être surpris par le froid ou le mauvais temps et le sirop administré risque de ne pas être operculé par les abeilles, faute de chaleur. Puis le nourrissement à fortes doses provoque quelquefois, malgré les précautions prises, une recrudescence de ponte qui aurait des inconvénients si elle se produisait aux approches des froids. Enfin, les provisions données seront mieux réparties dans les divers rayons et mieux à la portée des abeilles pour leur hivernage si celles-ci ont le temps de les disposer à leur convenance tout autour de la place qu'elles choisissent pour y former leur nid en forme de sphère. Elles ne se tiennent pas volontiers sur du miel operculé ; elles se groupent près de l'entrée et placent le miel au-dessus, sur les côtés et en arrière du groupe ; puis, à mesure que les cellules à miel avoisinantes sont vidées, la famille se déplace en masse et insensiblement vers le haut ou en arrière, selon la forme des rayons ou de l'habitation [1].

Pour évaluer ce qu'une ruche possède de miel, on peut se baser sur cette donnée que 3 dcm. carrés de rayon en contiennent, les deux faces comprises, environ 1 kilo ; un rayon de 12 dcm. entièrement plein représentera donc 4 kilos, un Dadant-Modifiée 3 $^3/_4$ kilos.

Le sirop destiné aux provisions d'hiver doit être aussi dense que possible (voir *Avril,* **Sirop**) ; on empêche sa cristallisation en y mélangeant 15 à 20 % de miel.

Lorsqu'on nourrit, il y a toujours un certain déchet sur la quantité donnée ; ainsi, pour faire 10 kilos de provisions operculées on compte 15 à 16 kilos de sirop. Il faut, autant que possible, faire absorber en une ou deux nuits le complément à donner ; cela empêche généralement la recrudescence de ponte, toutes les

---

1. Dans les ruches dites jumelles, si les deux entrées sont proches l'une de l'autre, chacune des deux colonies établit son groupe contre la paroi mitoyenne qui la sépare de sa voisine, parce que c'est là qu'elle a le plus chaud, et chaque groupe affecte la forme d'une demi-sphère. Dans ces ruches, les provisions sont donc réparties autrement que dans une habitation isolée dont la population forme une sphère complète, avec vivres de chaque côté et en arrière. Les abeilles logées en ruches jumelles consomment moins, ayant moins de chaleur à produire, puisque la surface de refroidissement autour du groupe est proportionnellement moindre ; mais s'il y a une trop grande disproportion de population entre les deux familles, leur accouplement présente, à ce qu'a observé le Dr U. Kramer. plus d'inconvénients que d'avantages.

cellules disponibles de la ruche se trouvant momentanément occupées.

Avant de faire la distribution, l'apiculteur aura
préalablement retiré les rayons non occupés. S'ils
contiennent du miel non operculé, il peut les placer
derrière une partition pour les faire vider et nettoyer
par les abeilles ; distribués à d'autres ruches que celles
dont ils proviennent, ils sont plus promptement vidés.
Mais ces opérations ne réussissent que s'il fait beau
temps, et assez chaud. Même s'il fait beau, elles ne
réussissent plus après le mois de septembre. Les
abeilles vont visiter les rayons en dehors des planches
de partition, mais elles ne transportent pas les vivres.
En général, dès la seconde quinzaine de septembre,
l'apiculteur se heurte, dans toutes ses manipulations,
à l'indolence des abeilles. Les rayons dans lesquels il ne
reste que du miel operculé seront mis en réserve pour
le printemps et placés, si possible, dans un local
chaud ; lorsqu'on les laisse au froid ou à l'humidité, le
miel suinte au travers des opercules.

Dans notre pays, le groupe d'une colonie logée sur
rayons de 11 à 12 dcm. carrés occupe généralement,
vers la mi-septembre de 6 à 10 rayons, selon sa force
et selon la saison [1], mais il périt en automne beaucoup
de vieilles abeilles, qui ne sont pas remplacées puisque
la ponte cesse, de sorte que, l'hiver venu, le groupe
des abeilles n'embrasse guère que 5 à 8 rayons, rarement 9. Une famille qui ne couvre en automne que
4 rayons est certainement faible, mais si la reine est
bonne et la population jeune on peut l'hiverner avec
succès, à la condition que la ruche soit bien condition-
née et la nourriture de bonne qualité.

---

1. L'époque où la dépopulation se produit varie un peu d'une
année à l'autre.

Est-il préférable de ne laisser pour l'hiver que le nombre de rayons occupés en septembre par les abeilles et même d'en retirer un si la force de la population indique qu'elle possède encore beaucoup de vieilles butineuses destinées à disparaître promptement, ou d'en laisser un plus grand nombre sans mettre des partitions ? Depuis plus de vingt ans j'ai appliqué la première méthode avec un succès qui ne s'est jamais démenti ; mais la seconde a ses partisans, et au point de vue de la santé des abeilles elle n'offre pas d'inconvénient lorsque leur groupe est suffisamment fort.

M. Gaston Bonnier s'est convaincu par des expériences conduites avec beaucoup de soin (*Revue* 1891, février et supplément) qu'un cadre garni de cire produit sensiblement le même effet qu'une partition au point de vue du rayonnement de la chaleur. Certains apiculteurs en ont conclu que les planches des partitions étaient inutiles, mais M. Bonnier n'a pas dit cela. Son expérience n'a pas de sanction pratique, elle est de pure science. Elle n'empêche pas que les partitions soient très commodes pour rétrécir à volonté le nid à couvain et permettre de bourrer l'intervalle vide avec du papier, de la laine de bois, de la paille, en sorte que les abeilles ne chauffent de la ruche que l'espace réduit qu'on leur a laissé. Evidemment, on peut, à la rigueur, laisser quelques cadres de plus [1], mais alors la consommation est plus forte, et nous avons un grand

---

1. A la condition, ajoutons-nous, qu'il n'y ait pas, dans la partie supérieure de la ruche, de fissure permettant qu'un véritable courant d'air s'établisse de bas en haut autour du groupe. Si l'air entourant le groupe des abeilles se déplace plus ou moins rapidement, le froid qui en résulte les force à consommer davantage ; or, le but que l'on recherche avant tout dans l'hivernage, c'est de réduire la consommation à son minimum.

Il se produit bien une légère circulation à travers les matières poreuses servant de couverture aux cadres, mais elle est très lente et n'atteint jamais les proportions de ce qu'on appelle un courant d'air.

intérêt à la réduire. De plus, la fausse teigne attaque les rayons qui ne sont pas couverts, et j'ai observé que lorsque le nombre des cadres dépasse la dizaine ou qu'il y a une trop grande disproportion entre la force de la colonie et le nombre des cadres, les rayons des extrémités sont sujets à la moisissure, dans les hivers humides.

Il ne faut donc pas hésiter à se servir des partitions, elles sont nécessaires à l'exploitation industrielle des abeilles. Nul ne voudra renoncer à l'une des qualités principales qu'elles confèrent à la ruche, l'extensibilité à volonté, d'autant plus qu'une partition coûte moins cher qu'un rayon bâti, tout en étant inusable.

Si une partition ordinaire en bois n'est pas supérieure à un rayon encadré comme mauvais conducteur de la chaleur, il n'en est pas de même d'une partition faite de paille ou revêtue de paille, et dans les régions froides je conseille l'emploi de ces dernières, pour doubler, par exemple, les parois latérales des ruches Dadant ou analogues, qui sont généralement simples. Elles sont surtout utiles au printemps à la reprise de la ponte.

La quantité de miel trouvée dans les ruches en septembre varie beaucoup d'une ruche à l'autre, et l'on peut fréquemment compléter ce qui manque dans l'une avec ce que l'autre contient en trop.

De combien de vivres une colonie doit-elle être pourvue pour la période de l'hivernage, qui dure environ six mois ? Les abeilles existant en automne ne vivront pas assez longtemps pour participer à la principale récolte de l'année suivante et ce sont celles nées au cours du printemps qui formeront l'armée des butineuses. Or, pour l'élevage de ces nouvelles générations, il faut beaucoup de miel et de pollen et la consommation d'une ruchée normale pourra s'élever, de la mi-septembre à la fin d'avril, à 16 ou 18 kilos. Faible jusqu'en janvier, elle augmentera progressivement en février et mars par l'élevage du couvain pour atteindre en avril et mai le taux de 300 à 500 grammes par jour. L'apiculteur qui veut obtenir le développement normal de ses colonies au printemps doit, lors de la mise en hivernage, s'assurer qu'elles contiennent près de la quantité indiquée. Comme je l'ai dit précédemment, il ne convient pas d'ouvrir les ruches, ni de donner de la nourriture liquide trop tôt au printemps ; les abeilles doivent donc être en mesure de se suffire à elles-mêmes jusqu'en avril, et leur maître doit s'arranger pour être dispensé de les inspecter avant cette époque. Essentiellement prévoyantes, elles proportionnent l'élevage du couvain aux réserves qu'elles possèdent et le meilleur stimulant de la ponte est un grenier bien garni. Dans le cours d'avril il sera facile de renouveler les provisions des colonies trouvées à court de vivres.

Le sucre en plaque ou en pâte est la ressource des gens qui s'y prennent trop tard pour nourrir au sirop (voir *Novembre-Février*). On le met à plat sur les porte-rayons et afin d'obtenir une condensation des vapeurs émises par le groupe, qui amollisse le sucre et permette aux abeilles de le lécher, on recouvre avec la toile peinte, en veillant à ce qu'elle plaque bien sur les bords de la ruche. On peut aussi mouler le sucre dans des boîtes de forme plate et d'une surface égale à celles que représentent quatre ou cinq cadres et leurs espaces, puis renverser ces boîtes sur les cadres et calfeutrer par-dessus.

Certains miels d'été et d'automne, provenant de sucs de fruits ou de miellats de feuilles, sont moins sains pour l'hivernage que les miels de printemps ou que le bon sirop. Ils deviennent même tout à fait nuisibles lorsque les abeilles ont à subir des réclusions prolongées, parce qu'ils produisent dans leurs intestins des accumulations de matières fécales dont elles ne peuvent se débarrasser. Aux Etats-Unis, où l'hivernage présente de grandes difficultés, on extrait ces mauvais miels pour les remplacer par des miels de printemps ou du sirop. Bien certainement, les apiculteurs ne s'astreignent pas à ce travail important sans avoir de bonnes raisons pour cela.

Pollen. — La ponte recommence dans les ruches en hiver, avant que les abeilles puissent sortir, et le pollen étant un des éléments de la nourriture des larves, il faut veiller à ce qu'au moins l'un des rayons laissés dans la ruche à l'automne en contienne une certaine quantité.

Revue avant de nourrir. — Il va sans dire qu'avant de compléter les provisions, on fait une revue complète de la colonie ; les vivres existants sont évalués, les rayons défectueux ou contenant des cellules à mâles sont retirés (voir *Avril*, **Déplacement des rayons de couvain**) et on s'assure de la présence de la reine. Une colonie trouvée orpheline doit être réunie à sa voisine la plus faible, à moins qu'on ait une reine de réserve à lui donner (voir *Mars*, **Réunions et Remplacement des reines**).

Soins spéciaux aux ruchettes. — Une population qui n'occuperait pas quatre rayons en septembre devrait être réunie à une autre, à moins qu'il ne s'agisse de ruchettes contenant des reines de choix ou de réserve. Dans ce cas, le mieux serait, à l'approche des froids vers la fin d'octobre, de rentrer ces ruchettes dans un local absolument obscur, sec et aéré, et de les y laisser dans la plus complète tranquillité jusqu'à fin mars.

Les caisses seraient soulevées au-dessus de leurs plateaux au moyen de cales, afin que l'air circule plus librement, ou bien on aérerait par le haut en écartant partiellement la toile ou les planchettes qui recouvrent les cadres. La mise en chambre des abeilles devrait être faite le lendemain d'un beau jour pendant lequel elles auraient pu sortir et se vider, et au printemps les colonies devraient être reportées à la place qu'elles occupaient à l'automne. L'expérience a démontré que pour l'hivernage des abeilles en local clos, la température du local doit se rapprocher autant que possible de 6 à 8ºC. ; c'est par cette température que les abeilles sont le plus calmes et consomment le moins. Dans les contrées à hiver très rigoureux, comme les Etats-Unis du nord et le Canada, la majorité des apiculteurs ont recours à ce mode d'hivernage pour toutes leurs colonies et construisent dans ce but des bâtiments spéciaux généralement en sous sol, avec ventilateurs.

Il est cependant possible d'hiverner en plein air de petites populations dont le groupe ne s'étend que sur trois rayons, à condition de les loger dans des ruchettes accolées de façon à se tenir au chaud les unes les autres. Nous avons conservé ainsi jusqu'au printemps des nucléus logés dans des Dadant divisées en trois compartiments et revêtues de paillassons cloués sur les parois.

Dernières opérations. C'est au début d'octobre, au plus tard, que les ruches sont mises en quartier d'hiver. L'opération doit être faite avant l'arrivée des froids et autant que possible par une bonne journée pendant laquelle les abeilles puissent sortir.

Le mois précédent, il a déjà été pourvu aux provisions et à la suppression des rayons superflus. Il reste à garantir la colonie du froid, à veiller à ce que le renouvellement de l'air dans la ruche puisse se faire convenablement et à nettoyer une dernière fois le plateau.

Dans nos modèles, le dessus des cadres est recouvert d'un coussin ou châssis matelassé, fait de lattes de 5 à 6 cm. de largeur et tendu sur les deux faces de toile grossière ; l'intérieur est rempli de balles d'avoine ou de laine de bois. On peut employer aussi de vieux tapis, des paillassons ou toute autre matière retenant la chaleur et laissant passer les vapeurs.

Lorsque la couverture habituelle des cadres est imperméable, comme la toile cirée ou peinte, par exemple, on la replie, pour l'hiver, de chaque côté vers le centre, de façon qu'elle ne recouvre plus que les cinq cadres du milieu[1]. Cela permet le dégagement des vapeurs à travers le coussin et celui-ci n'est pas rongé par les abeilles comme ce serait le cas à la fin de l'hiver s'il n'était pas protégé.

Il est bon de conserver aux abeilles un passage au-dessus des cadres, c'est-à-dire dans une partie chaude de la ruche, afin qu'elles puissent au besoin se transporter d'un rayon à l'autre[2]. Ce passage existe lorsqu'on emploie le coussin tendu sur châssis, mais il faudrait alors retirer la toile peinte, ce que nous ne conseillons pas de faire. Le mieux est de poser de distance en distance, en travers des cadres, quelques baguettes de 8 à 10 mm. d'épaisseur qui forment entre elles autant de couloirs sous toiles, paillassons ou tapis. On peut aussi percer quelques trous dans le tiers supérieur des rayons, comme le font les Anglais et les

---

1. Si l'on emploie un châssis matelassé muni d'une ouverture grillée pour le nourrissement, on replie la toile d'arrière en avant de la largeur de l'ouverture.

2. Cela est indispensable dans les ruches à bâtisses chaudes (cadres parallèles aux parois de devant et de derrière) si les rayons sont plus longs que hauts.

Américains mais cela a l'inconvénient de les endommager.

Les précautions contre le froid sont inutiles pour les ruches ou ruchettes hivernées dans la maison.

Les chapiteaux des ruches en plein air devront être percés de deux ventilateurs grillés.

Dans les ruches à bâtisses chaudes, il est bon de remplacer au dernier moment les deux rayons les plus proches de l'entrée, qui sont plus ou moins vides de miel, par d'autres pris en arrière et bien garnis de provisions.

Les ruches en pavillon ont d'habitude des planchettes pour couverture des cadres ; ces planchettes, qui se trouvent à 7 mm. environ au-dessus des cadres, sont laissées en hiver et les paillassons ou coussins se mettent par-dessus et recouvrent en partie la fenêtre-partition.

Quelques personnes prétendent que les précautions contre le froid sont inutiles. Les abeilles, disent-elles, peuvent passer l'hiver dans des ruches non doublées et même mal closes en haut. Je le sais fort bien et la plupart des apiculteurs ont eu l'occasion d'en faire l'expérience ; mais la consommation est beaucoup plus forte dans ces ruches, ce qui est une dépense et un danger, puis l'élevage du couvain risque de s'y faire mal, d'être entravé par de brusques variations de la température ; enfin, les abeilles épuisées par le labeur excessif que nécessite l'entretien de la chaleur, n'ont plus à la fin de l'hiver la force nécessaire pour élever le couvain et disparaissent en grand nombre aux premières sorties.

Les entrées des ruches doivent avoir au maximum 6 à 7 mm. de hauteur, afin que les souris ne puissent pas s'y introduire. On peut aussi fixer sur le devant des bandes de zinc dentelées, de façon que les abeilles seules puissent passer, mais il faut les placer dès les premiers jours d'octobre, car les souris des champs et des bois sont très pressées de s'assurer un bon gîte pour l'hiver.

Quant à la longueur de l'ouverture, j'estime qu'elle ne doit pas être inférieure à 18 ou 20 cm, et même à 24 si l'on fait usage de bandes dentelées. L'air doit pouvoir se renouveler dans la ruche et c'est surtout par l'entrée que l'échange se fait. Je crois que beaucoup d'insuccès dans l'hivernage sont dus à une insuffisance de ventilation. Mes modèles sont munis, au bas de la paroi de derrière, d'un trou servant au nourrissement et imparfaitement fermé au moyen d'un clapet. Il s'établit entre cette ouverture et l'entrée un très léger courant facilitant la sortie de l'air vicié, qui est plus lourd et tend à s'accumuler dans le bas de la ruche. Dans les ruches en pavillon, le courant s'établit entre l'entrée et la fenêtre-partition, munie également d'une entaille pour le nourrissement. Les ruches légèrement soulevées (de 3 ou 4 mm.) au-dessus de leur plateau hivernent bien, à ce qu'a observé M. de Layens. En Angleterre et aux Etats-Unis, où les ruches n'ont généralement que 24 à 25 cm. de hauteur intérieure, les apiculteurs tendent à adopter pour l'hiver un châssis ou hausse de quelques centimètres de hauteur qu'ils intercalent entre la ruche et son plateau pour élever le groupe des abeilles au-dessus du niveau de l'entrée et de l'air vicié accumulé en bas.

Les ruches doivent être légèrement soulevées par derrière avec leur plateau, afin que les eaux de condensation aient un écoulement par l'entrée ; cette précaution ne peut être prise avec les ruches en pavillon à l'allemande.

Pour éviter les sorties intempestives des abeilles par les journées claires mais froides, on obscurcit l'entrée en posant à l'automne sur la planchette, à quelques centimètres de l'ouverture, une tuile ou une ardoise inclinée contre a paroi. Dans certains modèles, la planchette d'entrée est à charnières et se relève en hiver, ce qui dispense de la tuile (voir *Novembre-Février*, **Précautions extérieures** et fig. 93).

Les premières sorties, par temps froid, causent de si grands préjudices aux apiculteurs en détruisant des quantités d'abeilles au moment où elles sont le plus précieuses, qu'on a imaginé, dans ces dernières années, divers appareils pour retenir les abeilles dans la ruche, à l'abri de toute excitation. Ce fut d'abord l'Allemand Preuss, qui eut l'idée d'enfermer les abeilles pendant les jours froids. A cet effet, il construisit un vestibule en toile métallique, qu'il plaçait devant la ruche. Mais si la toile métallique empêchait les abeilles de sortir, elle ne les empêchait pas de voir les rayons du soleil frapper les trous de vol de la ruche. De divers côtés on chercha à maintenir dans le vestibule une obscurité complète avec les meilleures conditions d'aération. C'est M. l'abbé Eck, le traducteur français du livre de M. Preuss, qui aborda la question le premier, avec toutes ses conséquences. Il aboutit à la fabrication d'un appareil nouveau qu'il appela « consignateur ». Depuis lors, cette idée de consigner les abeilles, les jours de mauvais temps, a été très étudiée en France par M. Gouttefangeas. Le vestibule de M. Preuss, perfectionné en consignateur par M. Eck, s'est transformé en claustrateur avec M. Gouttefangeas, et il s'y est ajouté des couloirs de sûreté. Enfin, un ingénieur suisse [1],

---

1. *La Ruche à sous-sol claustrant*, par M. l'ingénieur E. Bosset. Cette brochure est distribuée par la maison Mont-Jovet, d'Albertville, qui fabrique les ruches de ce système.
Consulter aussi le *Bulletin de la Société romande d'Apiculture*, année 1911, où la question est traitée par M. E. Bosset en plusieurs causeries.

M. E. Bosset, professeur à l'Université de Lausanne, a publié une brochure, dans laquelle il décrit un nouveau système de claustration fort bien étudié, et qui commence à se répandre dans les ruchers. L'exécution en est tout à fait remarquable. Le dernier mot n'est cependant pas dit à ce sujet ; l'expérience montrera les avantages et les inconvénients des différents systèmes et en fera naître d'autres. En tout cas, dans l'Europe centrale, aux printemps froids et surtout variables, c'est une heureuse idée d'étudier un moyen de remédier aux pertes d'abeilles résultant des sorties intempestives. Sans doute, cela compliquera encore notre matériel, mais toute culture intensive repose sur des soins plus attentifs et un outillage plus perfectionné.

Souhaitons seulement que les apiculteurs précités, dont nous relatons les intelligentes initiatives, finissent par nous doter d'un appareil très simple, facile à adapter à tous les genres de ruches, tout au moins au moment où on les construit, sans en augmenter le prix d'une façon disproportionnée avec les avantages que le consignateur peut offrir.

Ces diverses précautions prises, il ne reste plus à l'apiculteur qu'à laisser ses abeilles dans le repos le plus absolu jusqu'au printemps.

En somme l'hivernage dans notre pays, même dans les hautes vallées où le thermomètre descend à — 20° et — 25° C, ne présente aucune difficulté, et *si l'on observe les instructions qui précèdent,* on peut être certain du succès. Ceux qui éprouvent des échecs ne peuvent s'en prendre qu'à eux-mêmes. Les pertes que nous voyons se renouveler chaque année sont dues avant tout à une insuffisance de nourriture ou à une nourriture liquide administrée trop tardivement ; puis souvent à une insuffisance d'aération, à une absence de précautions contre le froid ou à des visites intempestives pendant les froids.

Dans les contrées à hivers très humides, comme en Angleterre ou très froids, comme aux Etats-Unis, au Canada ou en Russie, l'hivernage est moins sûr et demande une application très rigoureuse des précautions que nous avons énumérées. Dans ces trois derniers pays, beaucoup d'apiculteurs transportent leurs abeilles soit dans les maisons, soit dans des constructions spéciales, ou les hivernent en silos.

Le prompt et complet développement d'une colonie au printemps dépend dans une grande mesure de la façon dont elle a hiverné, car ce n'est pas avec des abeilles fatiguées qu'on peut espérer un bon élevage de couvain.

NOVEMBRE, DÉCEMBRE, JANVIER ET FÉVRIER

Tranquillité nécessaire aux abeilles. — Sucre en plaque. — Sucre en pâte. — Inconvénients d'une nourriture liquide en hiver. — Précautions extérieures. — Revue du matériel. — Heures de loisir. — Pollen et eau salée.

Tranquillité nécessaire aux abeilles. — L'hiver est la période du repos, sinon pour l'apiculteur du moins pour ses abeilles, aussi doit-il laisser celles-ci absolument tranquilles et veiller à ce qu'elles ne soient dérangées ni par un ébranlement du sol ni par des rongeurs. Comme le renouvellement de l'air dans les ruches est indispensable, on doit de temps en temps s'assurer qu'il n'est pas empêché à l'entrée par des abeilles mortes ou de la glace. L'enlèvement de ces obstacles, qui se présentent rarement du reste, doit se faire doucement, sans que les abeilles s'en aperçoivent pour ainsi dire.

Les ruches complètement enfouies sous la neige peuvent rester dans cet état pendant bien des semaines sans en souffrir.

L'état le plus propice à un bon hivernage des abeilles est celui dans lequel elles sont le plus calmes et consomment le moins de nourriture. Une température trop basse dans la ruche les oblige à produire plus de chaleur, c'est-à-dire à manger davantage, et une température trop élevée les dispose à l'agitation, ce qui provoque également une plus grande consommation de vivres. Les brusques changements de la température intérieure de la ruche leur sont surtout très nuisibles ; c'est pourquoi on recommande de couvrir chaudement

le dessus des ruches, afin que les variations à l'extérieur se fassent sentir le moins possible à l'intérieur,
et qu'on doit s'interdire de déranger les ruchées tant
qu'il fait froid. Toute agitation produite dans le groupe
des abeilles le désagrège et les malheureuses qui
s'écartent de ce foyer de chaleur périssent très vite
d'engourdissement. Puis, comme je viens de le dire,
l'agitation dans la ruche est immédiatement accom-
pagnée d'une consommation exagérée de nourriture,
consommation qui non seulement est inutile, mais produit de la chaleur et de l'humidité, remplit les intestins
des abeilles à un moment où elles ne peuvent sortir
pour se vider, et qui a enfin toutes sortes de conséquences funestes pour leur santé. Toute excitation
factice peut aussi provoquer un élevage de couvain
intempestif.

Aussi, tous les apiculteurs sont-ils unanimes pour
défendre de toucher aux colonies pendant les froids.
On pensait autrefois qu'il fallait vérifier de temps en
temps si les ruchées avaient suffisamment de vivres
pour atteindre le printemps, mais c'est avant l'hiver,
en septembre, qu'on doit s'assurer de cela, en pour-
voyant au nécessaire, et ce n'est que dans un rucher
mal tenu que les provisions peuvent faire défaut avant
avril. Dans ce cas il faut choisir autant que possible
un jour chaud, c'est-à-dire un jour où les abeilles sortent naturellement, pour ouvrir la ruche et donner le
complément nécessaire sous forme de nourriture solide,
sucre candi, sucre en plaque ou en pâte, en la mettant
immédiatement au-dessus des rayons, soumise à l'influence des vapeurs et de la chaleur du groupe, et en
veillant à ce que le dessus de la ruche soit hermétiquement fermé et calfeutré.

Un kilogramme de sucre à l'état solide représente
un kilogramme et demi de miel ou de bon sirop.

Sucre en plaque. — On fabrique le sucre en plaque en faisant dissoudre du bon sucre blanc dans un peu d'eau et en le faisant cuire jusqu'à évaporation presque complète de l'eau.

Il est très important de remuer constamment pendant la cuisson, afin que le sucre ne soit pas brûlé (ne jaunisse pas), car dans cet état il ne conviendrait pas aux abeilles et n'acquerrait du reste pas la consistance voulue. On suit la marche de l'évaporation en plongeant de temps en temps le doigt dans un verre d'eau froide, puis dans le sucre bouillant et de nouveau dans l'eau ; lorsque le sucre forme autour du doigt une croûte cassante, on se hâte de retirer le sirop du feu, on remue encore quelques instants et on verse dans des assiettes ou moules garnis de papier. Le sucre, pour être à point, doit rester sec après refroidissement. S'il n'est pas assez cuit, il se liquéfiera dans la ruche ; s'il l'est trop, les abeilles le gaspilleront en le mettant en poussière.

Sucre en pâte. — Cette recette est plus facile à réussir que la précédente. On pétrit du bon sucre réduit en poudre impalpable avec du miel chaud, de manière à en faire une pâte très épaisse. Les proportions sont d'environ 4 à 4½ kilos de sucre pour 1 kilo de miel ; le sucre pilé est ajouté successivement à mesure que l'on pétrit. La pâte est étendue au rouleau et placée à plat sur les porte-rayons comme le sucre en plaque.

Cette pâte constitue une excellente nourriture pour l'hiver et le printemps ; les Américains l'appellent *Good's Candy*, du nom de l'apiculteur qui l'a le premier employée chez eux, mais il y a plus de trente ans, dit M. Dadant dans son *Langstroth*, que la recette a été recommandée par M. Scholz, pasteur en Silésie. C'est ce sucre en pâte qu'on donne maintenant comme viatique aux abeilles expédiées à de grandes distances dans les petites boîtes Benton.

Le miel en rayon operculé serait aussi une excellente nourriture à donner, mais il n'est pas probable qu'il s'en trouve en réserve chez l'apiculteur qui n'aura pas su pourvoir ses abeilles du nécessaire en automne.

Inconvénients d'une nourriture liquide en hiver. — Il est très nuisible de donner la nourriture sous forme liquide tant qu'il fait froid, parce qu'elle excite les abeilles à sortir et stimule la ponte trop activement.

L'élève du couvain que les abeilles commencent quelquefois dès janvier et plus souvent en février, doit se faire à son début tout à fait naturellement et dans une mesure proportionnée aux ressources et aux forces des colonies, qui varient beaucoup. Une intervention trop hâtive de l'apiculteur dans cet élevage est nuisible quoi qu'en puissent dire certains écrivains ; elle a pour résultat le dépérissement, l'épuisement des vieilles abeilles avant leur remplacement par un nombre suffisant de jeunes. Ce fâcheux effet se constate aux grandes sorties en mars et avril : la ruche se dépeuple, les vieilles abeilles sortent pour ne plus rentrer et le couvain manque de nourrices et de pourvoyeuses. Le même résultat se produit lorsque l'élevage du couvain a cessé trop tôt à l'automne précédent, c'est-à-dire lorsque la proportion des abeilles nées en août, septembre et octobre est trop faible et que la masse de la ruchée ne se compose que de butineuses déjà usées par les courses généralement stériles de la fin de l'été. Ce sont ces abeilles nées en automne qui font les bonnes nourrices en février et mars. Cet arrêt de la ponte à la fin de l'été n'a pas lieu lorsque les abeilles trouvent encore à butiner et, du reste, on l'empêche en nourrissant.

Précautions extérieures. — Dans les localités froides où la neige ne fond que tardivement au printemps, les apiculteurs ont l'habitude de répandre devant les ruches de la paille ou des cendres, afin que les abeilles qui profitent des journées chaudes pour sortir, trouvent à se poser ailleurs que sur la neige froide. Lorsqu'il y a des arbustes devant le rucher, cette précaution est moins nécessaire.

Il ne faut pas trop se préoccuper des abeilles qui sortent par le froid, si leur sortie n'est pas produite par un dérangement ou un accident ; ce sont généralement des malades qui sortent pour mourir. On peut du reste, comme je l'ai dit page 165, placer une tuile ou une ardoise qui masque l'entrée de la ruche, de sorte que c'est seulement la chaleur de l'air et non la clarté d'un rayon de soleil qui invite les abeilles à s'aventurer au dehors. Cet obstacle est enlevé au printemps quand les ruchées ont repris leur activité.

Revue du matériel. — S'il n'y a rien à faire au rucher pendant la saison froide, à l'atelier, en revanche, il y a un matériel à nettoyer, à réparer ou à compléter en vue de la prochaine campagne.

En faisant la revue des rayons on enlève les restes des cellules royales qui peuvent s'y trouver encore, on racle les cadres et on les range par catégories sur les tablettes ou dans les armoires disposées à cet effet, en s'assurant qu'ils soient à l'abri des souris. Les cadres des boîtes de surplus sont remis dans celles-ci qu'on empile les unes sur les autres. Si l'on a peu de loisirs dans la bonne saison, on peut garnir à l'avance de cire gaufrée des cadres et des sections.

Lorsqu'on a quelque commande à faire au fabricant, on s'y prend à l'avance, afin d'être servi en temps voulu.

On fait bien de se pourvoir d'une ou deux ruches de rechange, pour y transvaser, en bonne saison, le contenu de celles qui demandent à être réparées ou nettoyées, ainsi que de quelques plateaux surnuméraires, qui facilitent les travaux de nettoyage lors de la première inspection du printemps.

Heures de loisir. — Dans les longues soirées d'hiver, l'apiculteur trouvera le temps de consulter les bons auteurs, de relire la *Revue internationale*, de préparer son plan de campagne, etc. Et même, s'il a déjà quelque expérience, il préparera pour sa société ou son journal un petit résumé clair et précis des observations intéressantes qu'il a pu avoir l'occasion de faire. Personne ne devrait oublier que l'ensemble des connaissances que nous possédons en commun aujourd'hui est le résultat des études, des expériences, des découvertes d'un grand nombre d'apiculteurs et de savants de tous les pays, et que dans notre profession chacun peut enrichir le trésor commun soit en divulguant des observations nouvelles, soit en contrôlant celles qui n'ont pas encore été suffisamment vérifiées ou confirmées par l'expérience. Notre science, toute moderne, marche à grands pas, mais il reste encore bien des problèmes à résoudre et des progrès à réaliser.

Pollen et eau salée. — Dans la seconde quinzaine de février, pour peu que le temps le permette, les sorties des abeilles deviennent plus fréquentes ; les pourvoyeuses profitent de toutes les journées un peu chaudes pour aller au pollen et à l'eau. C'est le moment de veiller à ce que ces deux éléments, qui entrent avec le miel dans la confection de la bouillie administrée aux larves, soient à la portée des abeilles. Dans ma localité, les fleurs à pollen abondent généralement ;

les noisetiers, les aulnes, les saules-marsault, les tussi-
lages, etc., en fournissent suffisamment ; mais il n'en
est pas de même partout et lorsqu'il ne s'en trouve
pas à proximité ou si la bise se fait trop sentir, il est
bon de mettre devant le rucher, sous un abri, des
rayons sur lesquels on répand de la farine de pois ou
de blé et qu'on amorce au moyen d'une goutte de
miel pour attirer l'attention des abeilles.

L'eau est très nécessaire à portée, et pour épargner
aux abeilles des courses dangereuses, il doit y avoir
dans tout rucher bien tenu une auge contenant de
l'eau très légèrement salée sur laquelle on met, pour
empêcher les abeilles de se noyer, un flotteur supportant de la mousse d'eau ou du cresson, ou simplement
des bouchons de liège ; ou bien on dispose un tonneau
dont l'eau suinte par une très légère fissure pour
découler sur un plan incliné recouvert de mousse.

CONCLUSION

Les instructions que j'ai données, mois par mois,
pour la conduite des ruches à cadres mobiles, s'adressant aux commençants surtout, je n'ai pas mentionné
toutes les opérations pratiquées par les apiculteurs
expérimentés en vue de hâter le développement des
colonies; j'ai au contraire cherché à mettre le débutant en garde contre les dangers que certaines d'entre
elles présentent lorsqu'elles sont tentées par des mains
novices. Je veux avant tout prévenir les déboires et
les découragements ; or il est malheureusement trop
fréquent, dans notre profession spécialement, de voir
des apprentis se croire maîtres et courir au-devant
des insuccès.

On a pu voir que j'exige, pour la culture des abeilles
une certaine dose de soin, de vigilance et d'observation.
Je ne me soucie pas de faire de mauvaises recrues
et ne suis point fâché de contribuer pour ma part à
déraciner cette opinion trop généralement répandue
que les abeilles ne demandent pas de surveillance et
qu'avec elles on peut récolter sans avoir semé. Un rucher, à moins qu'il ne prenne l'importance qu'on donne
à une spécialité, ne demande certes pas beaucoup de
temps, mais il lui faut quelques soins indispensables,
donnés à propos par quelqu'un qui trouve du plaisir
à la chose.

A mesure que le débutant acquerra de l'expérience,
il·trouvera de lui-même les simplifications dont peuvent être susceptibles certaines opérations, de même
qu'il apprendra petit à petit à apprécier d'un coup
d'œil les conditions d'une ruchée et à se rendre compte
promptement de la cause des désordres qui peuvent s'y

produire. Devenu apiculteur, il se convaincra que la conduite de quelques ruches est à la portée même des personnes qui ont peu de loisirs; qu'à l'exception de la première visite du printemps, du prélèvement du miel et de la mise en hivernage, qui représentent chacune quelques heures de travail, le reste des opérations et les petites tournées de surveillance peuvent se faire en peu de minutes dans les moments perdus. Toutefois, s'il accepte mon traité comme guide, qu'il veuille bien, tant qu'il sera dans sa période d'apprentissage, ne pas épargner la surveillance et suivre fidèlement toutes mes instructions et recommandations, que j'ai autant que possible accompagnées de développements les expliquant et les justifiant.

Le succès en apiculture dépend du développement que les ruchées ont atteint au moment où la miellée se présente. Pour obtenir un développement complet et opportun, il faut : de bonnes reines, de jeunes abeilles à l'automne, un bon hivernage qui prépare de bonnes nourrices pour le printemps, d'abondantes provisions au moment de l'élevage du couvain et enfin des ruches chaudes, susceptibles d'être graduellement et considérablement agrandies. Un rucher ne peut être en plein rapport que lorsque son propriétaire possède une ample provision de rayons, et, pour hâter l'arrivée de ce moment, il doit faire usage de feuilles gaufrées et du mello-extracteur.

Le débutant fera bien de ne commencer qu'avec peu de colonies, deux ou trois au plus, et de ne pas se décourager si, dans les premières années, ses grandes ruches n'arrivent pas à être entièrement remplies par les abeilles et le miel. Souvent les reines provenant de petites ruches vulgaires ne sont pas si fécondes que celles qui seront élevées par la suite, lorsque les colonies auront pu se développer normalement.

Dans un chapitre spécial, je donne la description de quelques modèles de ruches adaptés à des convenances, des goûts et des besoins différents. Je ne prétends nullement que ce soient les seuls bons ni qu'ils ne soient perfectibles, mais, parmi les très nombreux systèmes que j'ai mis à l'épreuve, ce sont les types qui m'ont donné les meilleures résultats et me paraissent réunir, chacun dans son genre, les meilleures conditions, tant au point de vue des abeilles qu'à celui de l'apiculteur. Comme ce sont des inventions d'autrui et que je n'ai d'intérêt personnel dans la vente d'aucune ruche ni d'aucun instrument, ma recommandation est au moins désintéressée. Quand on fera mieux, j'espère être des premiers à l'annoncer.

Je désire aussi mettre le lecteur en garde contre les dires de certains auteurs affectant de professer qu'on peut faire de bonne apiculture avec n'importe quel outillage. C'est une bien fâcheuse notion à inculquer à un débutant et le devoir de ceux qui veulent propager la culture des abeilles est, au contraire, de mettre entre les mains des novices les modèles les plus conformes aux principes généralement admis et les plus propres à leur épargner les fausses manœuvres et les insuccès.

Pour mon usage, je préfère les ruches à plancher et à plafond mobiles, mais je reconnais que les modèles adaptés au système des pavillons présentent des avantages dans les climats très froids ou entre les mains d'apiculteurs ne disposant que d'un emplacement restreint pour loger leurs ruches. Seules les grandes ruches m'ont donné de bons résultats dans mes divers ruchers. Quand à la forme des cadres, je n'ai pas encore pu trouver que l'un des systèmes fût supérieur à l'autre au point de vue de la production du miel à extraire ; c'est-à-dire que les ruches horizontales à une seule rangée de cadres *hauts* valent, pour le rendement, sauf dans les années exceptionnellementfavorables, les modèles verticaux à plusieurs étages de cadres *bas* superposés ; mais il va de soi qu'il ne faut pas mélanger les deux systèmes et employer des cadres hauts pour les ruches à boîtes de surplus ni des cadres bas pour celles sans hausses. Lorsque c'est principalement du miel en sections que l'on veut produire, la forme basse et allongée est préférable, pour les cadres à couvain, à celle dont la grande dimension est en hauteur.

En résumé, mes méthodes et l'outillage dont je conseille l'emploi ne me sont point propres. Après avoir étudié consciencieusement, j'ose le dire, les procédés de culture des différentes contrées et avoir fait l'essai d'un nombre considérable de systèmes, j'offre simplement le fruit de mes études et de mon expérience, en recommandant ce qui m'a le mieux réussi.

SECONDE PARTIE

—

ABEILLES, RAYONS, CELLULES DIVERSES, TRAVAUX DÉFENSIFS

Des différentes races d'abeilles comparées entre elles. — Reine, mâle ouvrière. — Rayons et cellules diverses. — Travaux défensifs.

Des différentes races d'abeilles comparées entre elles. — Les abeilles communes, qu'on désigne aussi sous le nom d'abeilles noires, brunes ou allemandes, se trouvent dans toute l'Europe, l'Italie exceptée, et ont été importées en Amérique, où elles existent maintenant à l'état sauvage dans les forêts. Cette race, qu'on peut considérer d'une façon générale comme possédant toutes les qualités désirables, offre cependant, selon les pays, quelques différences dans le caractère et l'activité[1], ce qui peut en partie expliquer les opinions contradictoires qui ont cours sur sa valeur, comparée à celle de l'abeille jaune ou italienne, que les uns

1. Ainsi que dans la taille et la nuance du poil.

rejettent et les autres préfèrent. Les producteurs de
miel à livrer en rayons sont cependant unanimes pour
admettre que les sections construites par les abeilles
communes sont les plus belles et les· plus régu-
lières.

La race jaune est répandue au sud des Alpes, dans
la Suisse méridionale et l'Italie, dans la Perse, la
Syrie, l'Egypte, la Lybie, ainsi que dans toute la
partie orientale du continent africain jusqu'au cap de
Bonne-Espérance ; elle se subdivise en plusieurs sous-
races assez différentes entre elles de caractère et présentant aussi quelques variations dans la taille et dans
la nuance du jaune. L'abeille égyptienne, d'un tempérament détestable hors de son pays d'origine, n'a pas
donné de bons résultats. Il y a cependant une exception : un apiculteur allemand, M. W. Vogel, après de
longues années d'efforts, a obtenu par le croisement de
cette abeille avec la commune une sous-race fixée, qui
offre la plus grande analogie avec la race italienne. Cela
permet de supposer que cette dernière pourrait bien
provenir d'un ancien croisement des abeilles d'Egypte
ou de Syrie avec notre race commune. Les abeilles de
Palestine, de Syrie et de Chypre, ces dernières surtout,
très prolifiques et très rustiques malgré leur origine
méridionale, ont été fort à la mode pendant quelques
années, mais leur caractère, qui est le plus souvent
agressif lorsqu'elles sont transportées en Europe,
les a fait abandonner par la majorité des apiculteurs.

La variété dite italienne fait l'objet d'un grand commerce et se trouve aujourd'hui répandue dans toutes
les contrées de la terre où l'on fait de l'apiculture mobiliste, y compris l'Amérique du Sud, l'Australie et la
Nouvelle-Zélande. Il est difficile de la conserver pure
hors de son pays d'origine, mais son croisement avec

l'abeille commune, surtout au premier sang et si l'on opère par sélection, donne de bonnes abeilles, sinon au point de vue du caractère, du moins à celui du rendement et de la rusticité.

Pure, elle est généralement très douce [1], se défend mieux que l'abeille commune contre les pillardes et la fausse-teigne et se tient plus solidement sur les rayons lorsque ceux-ci sont sortis de la ruche. Les reines sont très prolifiques, mais cette fécondité est quelquefois intempestive selon la flore du pays où la race est cultivée. Cette abeille est peut-être un peu moins rustique que la commune, ou plus imprudente dans ses sorties par les temps froids, et convient mieux en plaine qu'en montagne.

Les reines importées valent rarement celles qu'on élève soi-même sur place dans de bonnes conditions. Elles doivent être surtout considérées comme des reproductrices servant à l'élevage de nouvelles reines.

L'abeille italienne se distingue facilement de la commune par son poil roux et les bandes jaunâtres de son abdomen ; cette différence de couleur a rendu de très grands services dans l'étude de l'histoire naturelle des abeilles.

Les ouvrières provenant du croisement de deux races varient beaucoup de couleur dans la même famille ; tandis que les unes sont presque semblables à la race du père ou à celle de la mère, d'autres offrent un mélange des deux couleurs. Les mâles, au contraire, qui n'ont pas de père (parthénogénèse), sont naturellement toujours, quoi qu'on en dise, de la race de la mère.

---

1. M. Vogel, déjà nommé, a observé que chez les abeilles c'est le père surtout qui transmet le caractère ; par conséquent, les métisses dont le père est italien doivent être plus douces que celles dont la mère, italienne, a été fécondée par un mâle de race commune.

La Carniole et la Carinthie possèdent une belle sous-race qui fait comme l'Italienne l'objet d'un assez grand commerce. La Carniolienne est légèrement plus grosse que la commune, son poil est plus grisâtre et les anneaux de son abdomen sont plus apparents. Elle est très douce et très prolifique, mais se défend mal contre les pillardes et a le défaut d'essaimer beaucoup.

Dans le Caucase, il existe une autre sous-race rappelant un peu la précédente pour la couleur, qui a la réputation méritée d'être remarquablement douce. J'en ai possédé une colonie qui a donné de bons résultats.

L'Algérie possède une abeille plus noire que la commune, mais qui n'en est non plus qu'une sous-race. L'essai que j'en ai fait dans le Jura n'a pas été satisfaisant. Comme les autres variétés franchement méridionales, elle a un tempérament agressif, est très portée au pillage et élève des alvéoles royaux par centaines.

La grande île de Madagascar possède une espèce distincte, *Apis unicolor*, entièrement noire de couleur et très répandue à l'état sauvage dans les forêts. Elle est cultivée par les indigènes dans des troncs d'arbres, ainsi que par les colons européens dans des ruches à cadres, et ses mœurs ont une ressemblance étonnante avec celles de notre espèce d'Europe. A la Réunion, où les abeilles sont les mêmes qu'à Madagascar, des colonies ont accepté des reines italiennes et il s'est produit des croisements.

Il est inutile de parler ici des autres espèces d'abeilles plus ou moins domestiquées que l'on rencontre sur les autres continents.

Reine, mâle, ouvrière. — Voici maintenant des figures représentant les trois sortes d'abeilles, c'est-à-dire la reine, le mâle et l'ouvrière, que nous avons décrits pages 13 à 20.

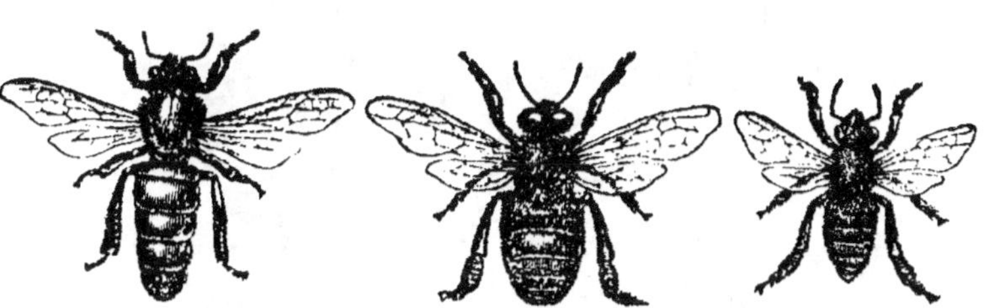

Fig. 1. — Reine.   Fig. 2. — Mâle.   Fig. 3. — Ouvrière.

Rayons et cellules diverses. — Les deux figures suivantes représentent des portions de rayons de gran-

deur naturelle (page 20). Dans la fig. 4, A est une petite cellule ou cellule à ouvrière servant aussi à l'emmagasinement du miel et du pollen. En B, on voit une cellule à mâle servant aussi pour le miel. C'est une cellule de raccord entre les petites et les grandes cellules; les

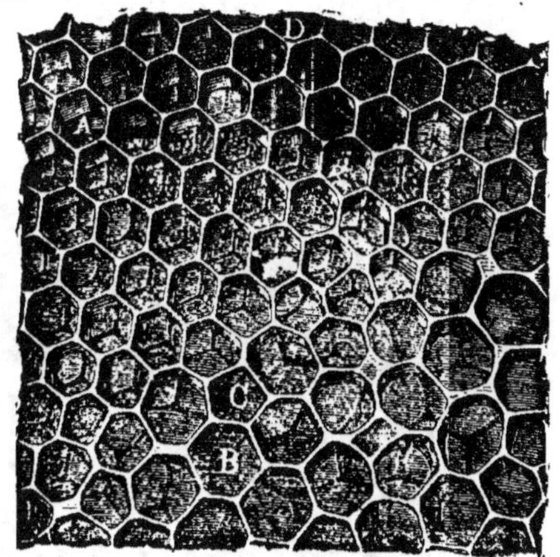

Fig. 4. — Rayon.

abeilles n'y mettent que du miel. D est une cellule d'attachement.

Dans la fig. 5 (voir page 21), A est une cellule royale dont la jeune reine est sortie récemment ; B est une

cellule royale operculée contenant encore la jeune
reine ; le trait qui l'entoure indique une manière de dé-

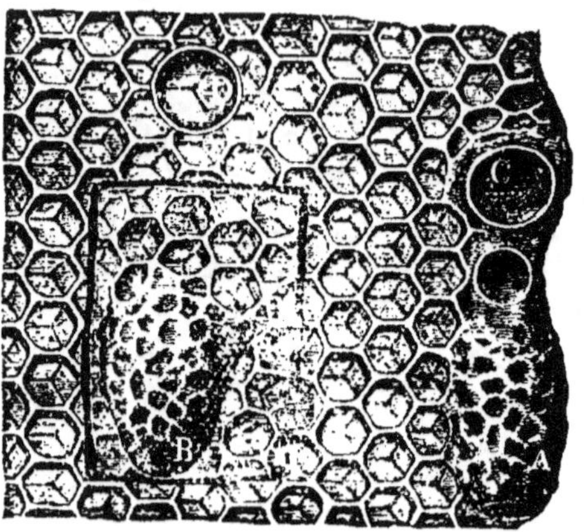

Fig. 5. — Rayon avec cellules royales.

couper la cellule pour l'employer ailleurs. C et D sont
des cellules royales commencées.

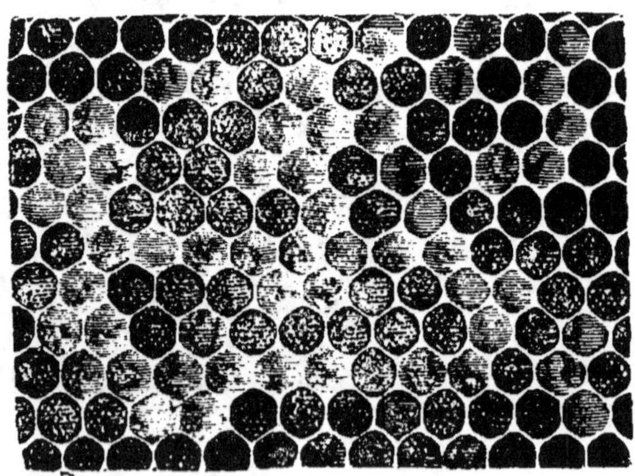

Fig. 6. — Rayon loqueux.

La fig. 6 représente un rayon contenant du couvain
atteint de loque (voir pages 87 à 91) et la fig. 7 une

abeille ouvrière considérablement grossie, montrant sur son abdomen les lamelles de cire dont il est question aux pages 21 et 22

Constructions défensives en propolis. La fig. 8 est la reproduction aussi fidèle que possible de l'aspect de l'entrée d'une ruche dans laquelle des abeilles minorquines ont fait, en septembre 1888, des constructions en propolis pour se garantir des sphinx tête-de-mort et des cétoines. Les parties les plus foncées indiquent les passages ménagés par les abeilles. On remarquera que les colonnes de propolis sont toutes inclinées dans le même sens, bien que la ruche fût d'aplomb.

Fig. 7. — Abeille sécrétant la cire.

Fig. 8. — Entrée barricadée par les abeilles.

OUTILLAGE

Instruments divers pour la visite et les opérations. — Cire gaufrée,
pose et machines. — Extraction du miel. — Purification de la cire.
— Miel en sections. — Fenêtre grillée. — Diagrammes de cadres.

Instruments divers pour la visite et les opérations. —
Le racloir, fig. 9 (page 47), sert à nettoyer les plateaux
et le dessus des cadres.

Fig. 9. — Racloir.

La brosse Fusay, fig. 10, sert à brosser les abeilles
et à divers autres usages (page 30); elle est composée

Fig. 10. — Brosse.

d'une seule rangée de pinceaux de crins flexibles, de
5 à 6 cm. de longueur.

La fig. 11 représente le petit lève-cadre Woiblet,
dont on enfonce le bout appointi dans l'extrémité du
manche de la brosse.

L'enfumoir (fig. 12) a été décrit page 24.

Fig. 11. — Lève-cadre Woiblet.

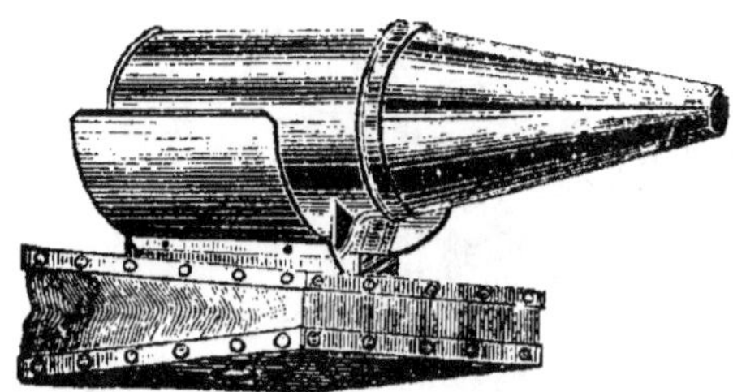

Fig. 12. — Enfumoir.

La fig. 13 est la balance dont il est parlé à la page 66. Son plateau doit être assez allongé pour recevoir la

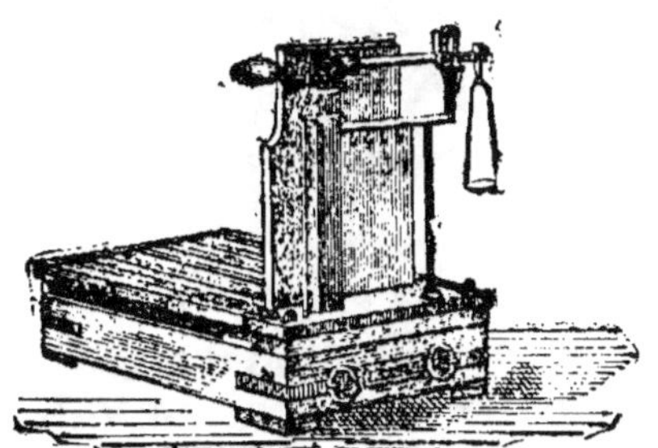

Fig. 13. — Bascule d'apiculteur.

ruche placée en travers. Les bascules doivent être abritées de la pluie et il faut les graisser de temps en temps pour les garantir de la rouille.

Le chevalet (fig. 14), qui n'est point indispensable, est cependant commode pour examiner à loisir un rayon, découper les alvéoles de reines et transporter les petits outils.

Le voile (fig. 15), décrit page 25, est une protection dont tous les apiculteurs ne font pas usage ; mais les débutants feront bien d'y recourir, cela leur donnera

Fig. 14. — Chevalet.   Fig. 15. — Voile.

de la sécurité dans leurs opérations. Il peut être remplacé par un masque d'escrime auquel on coud tout autour une bande de toile pour garantir la tête et le cou, mais ce n'est guère moins chaud que le voile. On fait maintenant de ces masques avec une visière mobile qui rappelle les casques des anciens chevaliers ; cela permet de respirer de l'air frais entre deux opérations sans se découvrir.

La cage à reine (fig. 16) a été décrite page 39. La fig. 17 représente une boîte de transport imaginée par M. Benton pour expédier une reine et quelques ouvrières à de grandes distances. Les trois comparti-

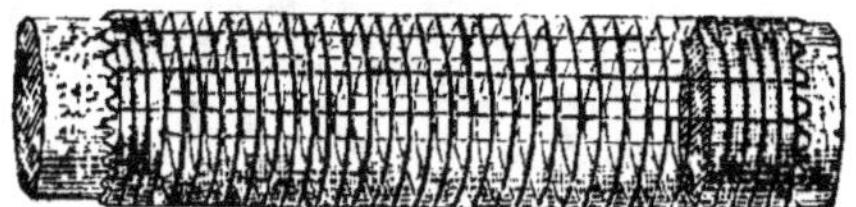

Fig. 16. — Cage à reine Dadant.

ments communiquent entre eux ; celui de droite contient la nourriture, consistant en une pâte épaisse faite de sucre en poudre et de miel (voir page 166).

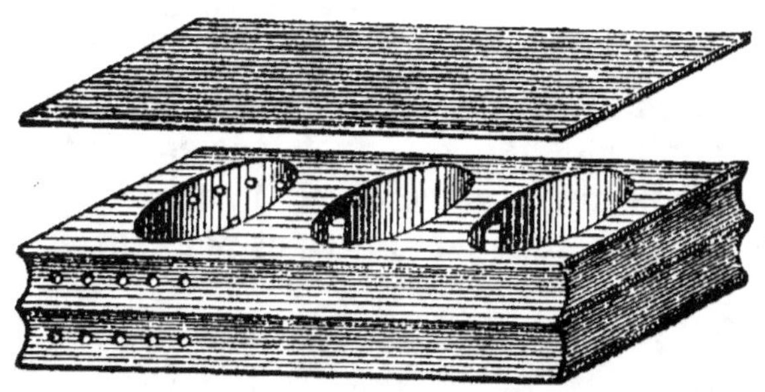

Fig. 17. — Boîte à reine Benton.

Les fig. 18 et 19 représentent le grand nourrisseur Siebenthal, mentionné à la page 68.

Il se compose de deux auges en tôle vernie, encadrées de bois sur les trois côtés extérieurs ; la tôle est repliée en dedans sur ses bords et simplement clouée aux angles contre l'encadrement. Leur quatrième côté est évasé, c'est celui par lequel les abeilles ont accès au liquide. Pour empêcher qu'elles se noient dans

l'auge, une cloison fixe et verticale sépare la paroi
évasée de l'auge proprement dite ; un espace de 2^{mm} de
hauteur, ménagé entre la cloison et le fond de l'auge,

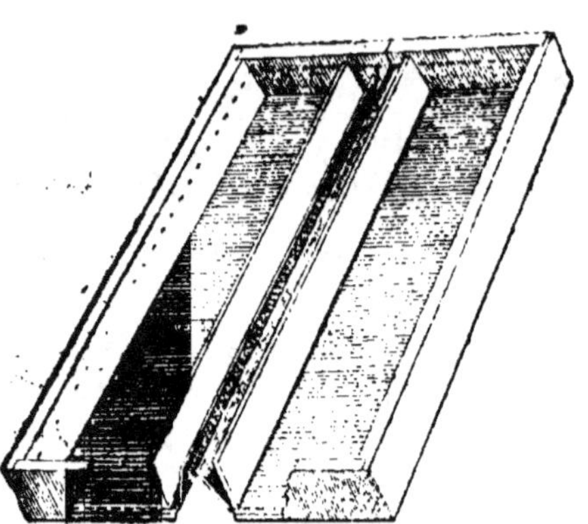

Fig. 18. — Nourrisseur Siebenthal.

livre passage au liquide. Une lame de verre, mobile et
reposant sur les deux cloisons, ferme en haut l'espace
entre les deux auges et conserve la chaleur.

Les auges sont indépendantes et peuvent être utili-

Fig. 19. — Section du nourrisseur.
A A Auges. *L* Lame de verre. *P* Passage pour les abeilles. *N N* Niveau liquide.

sées séparément. Juxtaposées avec leur bord évasé en
dedans, elles ne laissent aucune issue aux abeilles par
les côtés si leurs dimensions sont adaptées à la surface
de la ruche. La lame de verre placée, on remet la toile
et le coussin.

La fig. 20 est l'entonnoir coudé dont il est question, page 68, pour donner la nourriture stimulante ou de l'eau sans ouvrir la ruche.

Fig. 20. — Entonnoir.

Fig. 21. — Cage et casier.

Fig. 21 *bis.* — Ruchette

Les fig. 21, 21 *bis* et 21 *ter* font partie de l'outillage employé pour la méthode d'élevage en grand décrite page 127 et suivantes.

Cire gaufrée, pose et machines. La fig. 22 représente un morceau de cire gaufrée fixé dans une section

Fig. 21 *ter*. — Caisse-enveloppe pour deux ruchettes.

(voir page 104) et la fig. 23 le couteau Carlin pour couper la cire, qu'on humecte d'amidon ou de miel pour que la cire ne s'y attache pas[1].

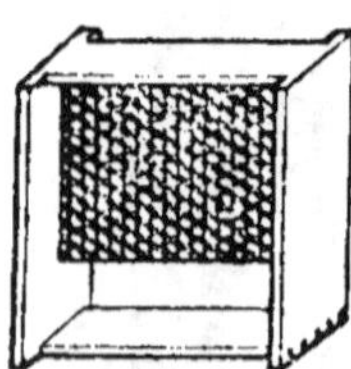

Fig. 22. – Section avec cire gaufrée.   Fig. 23. — Couteau Carlin.

1. Une simple lame de greffoir peut très bien remplacer ce dernier.

Fig. 24. — Machine Root petit modèle.

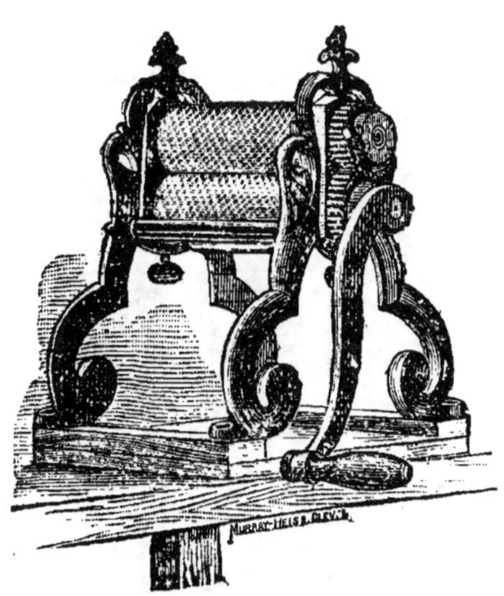

Fig. 25. — Machine Vandervort.

Fig. 26. — Machine Dunham.

Les fig. 24, 25 et 26 sont trois machines américaines à cylindres pour fabriquer la cire.

La fig. 27 représente un gaufrier à main avec lequel l'apiculteur peut fabriquer lui-même des feuilles que les abeilles utilisent (page 75).

Fig. 27. — Gaufrier Rietsche.

La fig. 28 est un cadre Dadant tendu de cinq fils destinés à soutenir la cire gaufrée (page 77) et la fig. 29
la planchette servant à la pose.

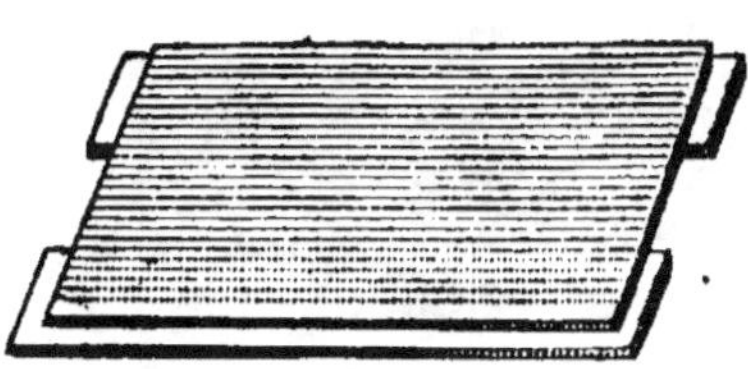

Fig. 28. — Cadre tendu de fils.   Fig. 29. — Planchette
                                     pour fixer les feuilles gaufrées.

On voit, fig. 30, l'éperon dont il est question page 77,
et la fig. 31 montre la manière de s'en servir pour
noyer les fils dans la cire.

Fig. 30. — Eperon Woiblet.

Fig. 31. — Mode d'emploi de l'éperon.

Récolte et extraction du miel. — Voici d'abord,
fig. 31 *bis*, le chasse-abeilles Porter, décrit page 135

Fig. 31 *bis*. — Chasse-abeilles Porter.

et, fig. 32, la caisse servant au transport des rayons
(voir page 30) que j'emploie aussi comme ruchette;
elle peut contenir cinq cadres et est munie d'équerres.

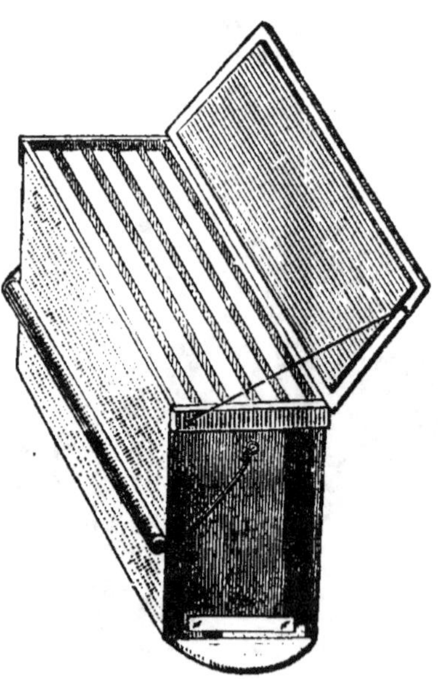

Fig. 32. — Caisse à rayons.

d'agrafes et d'un trou de vol comme les ruches[1] Puis,
fig. 33 et 34, deux modèles de couteaux à désoperculer ;
la lame du couteau Bingham est biseautée en dessous.

Fig. 33. — Couteau Bingham.

Fig. 34 — Couteau Fusay.

La fig. 35 est le chevalet sur lequel on suspend le
cadre pour trancher les couvercles des cellules à miel.

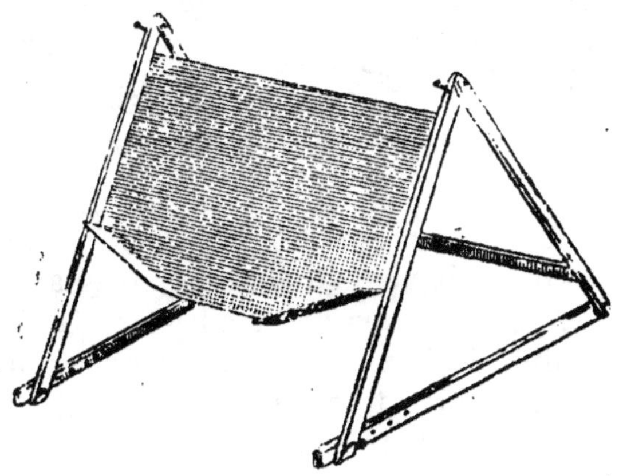

Fig. 35. — Chevalet à désoperculer.

La fig. 35 *bis* est le bassin à désoperculer de M. Dadant. Il se compose de deux cylindres s'emboîtant l'un dans l'autre. Le supérieur, A, de 58 ½ cm. de

1. On la fait à 6 cadres pour le modèle de ruche Dadant-Modifiée

diamètre sur 56 cm. de hauteur, porte deux lattes sur lesquelles on place le rayon à désoperculer. La cire des opercules tombe dans le cylindre et est retenue par le treillis, tandis que le miel découle dans le bassin inférieur B. de 61 cm. de diamètre sur 36 de hauteur.

 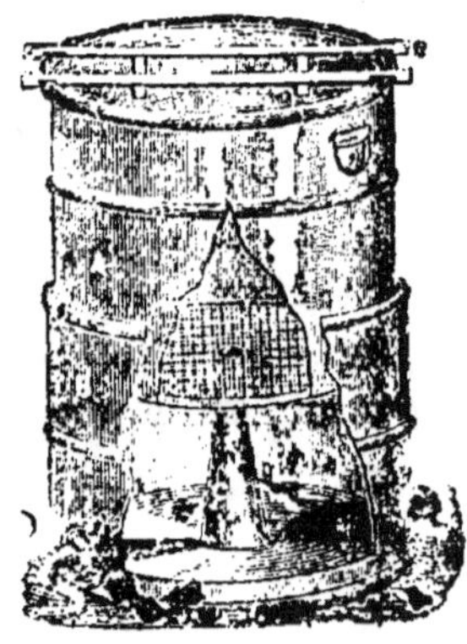

Fig. 35 *bis*. — Bassin à désoperculer.   Fig. 36. — Extracteur américain.

La fig. 36 (voir page 138) représente l'extracteur que nous avons fait venir d'Amérique il y a déjà bien des années. Il est entièrement en fer et fer-blanc (le cuivre, le laiton et le zinc doivent être complètement exclus dans la fabrication des extracteurs). Ce genre de modèle sans pieds, qui est le plus répandu en Angleterre et aux Etats-Unis, a l'inconvénient de manquer de stabilité lorsqu'on met la cage en mouvement. On peut le visser au plancher ou sur un support au moyen de pattes en fer fixées au bas de l'appareil, mais il est préférable d'établir le cylindre sur trois pieds en fer, convenablement écartés à leur base, comme dans la fig. 37.

On fait aussi des extracteurs dont le bassin et la cage sont en bois ; celle-ci est mise en mouvement au moyen d'une poulie. L'appareil est lourd, mais il a beaucoup de stabilité, coûte moins cher et fait un aussi bon service que ceux en métal.

Fig. 37. — Extracteur modèle suisse
Figure tirée du catalogue de W. Eest, à Flunter Zurich.

Voici la description du modèle auquel je donne la préférence : il est adapté aux cadres Dadant et Layens et peut servir pour tous les cadres de dimensions intermédiaires.

Le cylindre ou bassin est en tôle étamée et établi sur trois pieds, ou en bois sans pieds. Il est muni d'un couvercle en deux parties. Le bâti de la cage se compose d'un axe en bois dur avec pivots en fer aux deux extrémités, et de quatre montants également en bois, reliés à l'axe par huit tringles en fer, fixes dans l'axe et mobiles dans les montants. Ces tringles terminées en pas de vis du côté extérieur, sont munies d'écrous permettant d'écarter ou de rapprocher les montants. Le treillis, en fort fil de fer étamé (environ seize fils au décimètre), et d'une seule pièce, enveloppe les montants, sur l'un desquels il est cloué. Les écrous permettent de le

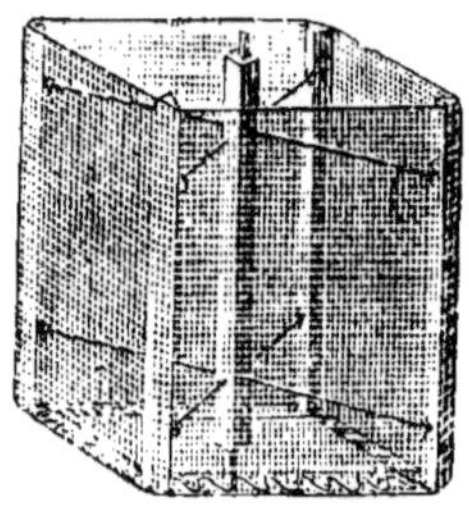

Fig. 38. — Cage.

tendre fortement. Au bas du treillis, en dedans, quelques fils de fer tendus horizontalement servent à supporter les cadres (fig. 38).

Cage. — Deux demi-cadres Dadant ou Dadant-Modifiée, placés sur le côté, occupent en largeur 32 cm. ; un cadre Layens, placé comme dans la ruche, avec ses supports reposant sur les montants de la cage, occupe 33 cm. et avec jeu 33½. En supposant les montants de 5 × 5 cm. d'épaisseur, la cage doit former un carré de 43½ cm., mesure extérieure. Sa hauteur sera de 52 cm. Elle est portée au fond du cylindre par un pied en fer de 17 cm. de haut, dans lequel tourne son axe. En haut elle est maintenue par une traverse en fer mobile percée d'un trou et portant l'engrenage.

Cylindre. — Si l'on rabat l'angle extérieur des montants de la cage de 2½ cm., on aura pour la diagonale de celle-ci 56 cm. environ, et, en donnant au cylindre 60 cm. de diamètre, il restera, entre chaque angle et le cylindre, 2 à 2½ cm. pour le treillis métallique et le jeu. Le cylindre aura 72 cm. de hauteur

intérieure. Son fond sera convexe (le centre étant de
3 cm. plus élevé que la circonférence) et légèrement
incliné vers l'issue, qui aura 3½ cm. au moins de
diamètre et se fermera au moyen d'un bouchon ou
d'un clapet.

On peut adapter les dimensions de l'appareil à celles
d'un cadre donné, mais plus la cage est étroite, moins
la force centrifuge a d'action; je ne conseillerais pas de
la faire de moins de 36 cm. de largeur, ce qui suppose
un cylindre de 50 cm.

Lorsque les rayons sont placés sur le côté (voir
page 139), le miel sort un peu plus facilement, mais il
n'est point indispensable qu'ils aient cette position.

Si l'appareil est bien
établi, on peut, à la ri-
gueur, se dispenser de
l'engrenage et fixer la
manivelle directement
sur l'axe de la cage. La
manœuvre est un peu
plus fatigante.

Le tamis en toile mé-
tallique fine, par lequel
on fait passer le miel à
sa sortie de l'extrac-
teur, a environ 50 fils
au décimètre.

Je donne encore (fig.
38 *bis* et 38 *ter*) le dessin d'un extracteur an-

Fig. 38 *bis*. — Extracteur anglais.

glais. Comme dans la plupart des modèles usités en
Angleterre, la cage ne contient que deux rayons; ceux-
ci sont placés dans deux boîtes en treillis métallique,
reliées par un côté à deux montants opposés et pouvant pivoter à gauche et à droite. Lorsque l'une des

faces des rayons a été vidée, il suffit de faire faire un quart de tour aux boîtes pour que l'autre face des rayons soit dans la position voulue pour être vidée à son tour.

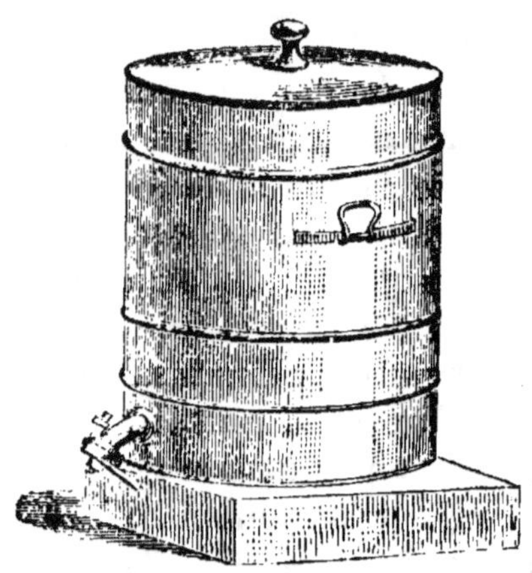

Fig. 38 *ter*. — Cage   Fig. 39. — Purificateur à miel

Le purificateur à miel (fig. 39) a été décrit p. 140. Les fig. 40 et 41 sont les flacons à miel, dont il est parlé p. 143.

Fig. 40.   Fig. 41.
Flacon pour ½ kilo.   Flacon pour 1 kilo.

Le purificateur à cire solaire a été mentionné p. 144. Voici la description du modèle que j'emploie (fig. 42) : La caisse a en surface 65 cm. sur 50. Les parois,

en bois de 25 mm, ont *extérieurement* : celle de derrière, longueur 65 cm, hauteur 33 cm ; celles des
côtés, longueur 50 cm, hauteur 33 cm. d'un côté
et 4 cm, de l'autre ; celle de devant a 65 cm. sur 4.
Dessous est cloué un fond de $65 \times 50 \times 1\frac{1}{2}$. La vitre,
fixée dans un cadre dont les bois ont 35 mm. de large
sur 25 mm. d'épaisseur, et reliée à la paroi de derrière par des charnières, a une surface, cadre compris,
de 67 cm. sur 58 $\frac{1}{2}$, dépassant ainsi la caisse en bas
et sur les côtés de 1 cm. environ[1].

Fig. 42. — Purificateur à cire solaire, dessiné par M. Cowan.

Un double fond intérieur et mobile, de 59 cm. sur 39,
recouvert de fer-blanc (le zinc est trop sujet à se gondoler). est supporté par des tasseaux cloués à l'intérieur contre les côtés de la caisse. La feuille de fer-
blanc est coupée de 61 cm. sur 41 ; trois de ses bords
sont repliés en haut de 1 cm ; le quatrième, celui du
bas, est replié en bas. La surface du fer-blanc doit se
trouver en haut (contre la grande paroi), à 12 cm.
au dessus du fond fixe et en bas à 8 cm. environ, soit
à 13$\frac{1}{2}$ et 9 $\frac{1}{2}$ cm. du dessous de la caisse. La pente

---

1. Il va sans dire que les tranches supérieures des parois sont
nivelées selon un plan incliné correspondant à celui du cadre de la
vitre, qui doit plaquer dessus. Si par le jeu du bois elle arrive à ne
plus plaquer, on cloue des lisières de drap sur les tranches.

d'arrière en avant doit être d'environ 10 ½ pour cent. Il reste devant, entre le fond mobile et la paroi, un espace vide d'environ de 5 cm.

Si l'inclinaison du fond mobile est trop forte, les impuretés sont entraînées avec la cire jusqu'à sa chute dans l'auge ; si elle est trop faible, la cire ne descend pas ou séjourne trop longtemps et perd de sa couleur. On corrige cela en mettant des cales sous le fond mobile.

A 5 ou 6 mm. au-dessus du double fond incliné se place un treillis métallique étamé, destiné à recevoir la cire à purifier. Il est encadré de fer-blanc et soutenu par des tringles transversales, de façon à rester rigide, et muni aux quatre angles de supports de 5 à 6 mm. En dessus, un rebord de fer-blanc de quelques centimètres de largeur le borde en haut et sur les côtés et sert à retenir la cire. Cette grille a la largeur du fond mobile, 59 cm. environ, et dans l'autre sens 27 à 28 cm. seulement, laissant libre le tiers inférieur du plateau. Les fils du treillis doivent laisser entre eux des trous de 1 à 1 ½ mm. environ. Mon purificateur a bien fonctionné sans ce treillis, mais M. Jeker, qui en fait usage, m'en ayant démontré l'utilité pour retenir les impuretés et faciliter l'écoulement de la cire, j'ajoute ce perfectionnement.

Dans l'espace restant entre le plateau et la paroi du bas est une auge en fer-blanc, légèrement évasée, ayant 5 cm. de hauteur et en haut 59 cm. de long sur 7 de large ; on l'engage en partie sous la gouttière du fond mobile ou plateau.

La caisse doit fermer hermétiquement, soit pour conserver la chaleur, soit pour empêcher l'entrée des abeilles, qui sont fort habiles à se faufiler par les moindres fissures. Le couvercle vitré est fixé au bas au moyen de crochets ; deux baguettes vissées dans les

parois latérales de la caisse et encochées à leur extrémité, sont relevées et engagées dans deux vis plantées
dans la tranche du couvercle lorsqu'on veut maintenir
celui-ci levé. Les rayons du soleil doivent, autant que
possible, frapper la vitre à angle droit ; la caisse est
placée bien de niveau, faisant face au soleil, puis tournée de temps en temps à mesure qu'il avance dans sa
course. J'ai disposé la caisse sur une table-guéridon
dont le plateau tourne sur pivot et dont le pied est
ceint d'une auge en fer-blanc contenant de l'eau pour
intercepter les fourmis.

La cire qui dégoutte dans l'auge s'y maintient
liquide aussi longtemps que le soleil agit et elle achève
de s'y purifier ; le soir elle forme une brique com-
pacte. Il faut avoir soin de mettre un peu d'eau au
fond de l'auge ou de la frotter avec un chiffon humecté
d'huile.

Dans les belles journées on peut faire plusieurs briques : dès qu'une auge est pleine, on la pousse doucement sous le plateau et on en met une seconde à sa
place.

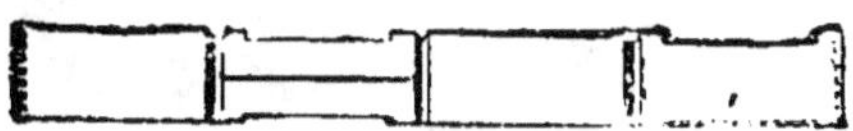

Fig. 43. — Section d'une seule pièce.

Miel en sections (p. 100). La figure 43 représente une
section d'une seule pièce. Pour l'assembler on la plie
doucement aux cannelures, et les extrémités, à mortaises et tenons, sont engagées l'une dans l'autre. La
fig. 44 est une section d'un autre modèle, assemblée,
et la fig. 45 représente la machine Parker (p. 104),

qui est l'un des divers outils employés pour fixer la cire dans les sections.

Fig. 44. — Section assemblée.   Fig. 45. — Machine Parker.

Les sections (p. 100) sont placées, soit dans des cadres munis de séparateurs (fig. 46 et 46 *bis*), soit

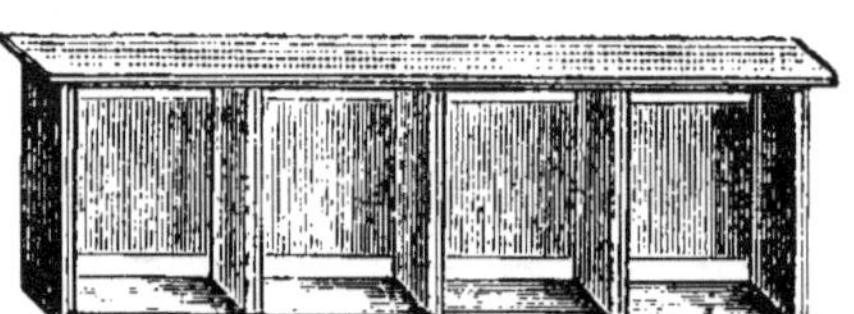

Fig. 46. — Cadre à sections.

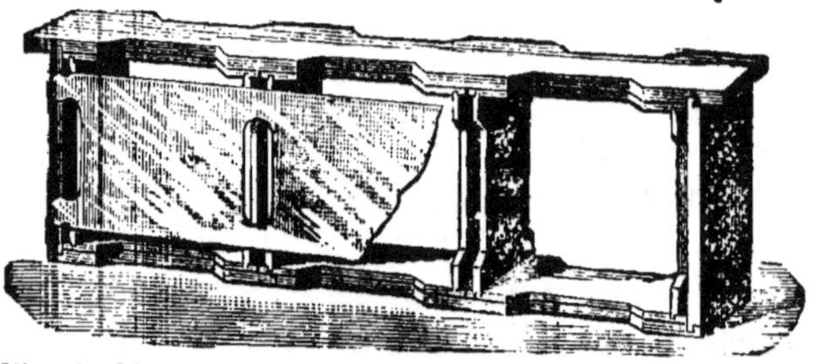

Fig. 46 *bis*. — Cadre pour sections à quatre passages.

dans des casiers ou châssis à claire-voie. La fig. 47 représente un de ces châssis :
BB sont les séparateurs ;
les sections des extré-
mités CC sont vitrées
du côté extérieur.

La fig. 48 est le casier
Neighbour, qui peut être
renversé pour hâter l'a-

Fig. 47. — Châssis à sections.

chèvement des sections (voir *Revue internationale* 1887,
page ·153), et la fig. 49 un casier ordinaire à côtés
pleins.

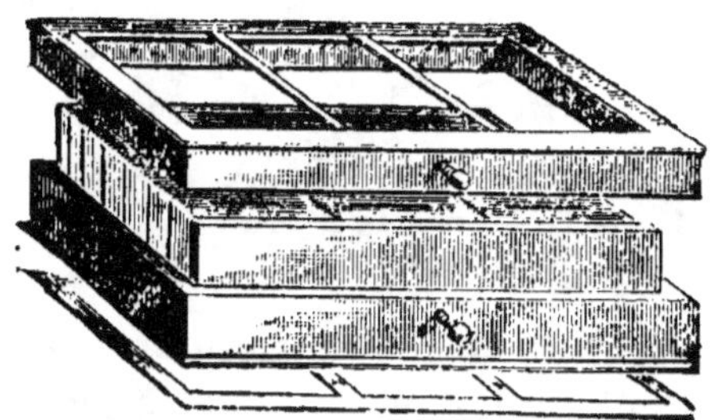

Fig. 48. — Casier Neighbour.

Je donne enfin le dessein (fig. 50) de la section Lee
brevetée, décrite page 105
et d'un casier pour sections
à quatre passages (fig 51).

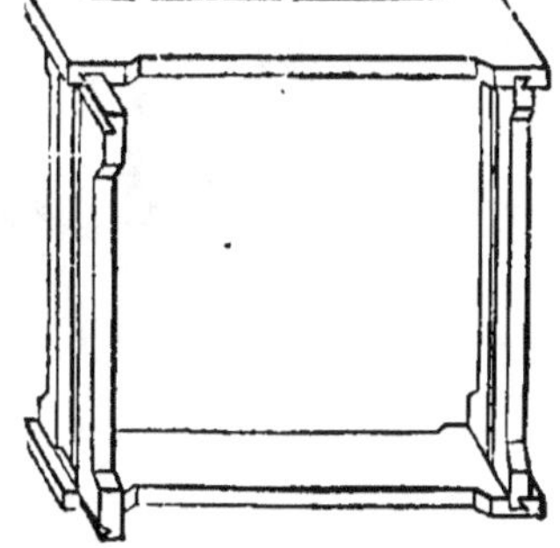

Fig. 50.
Section Lee composée de six pièces.

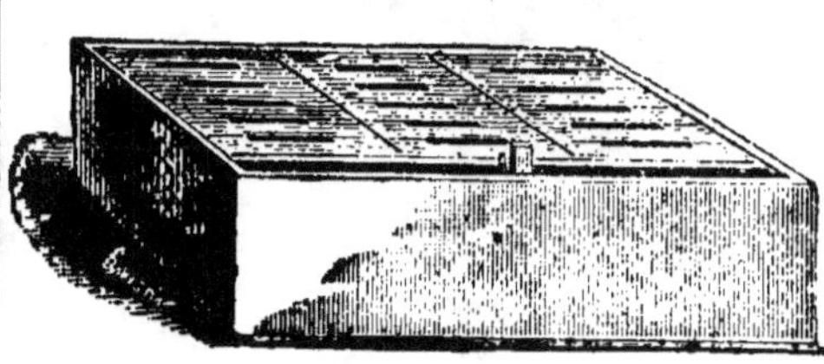

Fig. 49. — Casier à côtés pleins.

Les séparateurs sont percés d'ouvertures verticales correspondant aux passages latéraux des sections entre elles. Les traverses sont également percées.

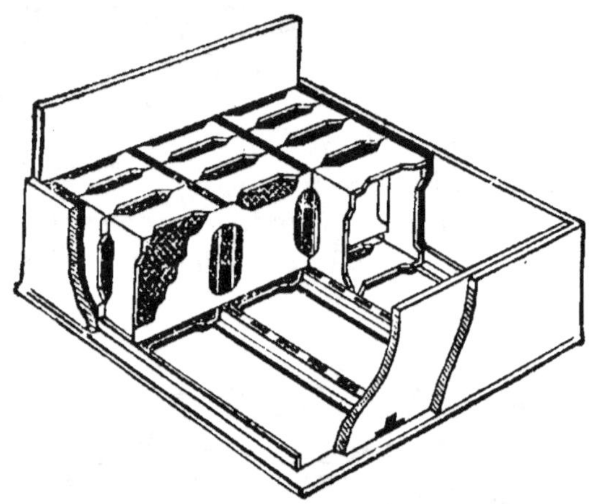

Fig. 51. — Casier pour sections à quatre passages.

La fig. 52 est le casier sectionné de Raynor, permettant d'enlever une seule rangée de sections à la fois.

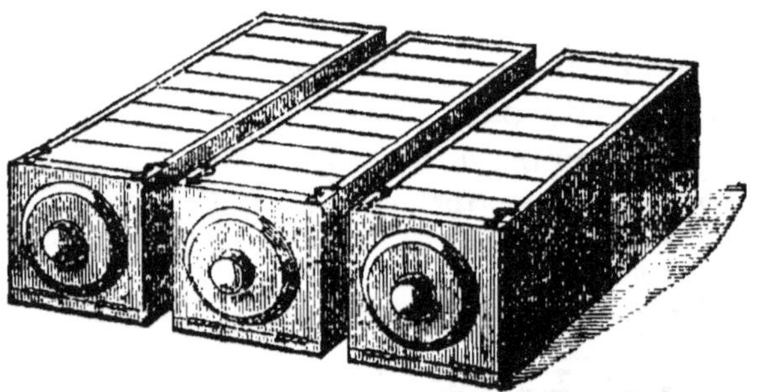

Fig. 52. — Casier sectionné de Raynor.

Les fig. 53 et 54 sont des caisses vitrées ; l'une sert à enfermer les sections achevées à l'abr. de a pous-

sière, etc., l'autre à les emballer pour la vente et
l'expédition (voir p. 106).

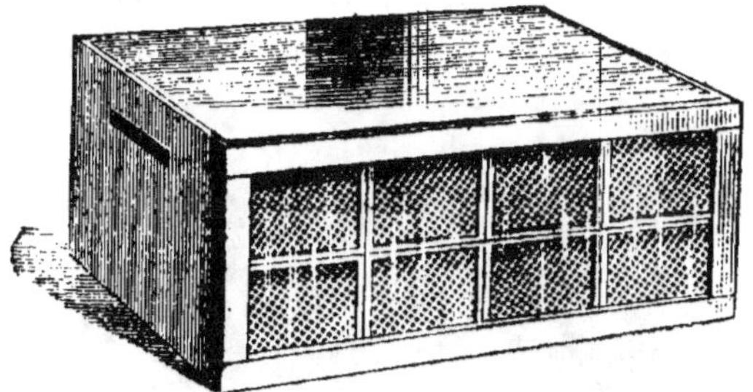

Fig. 53. — Caisse pour sections achevées.

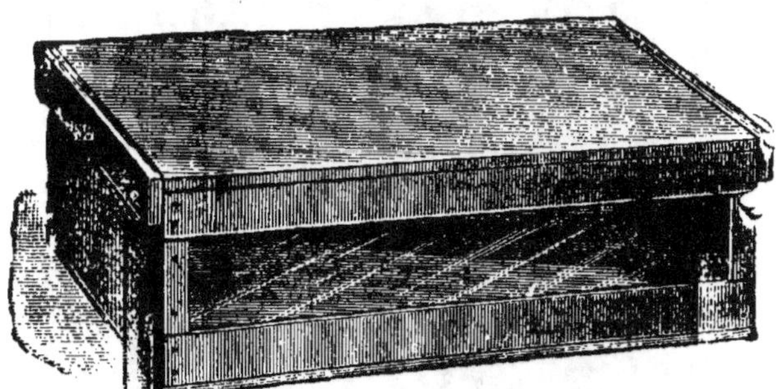

Fig. 54. — Caisse pour la vente et l'expédition.

Fenêtre grillée. — La fig. 54 *bis* représente le treillis
métallique employé et décrit par M. Dadant. Il est
cloué à l'extérieur de la fenêtre et la dépasse en haut
de 15 cm. environ. En haut, trois petites lattes sont
clouées entre le châssis et le treillis, de façon à laisser
un espace de 6 ½ à 7 mm. entre la toile métallique et
le mur. Les abeilles qui ont été apportées avec les
rayons, ou qui se sont introduites d'une manière ou
d'une autre, volent contre le treillis et trouvent bientôt

la petite fissure du haut, par laquelle elles s'échappent; mais, lorsqu'elles reviennent, elles sentent le miel à travers la toile métallique et, oubliant qu'elles ont passé entre le treillis et le mur, elles essaient en vain de pénétrer à travers le treillis (voir **Laboratoire**, p. 137).

Fig. 54 *bis*. — Fenêtre grillée.

Diagrammes de cadres. — Les six fig. 55 à 60 représentent quelques-uns des bons cadres à couvain connus que j'ai réunis en un tableau pour en faciliter la comparaison. L'échelle est de 1 pour 10 environ; les chiffres désignent des millimètres. L'épaisseur des cadres, soit la largeur des lattes, est indiquée par E, la hauteur par H et la longueur ou largeur par L.

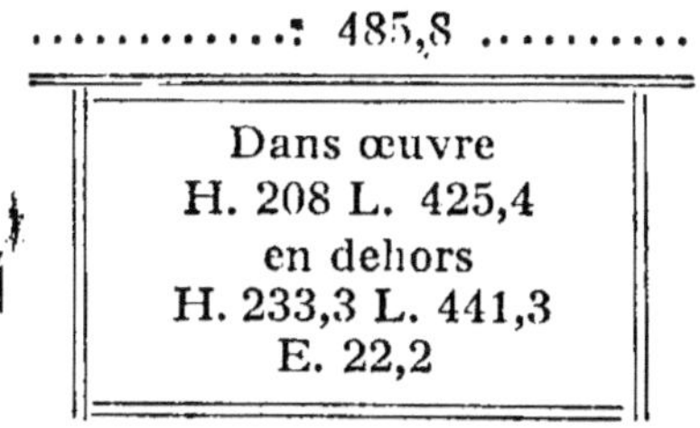

............: 485,8 ....

Dans œuvre
H. 208 L. 425,4
en dehors
H. 233,3 L. 441,3
E. 22,2

Fig. 55. — Langstroth (États-Unis).

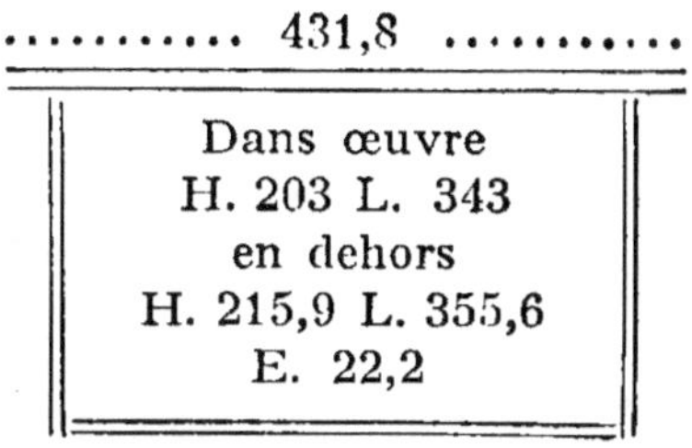

.... 431,8 ....

Dans œuvre
H. 203 L. 343
en dehors
H. 215,9 L. 355,6
E. 22,2

Fig. 56. — Type anglais.

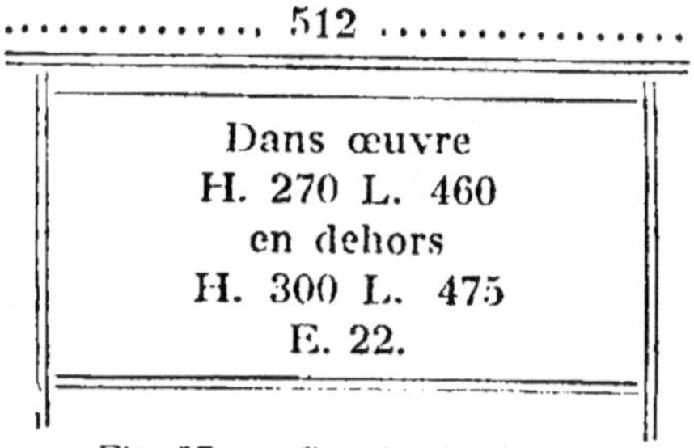

............, 512 ....

Dans œuvre
H. 270 L. 460
en dehors
H. 300 L. 475
E. 22.

Fig. 57. — Quinby-Dadant.

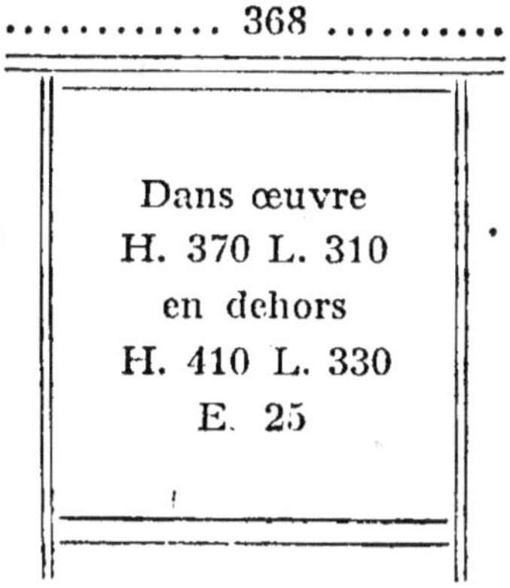

.... 368 ....

Dans œuvre
H. 370 L. 310
en dehors
H. 410 L. 330
E. 25

Fig. 58. — Layens.

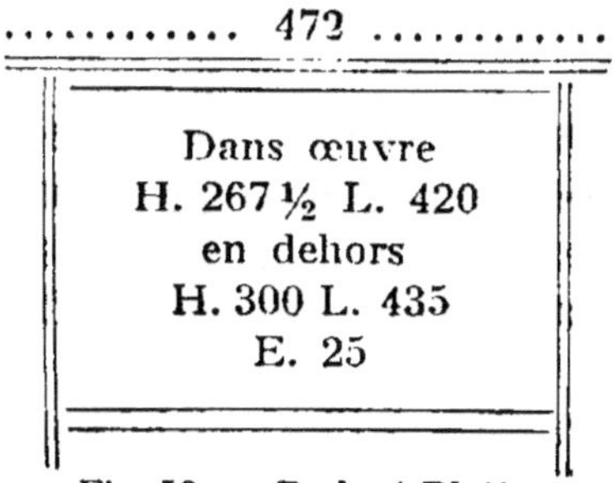

.... 472 ....

Dans œuvre
H. 267 ½ L. 420
en dehors
H. 300 L. 435
E. 25

Fig. 59. — Dadant-Blatt.

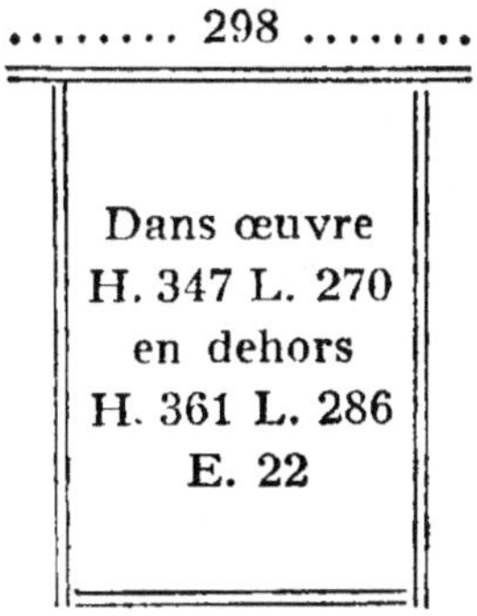

.... 298 ....

Dans œuvre
H. 347 L. 270
en dehors
H. 361 L. 286
E. 22

Fig. 60. — Burki-Jeker.

RUCHES ET RUCHERS

Caractères des divers types de ruches. — Ruchers fermés. — Installation des ruches en plein air.

Caractères des divers types de ruches. — Je donne ci-après la description de trois types de ruches assez différents. La Dadant et la Layens ont le dessus et le dessous mobiles (plafond et plateau) et se placent généralement isolées en plein air. Les Burki-Jeker, dont un seul côté est mobile, celui opposé à l'entrée (paroi de derrière), sont adaptées au système des pavillons ; elles sont assemblées côte à côte par rangs superposés. La Dadant et la Layens diffèrent entre elles par la forme du cadre et la position du magasin à miel ; dans la première, les rayons destinés à recevoir le miel à prélever se placent dans des boîtes supplémentaires ou hausses qu'on empile sur le corps de ruche ; c'est le système vertical. Dans la seconde, ces rayons ont leur place réservée dans le corps de ruche qui est plus allongé et se mettent à côté des rayons occupés par la colonie ; l'agrandissement se fait dans le sens horizontal. Dans la Burki, l'espace affecté au magasin est réservé au-dessus des rayons du nid à couvain (voir *Introduction*, **Ruches**, et *Avril*, **Magasins**).

Les abeilles prospèrent également bien dans ces trois genres d'habitations, et le choix dépend du but que se propose le débutant, de la place dont il dispose et du climat sous lequel il habite.

Le type Dadant convient surtout à l'industriel et à celui qui recherche la qualité en même temps que la quantité du produit ; le type Layens au cultivateur qui ne veut s'occuper de ses abeilles que le moins possible. La ruche Layens est un peu plus simple, se composant d'une seule caisse et d'une seule rangée de cadres, mais elle occupe une surface plus grande et le prélèvement du miel s'y fait moins commodément parce que le couvain y est disséminé sur un plus grand nombre de rayons. Les manipulations en sont aussi plus délicates. En effet, en retirant un cadre haut on n'évite pas aussi bien les frottements qu'avec les cadres bas, et, quand on travaille dans le nid à couvain, les frottements irritent les abeilles. En particulier, lors de la récolte, l'usage de la Layens est sensiblement plus pénible que celui de la Dadant. Le type Burki sera choisi par celui qui dispose de peu de place pour installer ses ruches ou tient à les avoir sous clef ; toutefois l'assemblage de ruches en pavillon ne convient pas dans les contrées chaudes comme le Midi.

Avec les habitations à plafond mobile, système vertical, l'agrandissement est indéfini ; quelle que soit l'abondance des apports des abeilles dans une année très favorable, l'apiculteur pourra leur fournir beaucoup plus facilement l'espace complémentaire nécessaire qu'avec les autres systèmes. Dans la ruche à l'allemande (Burki), passé une certaine limite (la dimension de la caisse), l'agrandissement n'est pas prévu, bien qu'il ne soit pas tout à fait impossible d'ajouter par derrière des boîtes supplémentaires.

Dans les pavillons, l'apiculteur peut travailler par tous les temps, il est moins exposé aux piqûres et il a tout sous la main sans avoir de matériel à transporter ; mais la visite des ruches y est plus longue et certaines opérations nécessitant des déplacements de ruches n'y sont pas possibles (voir plus loin *Ruche Burki-Jeker*).

Aux Etats-Unis et en Angleterre, pays de grande production, le type vertical à plafond mobile est seul en usage ; *time is money*, l'apiculteur tient à faire la besogne dans le moins de temps possible, puis il veut être sûr de pouvoir s'approprier tout le miel qu'une saison particulièrement propice met de temps en temps à sa disposition.

On a fait d'innombrables tentatives pour rendre le maniement des ruches assemblées plus commode, et chaque année voit éclore une nouvelle conception.

Ruchers fermés. — Les apiculteurs ont construit des bâtiments fermés dans lesquels des ruches du type Dadant, accouplées deux à deux contre les parois, communiquent avec l'extérieur par des ouvertures. Des espaces sont réservés entre chaque paire de caisses pour les visites. Au centre, il y a une place suffisante pour serrer le matériel, faire toutes les opérations et même remiser en hiver d'autres ruches passant la bonne saison en plein air. Ces bâtiments dispensent d'un laboratoire ou magasin spécial et présentent tous les avantages des pavillons, mais ils sont plus coûteux.

On fait aussi de petits ruchers économiques dans lesquels les ruches sont placées côte à côte sur deux rangées superposées. Derrière les ruches est un simple couloir pour le service. Dans les deux traverses de renfort clouées sous les plateaux des ruches sont logées de petites roulettes en bois dur, dépassant de quelques millimètres seulement. Pour visiter une ruche, on place derrière, dans le couloir, un petit plancher volant, de niveau avec la tablette qui porte la rangée. Il repose sur cette tablette et sur une poutre longeant la paroi du fond du rucher. La ruche est tirée en arrière et on la visite par le côté.

Pour la seconde rangée il faut en outre, un petit escalier volant. La paroi du fond du rucher est percée de fenêtres.

Fig. 61. — Rucher dans le Jura, ruches Dadant et Layens.

Cette disposition permet de ne laisser que quelques centimètres d'espace entre les ruches de la même rangée et de ne ménager au-dessus de chaque tablette que juste la hauteur d'une ruche, et de ses boîtes de surplus si le modèle en comporte [1].

Récemment, deux apiculteurs suisses, M. H. Spühler, à Zurich, et M. Sträuli, pasteur à Scherzlingen (Thurgovie), ont, chacun de son côté, conçu un système de ruches à l'allemande (voir plus loin *Ruche Burki-Jeker*) dans lesquelles les cadres sont placés comme dans la ruche Dadant et peuvent être sortis par derrière, lors même que les magasins sont placés. On peut retirer n'importe quel rayon en écartant légèrement les deux voisins, ce qui n'est pas le cas avec le système allemand pur.

Installations des ruches en plein air.— Les ruches en plein air doivent être, autant que possible, abritées des vents dominants et protégées au besoin par des clôtures. Placées à une faible distance du sol, elles sont moins exposées aux courants d'air et plus accessibles aux abeilles qui tombent aux abords, fatiguées ou engourdies, sans pouvoir reprendre le vol. Une planchette d'entrée inclinée et quelques briques ou une planchette supplémentaire prolongeant le plan incliné jusqu'au sol leur permettent de regagner à pied leur domicile (voir fig. 70 et 72).

Il est cependant indispensable d'élever les ruches à une certaine hauteur; la réverbération du sol, aussi bien en été qu'en hiver, est beaucoup plus sensible à 10 cm, qu'à 40 cm. A cette dernière hauteur, les ruches sont préservées de l'humidité et mieux protégées contre la vermine, les limaces, etc. C'est aussi plus

---

1. La première application de ce système a été faite, à notre connaissance, par M. P. von Siebenthal, le fabricant. En Savoie, nous avons vu et visité commodément plusieurs ruchers de ce genre, construits et dirigés par M. Auguste Ruet, à Le Bois, près Aigue-blanche.

agréable pour le travail, rien n'étant plus fatigant que de visiter les ruches courbé en deux.

La ruche doit être tout à fait d'aplomb, ce qu'on obtient une fois pour toutes en lui faisant un fondement de briques de ciment ou de traverses de bois dur, enterrées au ras du sol et réglées au moyen d'un petit niveau à eau ou d'une équerre et d'un fil à plomb. On l'élève sur des piquets (voir fig. 93) lorsqu'elle se trouve près d'un cours d'eau qui pourrait déborder.

Les entrées des habitations peuvent être orientées dans toutes les directions, mais lorsque l'état des lieux le permet, on donne la préférence au sud-est.

Pour la visite des ruches à bâtisses froides, comme la Dadant et la Layens, c'est de côté qu'on se place [1]; il faut donc ménager un certain espace entre chaque ruche ou chaque paire de ruches, et si l'on veut pouvoir se livrer à certaines opérations nécessitant des déplacements (réunions, prévention des essaims secondaires, etc.), cet espace doit être d'un mètre et quart au minimum. Lorsque les ruches sont sur plusieurs rangées, celles-ci doivent être au moins à trois mètres les unes des autres.

Un rucher placé près d'un chemin doit en être séparé par un mur ou une bonne haie d'au moins trois mètres de haut, et il est désirable que tout établissement d'abeilles placé à proximité d'une habitation ou d'un passage fréquenté en soit séparé par des arbres ou des arbustes forçant les abeilles à élever leur vol.

Devant chaque ruche, il est utile de ménager un petit espace nu et de couleur claire, de façon à ce que les cadavres d'abeilles s'y distinguent à distance; cela facilite la surveillance des colonies et la recherche des reines mortes ou tombées en accompagnant les

---

1 Pour les ruches à bâtisses chaudes, on se tient derrière.

essaims. On répand sur le terrain du petit gravier ou de la chaux de rebut provenant des usines à gaz.

Les abeilles demandent l'ombre en été et se trouvent bien de l'abri des arbres fruitiers ; dans un grand rucher, quelques touffes d'arbustes, groseillers ou autres, disposés çà et là entre les rangées, servent de points de repère aux abeilles et à l'apiculteur.

Fig. 62. — Rucher de M. B. Falcucci, à Attessa (Abruzzes, Italie). Ruches Dadant-modifiées.

RUCHE DADANT

L'idée première de la ruche à cadres mobiles est due à François Huber, de Genève, le père de l'apiculture moderne, mais sa ruche à feuillets ne fut guère utilisée que comme instrument d'observation et ce n'est que cinquante ans plus tard que la ruche à cadres, telle que nous l'employons, fit son entrée dans le domaine de l'apiculture pratique.

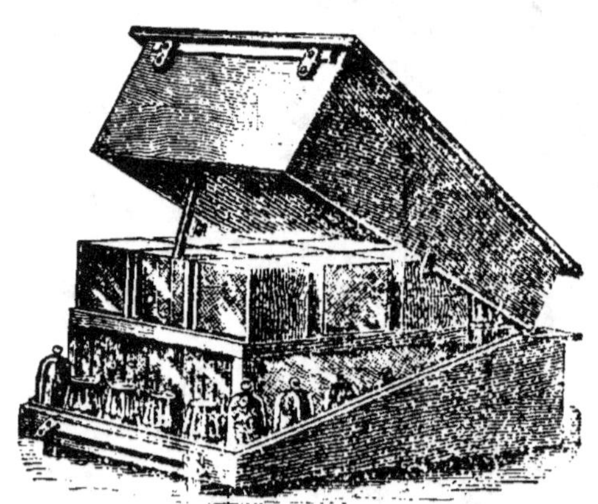

Fig. 63. — Ruche Langstroth primitive.

Tandis que vers le milieu du siècle dernier, Dzierzon *réinventait* en Europe la ruche à porte-rayons mobiles, déjà proposée à la fin du XVIIIe siècle par Della Rocca mais oubliée, Langstroth, aux États-Unis, inventait, non sans en attribuer la première idée à Huber[1], la ruche à cadres que la majorité des Américains emploient encore aujourd'hui à peu près telle quelle.

Un autre apiculteur du même pays, Quinby, qui s'occupait d'abeilles depuis l'année 1830, et avait adopté la ruche Langstroth dès son apparition, publiait, en 1853, la première édition de son ouvrage *Les Mystères de l'Apiculture expliqués*, dans lequel nous trouvons la description d'une ruche Langstroth modifiée par lui[2]. Cette ruche différait de celle de l'inventeur en ce que sa construction était simplifiée et que les cadres, réduits au chiffre de huit pour la chambre à couvain, étaient un peu plus grands dans les deux dimensions[3].

Cette ruche Quinby fut adoptée par un grand apiculteur français établi aux Etats-Unis, M. Ch. Dadant, qui lui fit subir quelques modifications de détail et porta le nombre des cadres à onze. Il l'a décrite dans son *Petit cours d'Apiculture*, paru en 1874 ; depuis lors elle a fait son chemin en Europe, et c'est

---

1. Voir *The Hive and Honey Bee*, par L.-L. Langstroth, édition de 1876, p 14 L'auteur de ce monument de littérature apicole, arrivé à un âge très avancé, a confié à M. Ch. Dadant la tâche d'en faire une réimpression revisée et complétée par lui. Elle a paru en anglais en 1889 et en français en 1891, sous le nom de *L'Abeille et la Ruche*. Cette dernière a déjà eu quatre éditions.

2. *Mysteries of Bee-Qeeping explained* by M. Quinby, practical bee-keeper, 1853.

3. En 1868, Quinby revint à la ruche à feuillets de Huber, c'est-à-dire qu'au lieu de suspendre les cadres dans une caisse, il donna à leurs montants une largeur d'un pouce et demi (38 mm.), de façon qu'ils se touchaient en formant des deux côtés des parois continues, puis il les assujettit sur le plateau au moyen de crochets engagés dans une rainure. Des panneaux recouvraient le dessus des cadres et la fermeture de la ruche était complétée par deux autres panneaux analogues à nos partitions. Le tout était relié par une corde. Cette ruche, décrite dans le *Quinby's New Bee-Keeping* de L.-C. Root, gendre de Quinby, a été adoptée par ce dernier et par d'autres grands apiculteurs, tels que J.-E. Hetherington.

Un Italien a présenté, comme de son invention et sous le nom de ruche Giotto, une assez mauvaise imitation des ruches de F. Huber et de M. Quinby.

sous le nom de ruche Dadant que je vais à mon tour la présenter à mes lecteurs.

Corps de ruche et plateau. — Le corps de ruche est formé de quatre parois clouées ensemble et donnant un vide intérieur ayant 490 mm. en longueur, 420 en largeur et 320 en hauteur. L'assemblage des parois peut se faire à mi-bois, comme le montre la fig. 64.

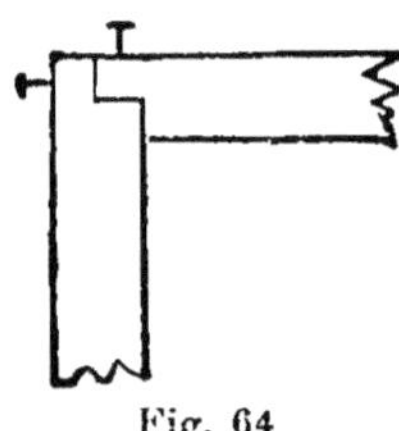

Fig. 64
Assemblage à mi-bois

Les parois étroites, soit celles de devant et de derrière, ont en dedans et en haut une entaille ou feuillure de 14 ½ mm. de hauteur sur 12 ½ de largeur dans laquelle reposent les extrémités des porte-rayons. La paroi de derrière est revêtue à l'extérieur d'une seconde paroi la dépassant en bas de 25 mm. et ayant 345 mm. de haut. Les deux parois parallèles aux cadres, également de 345 mm. de haut, ont en bas, en dedans, une feuillure de 25 mm. de haut sur 10 mm. de large, dans laquelle s'engage le plateau. La tranche de ce dernier se trouve ainsi recouverte des deux côtés par les parois à feuillure et derrière par la seconde paroi extérieure. Le plateau a 435 mm. de large (5 mm. de jeu) et 800 de long, dont 250 sont consacrés à former la planchette d'entrée et rabotés en pente en vue de l'écoulement de l'eau.

Parois et plateau ont une épaisseur de 25 mm. (pl. I).

Grands cadres. — Les cadres, faits de lattes de 22 mm. de largeur, sont composés de cinq pièces : une de 512 × 7 ½ forme le porte-rayon ; les deux montants ont 292 ½ × 7 ½ ; la traverse du bas et la traverse de renfort sous le porte-rayon ont chacune 460 × 11 1/4. Ces cinq pièces assemblées forment un cadre mesurant en dehors 300 mm. de hauteur sur 475 de largeur, et dans œuvre 270 × 460 ; les extrémités des porte-rayons forment deux supports dépassant chacun de 18 mm. ½ (pl. I). Les cadres sont au nombre de onze.

Dentiers-équerres et agrafes. — Les cadres sont espacés entre eux de 38 mm. de centre à centre. Pour

Fig. 65. — Outil pour façonner le dentier Dadant.

éviter qu'ils se déplacent lorsqu'on remue la ruche, MM. Quinby et Dadant ont chacun imaginé un dentier en fil de fer qui s'adapte au bas de la ruche et dans lequel les cadres s'engagent. Pour façonner le dentier,

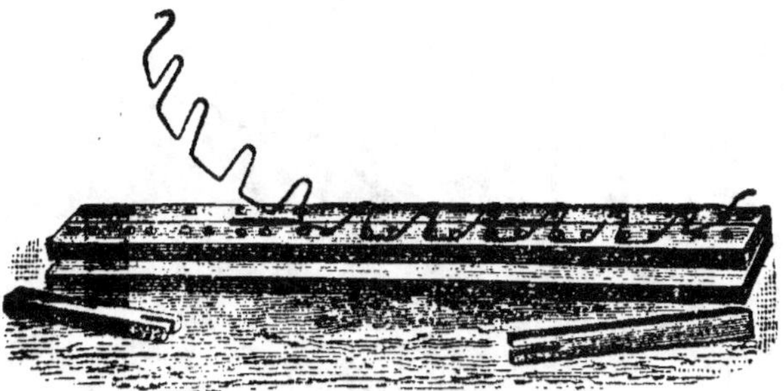

Fig. 66. — Manière de dégager le dentier.

M. Dadant se sert de lattes dans lesquelles sont plantées aux distances voulues des vis autour desquelles on fait passer du fort fil de fer. Les deux lattes portant les vis sont séparées par une latte plus étroite et

en deux pièces, que l'on retire pour dégager le dentier
(fig. 65 et 66).

La fig. 67 montre comment est posé le dentier au
bas de la ruche.

Fig. 67. — Ruche Dadant retournée.

Un fabricant, M. P. von Siebenthal, a de son côté
adopté un dentier-équerre qui participe des équerres
employées par M. de Layens et des dentiers américains. Ce sont des sortes d'épingles à cheveux en fort

fil de fer, recourbées par la moitié à angle droit et dont les deux pointes sont plantées à demeure dans les parois de devant et de derrière, à 40 mm. du bas et aux places correspondant aux intervalles des cadres. Mon dessin (E. pl. I) me dispense d'entrer dans plus de détails. La pose des équerres se fait au moyen de deux règles en fer ou en bois dur de 15 mm. d'épaisseur[1], reliées ensemble par deux vis. Des entailles, du calibre du fil de fer employé, pratiquées dans le bord intérieur de l'une des règles aux distances voulues, reçoivent les équerres, qui sont enfoncées au marteau après que les règles ont été assujetties contre la paroi (fig. 68).

Pour achever de maintenir les cadres et surtout pour retrouver plus facilement leur place exacte lorsqu'on les a sortis, on plante des agrafes de tapissier, de 12 à 14 mm. de large (A, pl. I), dans la feuillure entre les cadres, en les enfonçant de façon à ce qu'elles ne fassent saillie que de l'épaisseur du fil de fer.

Les agrafes ne sont pas indispensables, sauf pour le transport à la montagne, mais elles rendent de bons services[2].

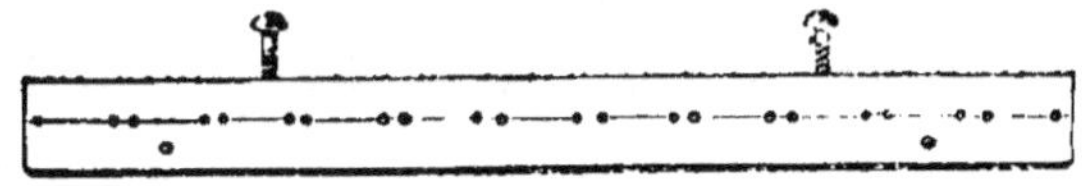

Fig. 68. — Outil pour poser les équerres Siebenthal.

Partitions. — Pour restreindre à volonté la capacité de la ruche, M. Dadant emploie des partitions mobiles suspendues comme les cadres et qui flanquent ceux-ci à droite et à gauche quand la ruche n'est pas pleine.

---

1. Dans la pl. 1, la dimension indiquée pour la partie de l'équerre non enfoncée est de 14 mm.; il est préférable que l'équerre fasse saillie de 16 mm. environ, c'est-à-dire dépasse légèrement le montant du cadre en dedans.
2. Les agrafes sont une innovation suisse.

Pour en rendre la manœuvre aussi aisée que possible, c'est-à-dire pour empêcher que les abeilles ne les soudent aux parois, on a recours à divers expédients ; voici la description de la partition inventée par M. P. von Siebenthal (pl. I) :

Elle est en bois de 10 à 12 mm. d'épaisseur environ ; sa hauteur, traverse de support comprise, est de 308 à 310 mm., ce qui laisse en bas, entre elle et le plateau, un espace de 12 à 10 mm. ; la largeur est variable grâce à ce que la partition est complétée sur ses côtés par deux liteaux transversaux, mobiles, s'emboîtant par des languettes et des rainures. Chacun de ces deux liteaux mobiles est relié par une tringle de fort fil de fer à un levier placé au centre et manœuvrant sur pivot ; l'extrémité du levier (encore une simple latte) aboutit contre la traverse de support et selon qu'on la pousse en avant ou en arrière, on écarte ou rapproche les lattes, ce qui a pour effet d'augmenter ou de diminuer la largeur de la partition, largeur qui doit varier de 485 mm. (levier desserré) à 490 (partition en place). La traverse-support a $512 \times 22 \times 14 \frac{1}{2}$ mm., on y pratique une encoche d'arrêt correspondant à la position du levier tendu. Les lattes mobiles sont bordées d'une lisière de drap pour prévenir la propolisation.

Ce modèle un peu compliqué peut fort bien être remplacé par de simples planchettes. On fait aussi, pour les régions froides, des partitions en paille pressée ou en bois revêtu de paille. M. Dadant ajoute pour l'hiver des feuilles sèches contre trois des parois de la ruche, celle de devant restant libre.

A mesure que l'on introduit de nouveaux cadres, on recule les partitions, puis on finit par les enlever.

Trou de vol. — Le passage des abeilles est ménagé dans la paroi de devant, au bas. C'est une ouverture de 240 mm. sur 8. Chacun la restreint à sa manière ; M. Dadant emploie tout simplement un bloc de bois dur posé devant. Nous avons adopté le système indiqué par M. de Layens dans son traité, *Elevage des Abeilles* : Une plaque de métal de 25 à 30 mm. de large est fixée par deux pitons au-dessus de l'ouverture et deux autres bandes, repliées aux extrémités, sont engagées sous la plaque et se manœuvrent horizontalement. On peut pratiquer dans la plaque de métal deux fentes en biais dans lesquelles passent les pitons, ce qui permet de la faire descendre, pour diminuer la hauteur de l'entrée et exclure les sphinx tête-de-mort et les souris, ou pour fermer complètement (fig. 72).

Couverture des cadres. — M. Dadant a eu successivement recours à divers procédés pour recouvrir les cadres ; maintenant il se sert d'une toile de coton, peinte, ou d'une toile cirée, qui plaque sur la tranche des quatre parois de la ruche.

Elle a 540 × 450 mm. ; en la roulant sur elle-même, on peut ne découvrir de la ruche que ce qu'il faut pour l'opération à faire [1].

L'une des meilleures façons de couvrir les ruches consiste dans l'emploi de vieux tapis, coupés de dimension. Ils ne doivent pas être trop usés. Le dessous du tapis est mis en contact avec les abeilles. C'est une couverture chaude, perméable et très solide. On l'obtient à bon compte.

---

1. Les toiles sont sujettes à être trouées par les abeilles ; on peut utiliser celles qui sont percées en en mettant deux l'une sur l'autre.

Boîtes de surplus. — Ce sont des caisses sans fond ni couvercle, mesurant intérieurement 490 mm. de longueur, 420 de largeur et 167 de hauteur. Les deux parois parallèles aux cadres ont 10 mm. d'épaisseur ; les deux autres ont 25 mm. et elles ont, comme celles du corps de ruche, des feuillures de 14 ½ × 12 ½ mm. pour recevoir les supports des cadres.

Cadres des boîtes. — Dans œuvre, ils ont la même largeur que les grands cadres, tandis que la hauteur est réduite de moitié. Le porte-rayon a 512 × 7 ½ ; les montants ont 152 ½ × 7 ½; la traverse de renfort 460 × 10 ; la traverse du bas 460 × 7 ½. Assemblés, les cadres ont en dehors 160 × 475; en dedans 135 sur 460 mm.

Chapiteau. — Le couvercle de la ruche est une caisse faite de bois d'environ 10 mm. d'épaisseur et dont le fond est formé de planches qui débordent tout autour de 20 à 30 mm. Elle a dans œuvre 205 mm. de hauteur, 567 environ de longueur (2 mm. de jeu) et 472 de largeur (2 mm. de jeu). Placée sur la ruche, elle est supportée par des lattes de 10 mm. d'épaisseur, clouées tout le tour de la ruche à l'extérieur et à une hauteur telle que le couvercle emboîte de 20 mm. environ. Les tranches du couvercle et des lattes se rencontrent suivant un plan incliné en dehors, de façon que l'eau qui découle le long du couvercle ne séjourne pas sur le bord des lattes. Pour éviter que la paroi de devant du chapiteau ne soit trop rapprochée de celle de la boîte, M. Dadant cloue, en haut de la paroi de devant du corps de ruche, une traverse de 10 mm. d'épaisseur sur 50 environ de largeur, et c'est sur cette traverse qu'il fixe la latte de support ; c'est pourquoi j'ai donné au chapiteau une longueur intérieure de 567 mm., jeu compris.

Fig. 69. — Ruche Dadant.

a Devant de la ruche. b Planchette d'entrée. c Pièce do bois (block) servant à régler l'entrée. d Chapiteau. e Paillasson. f Toile peinte. gg Cadres garnis do rayons.

En haut des deux parois opposées du chapiteau sont des trous garnis de toile métallique, servant à la ventilation.

Il s'agit d'empêcher l'eau de s'infiltrer à travers le fond du couvercle entre les joints. En Suisse on revêt

ce fond ou toit d'une feuille de tôle peinte au minium
ou galvanisée, ou bien d'une toile peinte, mais je tiens
à donner le procédé qu'emploie M. Dadant tel qu'il a
bien voulu le décrire sur ma demande : « Chaque plan-

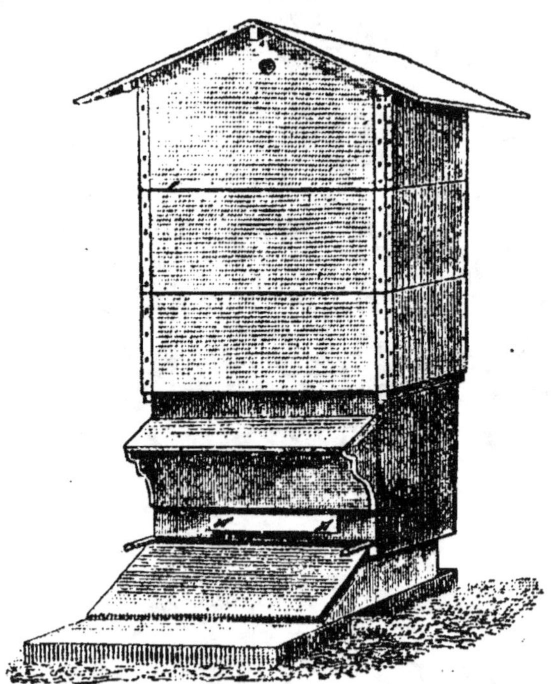

Fig. 70. — Ruche Dadant avec trois boîtes.

La ruche a été soulevée par devant pour agrandir le passage des abeilles.

che est bouvetée, puis la bouveture (c'est-à-dire la
languette et la rainure) est bien imprégnée de peinture
à l'huile avant d'être assemblée ; mais avant l'assemblage nous avons fait de chaque côté une rainure qui
est à 1 cm. de chaque bouveture. Cette rainure est
faite avec un rabot rond de 1 ½ cm. de diamètre sur
2 ½ mm. de profondeur. L'eau n'ayant pas d'affinité

pour l'huile et rencontrant la rainure, s'y rassemble et coule sans entrer dans la bouveture. »

La fig. 69 représente la ruche Dadant telle que M. Dadant l'emploie.

MODIFICATIONS AU MODÈLE PRIMITIF. —

J'ai apporté quelques légers changements de détail à la ruche de M. Dadant telle qu'il l'a décrite, et je vais les indiquer sans avoir aucunement la prétention de les donner comme des améliorations.

Chapiteau. — Je lui donne 265 millimètres de hauteur (au lieu de 205) afin de pouvoir placer sur la boîte le matelas-châssis décrit plus loin en prévision des retours de froid au commencement de la récolte en mai.

Puis au lieu de faire le dessus plat, je lui donne la forme d'un toit à deux versants dont la ligne de partage est dans le sens de la

Fig. 71. — Plateau.

longueur. De larges rebords protègent la ruche et lui donnent l'aspect de nos chalets.

Quand une ruche reçoit deux ou plusieurs boîtes, j'ajoute, avant de mettre le chapiteau, des enveloppes, ou caisses sans fond ni couvercle, servant de hausses à celui-ci, mais elles ne sont pas indispensables.

Plateau. — Je donne aux deux membrures que M. Dadant cloue en dessous une hauteur de 100 mm. (sauf sous la planchette qui est inclinée) et une lon-

gueur de 800 mm. Le plateau est en deux parties ; l'u-
ne, horizontale, a 550 mm. de longueur, l'autre, de 250,
forme la planchette d'entrée et est inclinée en avant.
Le plateau sert donc aussi de pied ou support.

Dans la moitié du plateau opposé à l'entrée est
creusée une auge de 6 mm. de profondeur, large de
385 (largeur du plateau moins 25 de chaque côté) et de
240 dans l'autre sens. Les bords transversaux de l'auge
sont très évasés (taillés en biseau), de façon à faciliter
le fonctionnement du racloir. Cette auge sert au nourrissement ; elle peut contenir 500 gr. de sirop (fig. 71).

Afin d'éviter qu'il ne s'accumule de l'eau dans l'auge
par suite de la condensation des vapeurs en hiver, on
perce un petit trou que l'on bouche dans la bonne saison au moyen d'une brochette introduite par dessous.

Le matelas-châssis est formé d'un cadre en bois de
$555 \times 455 \times 60$ mm., tendu de grosse toile dessus et
dessous et garni à l'intérieur de balle d'avoine ou de
laine de bois[1]. Ce coussin encadré remplace le simple
paillasson employé par M. Dadant. Des morceaux de
vieux tapis remplissent également le but.

Peinture et revêtement des ruches. — Notre collaborateur peint ses ruches de couleurs claires et variées
pour aider les abeilles à retrouver leur domicile. On
peut aussi les peindre blanches et faire varier seulement la couleur des planchettes d'entrée. Mes toits re-
couverts de toile ou de tôle sont peints en blanc.

L'expérience m'a enseigné qu'il est très utile de peindre aussi l'intérieur du corps de ruche. Le bois non

---

1. On peut, comme je l'ai dit page 50, ménager dans ce matelas
la place de plusieurs nourrisseurs, en y pratiquant le long du bord
de derrière une ouverture ou entaille, encadrée de bois de trois
côtés et garnie en bas de toile métallique.

peint à l'intérieur absorbe l'humidité produite par les
abeilles et ne la rend pas si l'extérieur est peint. Pour
l'extérieur, la bonne céruse délayée dans de l'huile de
lin dégraissée est la meilleure des peintures. A l'intérieur, l'ocre suffit avec l'huile ; quelques apiculteurs
emploient un vernis fait de propolis (voir page 21).

La peinture est presque une nécessité pour les ruches exposées aux intempéries, à moins qu'elles ne

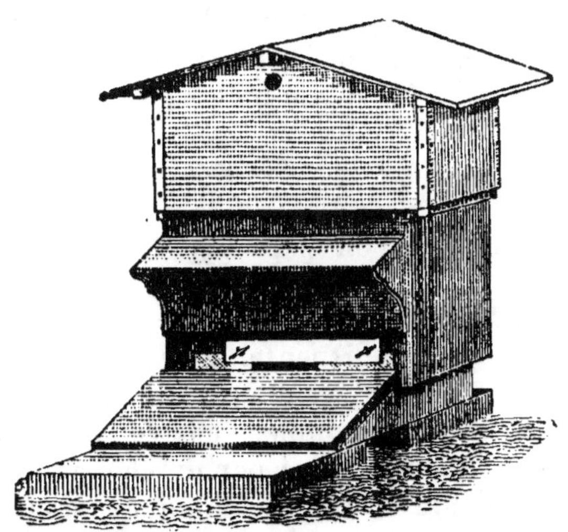

Fig. 72. — Ruche Dadant au printemps.

soient revêtues de paille, mais il faut s'en dispenser
pour celles qui sont abritées de la pluie ; non peintes,
elles ne sont que plus saines pour les abeilles, l'humidité intérieure trouvant son issue par les pores du bois.
C'est en partie pour parer à l'inconvénient que présente la peinture, que l'on recouvre les cadres en hiver de
matières poreuses absorbant l'humidité intérieure et la
rendant plus ou moins par le chapiteau, grâce aux
ventilateurs dont il est pourvu.

Si les parois sont faites de plusieurs pièces, l'humidité est sujette à s'introduire dans les joints. L'un de nos fabricants revêt le corps de ruche de carton peint sur les deux faces, en recouvrant les angles d'équerres en tôle légère.

Porche. — A l'imitation de Langstroth, on peut ajouter un petit auvent fixé contre la paroi de devant et destiné à protéger les abeilles quand, rentrant en masse au moment d'un orage, elles sont surprises par la pluie. MM. Quinby et Dadant n'ont pas adopté ce porche et nos fabricants le font payer à part si on le demande.

Nourrisseur. — (Voir page 67).

Grillage pour le transport. — Lorsqu'on fait voyager une colonie, il est indispensable de lui donner beaucoup d'air, même en hiver. Pour transporter une ruche à la montagne, par exemple, j'enlève le chapiteau et la toile et remplace celle-ci par un châssis de mêmes dimensions, tendu de toile métallique. Le châssis est percé de quatre trous destinés à recevoir 4 pointes que j'enfonce à moitié dans l'épaisseur de la paroi. Le trou de vol est fermé et sa fermeture assurée avec des pointes à demi enfoncées. Deux cordes de sûreté, faisant le tour de la ruche, complètent l'arrangement. Si le nombre des abeilles exige que le magasin soit laissé en place, on le consolide au moyen de huit pointes à demi enfoncées dans la tranche des parois du corps de ruche et c'est sur lui que le grillage est cloué. Mes ruches sont chargées sur un camion à ressorts dont le pont est rembourré d'un vieux paillasson de jardin et, malgré des mauvais chemins, je n'ai

jamais eu le moindre accident. Il est bon de se munir
pour la route d'un enfumoir allumé, en cas d'alerte,
et de pouvoir dételer promptement le cheval si une
ruche venait à s'ouvrir ; le harnais de mon cheval est
accroché au brancard par des chaînes.

Observations. — J'ai dû donner des mesures très pré-
cises afin que tous les chiffres soient contrôlés les uns
par les autres, mais dans l'exécution, il n'est pas toujours facile d'arriver à une exactitude pareille. Je rappellerai : que l'espace entre les montants des cadres et
les parois doit être de 6 ½ à 9 mm. (7 ½) ; celui entre
le plateau et le bas des cadres de 12 à 15 (13) ; celui entre le dessus des cadres et la toile ou matelas de 6 à 8
(7) ; celui entre les grands et les petits cadres également
de 6 à 8 (7). L'écartement des cadres de centre à centre
ne doit jamais, dans la chambre à couvain, dépasser
38 mm. ; il peut être moindre de 1 à 4 mm. dans la
bonne saison. Dans les boîtes, il peut être de 42 mm.,
ce qui réduit le nombre des cadres à 10 par hausse.
Pendant la récolte, le trou de vol n'est jamais trop
grand ; après et avant, c'est autre chose. Pour l'automne
et l'hiver, je rappelle que les sphinx et les souris passent dans des ouvertures ayant plus de 7 mm. de
haut.

Visite. — Pour examiner un seul cadre, il suffit
d'écarter un peu les deux voisins, en haut, ce qui permet de le sortir facilement.

Pour visiter toute la ruche, on déplace d'un cran une
partition et successivement chaque cadre, ce qui évite
de revenir en arrière. Si la place manque, on enlève
une partition pour la reporter de l'autre côté ou la supprimer tout à fait. Si la ruche est pleine, le plus simple
est d'entreposer en dehors le premier rayon pour le

remettre à la fin de la visite à l'autre extrémité ; lorsque le pillage est à craindre, on enferme ce rayon dans la boîte de transport (voir *Outillage*, fig. 32, et *Mars*, page 31). En maniant les rayons, il faut avoir bien soin de la tenir suivant un plan vertical, s'ils ne sont pas tendus de fils métalliques. Tous mes grands cadres sont tendus de fils de fer, mais cette précaution n'est pas indispensable ; en abritant les ruches du soleil et en facilitant la ventilation on évite les ruptures de rayons.

Pour visiter le corps de ruche quand le magasin est en place, on entrepose celui-ci sur une cale, ou mieux, sur un petit châssis de même surface, afin de ne pas écraser les abeilles placées sur le dessous des cadres.

Pour nettoyer le plateau, on soulève la ruche par derrière au moyen d'un coin, ce qui permet d'introduire le racloir ou la brosse (fig. 9 et 10), ou bien on change le plateau comme je l'ai dit page 46.

Ruches accouplées. — Deux colonies, séparées l'une de l'autre par une simple paroi et ayant leurs entrées rapprochées l'une de l'autre, s'installent pour la sai-

Fig. 73. — Lève-cadre Fusay.

son froide contre cette paroi mitoyenne, qui se trouve chauffée des deux côtés ; les deux familles, au lieu de se grouper séparément pour l'hiver, forment à elles deux une seule sphère, partagée au milieu par la cloison. La surface de refroidissement autour des groupes étant moindre dans ces ruches accouplées, la dépense du combustible, c'est-à-dire de la nourriture, y est moindre aussi, et les abeilles s'y défendent mieux contre les retours de froid au printemps.

C'est d'après ce principe que sont conçus les pavillons, et des apiculteurs ont eu l'idée de l'appliquer aux ruches Dadant, ainsi que je l'ai dit page 210.

Ils font des ruches doubles ayant une de leurs parois latérales commune et n'emploient dans chaque habitation qu'une seule partition du côté opposé à la paroi mitoyenne.

Ce système exige un arrangement spécial pour la manœuvre des plateaux. La double caisse est supportée par six pieds · quatre sont vissés aux angles et deux se trouvent dans le prolongement de la paroi mitoyenne. Le plateau de chaque ruche est porté par deux traverses vissées aux pieds, au-dessous des parois latérales. Ces traverses, inclinées de l'avant à l'arrière, sont fixées à une hauteur telle que le plateau reposant dessus se trouve à 10 mm. de la paroi de la ruche devant et à 40 mm. environ derrière. On le ramène contre la ruche en engageant derrière et devant, entre lui et les traverses, des lattes en biseau ou coins. Pour le sortir, on enlève le coin de devant, puis celui de derrière ; il s'abaisse et on le fait glisser en arrière sur les traverses. L'agrandissement du passage des abeilles pendant la récolte s'obtient en enlevant le coin de devant. Derrière, le coin peut être remplacé par un taquet vissé sous la paroi. Le plateau ne servant pas de support, les membrures en dessous sont beaucoup réduites en hauteur et la planchette d'entrée ne fait qu'un avec le plateau ; on se contente de l'amincir vers son extrémité pour lui donner une légère pente.

On peut aussi faire le plateau fixe. Dans ce cas, une ouverture de 2 à 3 cm. de hauteur est ménagée au bas de la paroi de derrière, sur toute sa longueur ; elle est fermée au moyen d'une latte maintenue par des taquets.

Les ruches jumelles ne sont guère utilisables que sous un abri, vu que leur toit ou chapiteau serait d'une construction compliquée, et leur pesanteur ne permet pas de les déplacer pour les opérations.

Le maniement des cadres étant moins aisé dans les ruches à bâtisses froides assemblées d'après le système des pavillons, on a imaginé, pour obvier à cet inconvénient. des lève-cadres (fig. 73) qui permettent de saisir un cadre d'une seule main, de le retourner et de le replacer sans difficulté.

LA RUCHE DADANT-MODIFIÉE
OU DADANT-BLATT

I. — Modification au cadre Dadant dictée par l'expérience.

Dans la ruche à cadres suspendus inventée par Langstroth, les cadres sont faits pour contenir des rayons de 21 cm. de hauteur environ sur 42 de longueur. Quinby, autre grand apiculteur, qui fut un des premiers à mettre à profit l'invention de Langstroth, trouva le cadre trop petit et l'agrandit dans les deux dimensions, de façon à ce qu'il contînt un rayon d'environ 27×46 ; c'est ce cadre qu'a adopté M. Dadant.

L'expérience d'une trentaine d'années a démontré que l'agrandissement en hauteur est justifiée, tant parce qu'il est plus favorable au complet développement de la ponte, qu'en ce qu'il répond également mieux aux conditions requises par un bon hivernage, mais que cette dimension de 27 cm. est un maximum qu'il ne faut guère dépasser pour les ruches destinées à recevoir le magasin à miel en-dessus. En effet, si le rayon a davantage de hauteur, les cellules de sa partie supérieure contiennent souvent du miel au moment de la grande récolte et cela a pour conséquence que les abeilles mettent moins d'ardeur à garnir de miel le magasin placé au-dessus.

Quant à l'agrandissement du cadre Langstroth en longueur, on s'est convaincu à l'usage qu'il était superflu et rendait le rayon plus lourd, moins maniable, sans que cet inconvénient fût compensé par un avantage réel. L'espace de 15 à 18 cm. de rayon qui, dans un cadre de 42 cm. de long, se trouve en arrière du groupe des abeilles à l'automne et que celles-ci garnissent de miel pour leur hivernage, suffit pour nourrir jusqu'au printemps la population que le rayon porte sans qu'elle ait à changer de ruelle ; mais cette surface de cellules de miel ne doit pas être plus petite si l'on ne veut pas s'exposer à voir dans un long hiver les abeilles, arrivées à l'extrémité du rayon, périr de faim faute d'avoir pu se transporter sur un autre cadre.

C'est, en somme, la dimension du groupe des abeilles dans les diverses saisons qui doit déterminer la forme et la grandeur à donner aux rayons selon le système de ruche adopté. Le rayon doit être plus haut que large dans les ruches sans hausse, comme la Layens, ou plus large que haut, dans celles à hausses, comme la Dadant. Dans le premier cas, le groupe des abeilles monte à mesure qu'il consomme ; dans le second, il bat en arrière sur ses provisions.

Il résulte de ce qui précède que le rayon à couvain d'une ruche à hausses doit avoir environ la longueur que Langstroth lui avait donnée dès l'origine, soit 42 cm., et la hauteur de 27 cm. adoptée par Quinby[1].

La sanction de la modification apportée à l'ancien cadre Langstroth-Quinby se trouve dans l'ouvrage

---

1. Ce qui montre que ce choix de 25 cm. de hauteur et de 42 de longueur pour le rayon est le fruit de l'expérience, c'est que ces mesures se trouvent être, sauf des variantes insignifiantes, celles que les apiculteurs de divers pays, tels que la Suisse, la Russie, la Belgique et l'Italie, ont proposées ou adoptées comme modifications aux cadres déjà en usage chez eux. La pratique et l'observation les ont conduits au même résultat que MM. Langstroth et Dadant et que les nombreux apiculteurs français qui ont déjà adopté la Dadant-Modifiée.

même de MM. Langstroth et Dadant, *L'Abeille et la Ruche*, où on lit, page 226 : « Le cadre Langstroth est assez long, mais il est un peu bas. Le cadre Quinby est assez haut, mais il serait meilleur s'il était un peu plus court. »

L'adoption d'une longueur de 42 cm. pour le rayon donne un cadre mesurant extérieurement 43½ cm. Douze cadres de cette dimension donnent une surface de rayons égale aux onze cadres de la ruche Dadant ancienne et permettent, à l'écartement de 37 mm. de centre à centre, d'obtenir une caisse de 45 × 45 cm. de vide, c'est-à-dire carrée, ce qui présente un avantage pour la pose des magasins ou hausses.

J'ai donc proposé, il y a quelques années, l'adaptation au système de ruche Dadant d'un excellent cadre déjà en usage et répondant exactement aux conditions formulées par M. Dadant. C'est le cadre Langstroth agrandi en hauteur par le regretté M. Blatt et employé par lui dans sa ruche à l'allemande.

II. — Description de la ruche Dadant-Modifiée.

La ruche se compose d'un plateau-support mobile, d'une caisse ou corps de ruche sans fond ni couvercle, contenant 12 cadres, ou 10 cadres et 2 partitions, d'une toile recouvrant les cadres, d'un paillasson ou coussin par dessus la toile et d'un couvercle ou chapiteau mobile. Pendant la récolte des abeilles, le corps de ruche reçoit en dessus une ou plusieurs hausses ou magasins à miel, contenant des cadres de demi-hauteur pour miel à extraire ou des casiers à sections pour miel à livrer en rayon.

Le corps de ruche mesure à l'intérieur 45 cm. de longueur, 45 de largeur et 32 de hauteur ; la paroi de derrière est double, les trois autres sont simples. Il est bon de donner à celles des côtés et de derrière assez de hauteur pour qu'en y entaillant en bas et en dedans une feuillure, on les fasse emboîter le plateau. La paroi de devant reçoit en bas et au centre une entaille complète de 8 mm. de hauteur sur environ 22 cm. de longueur, servant de passage aux abeilles. Le bois des parois a de 24 à 30 mm. d'épaisseur.

Les cadres, mesurant dans œuvre $26\,3/4 \times 42$ et en dehors $30 \times 43\,\frac{1}{2}$, sont suspendus par les prolongements de leurs traverses supérieures, qui reposent dans des entailles ou feuillures pratiquées horizontalement en haut et en dedans des parois de devant et de derrière. Ces feuillures sont assez profondes pour qu'il reste entre le dessus des cadres et le bord supérieur de la ruche un espace de 7 mm. (Voir fig. 86, p. 264.)

Les partitions sont des planchettes suspendues comme les cadres, mais touchant les parois devant et derrière ; elles ne descendent, comme les cadres, qu'à 13 mm. environ du plateau, de façon à laisser sous elles un passage aux abeilles. Les traverses qui les portent sont d'environ $6\,\frac{1}{2}$ mm. plus épaisses en hauteur que celles des cadres (14 mm. au lieu de $7\,\frac{1}{2}$), de façon à effleurer à peu près le bord supérieur de la ruche.

Les cadres, faits de lattes de 25 mm. de largeur, sont espacés de 37 mm. de centre à centre. Leur place est marquée de quelque manière en haut dans les feuillures. En bas, ils sont maintenus à leur distance respective au moyen d'un dentier, fait de fort fil de fer replié en zigzag, traversant la ruche au centre et fixé dans les deux parois latérales au bas ; ou bien des équerres en fil de fer, marquant les espaces entre les cadres, sont plantées à demeure au bas des parois de devant et de derrière .

Les hausses ont en longueur et en largeur le même vide que le corps de ruche, 45×45, mais n'ont que 167 mm. de hauteur. Des cadres de demi-hauteur ($13 \frac{1}{2} \times 42$ cm. dans œuvre, $16 \times 43 \frac{1}{2}$ en dehors) y sont suspendus comme dans le corps de ruche et doivent effleurer les parois du bas.

Un couvercle ou chapiteau mobile recouvre la ruche en l'emboîtant. Il doit recevoir au haut de ses parois de devant et de derrière des trous grillés servant à la ventilation.

La ruche est faite pour douze cadres. Le rayon, mesurant $26 \frac{1}{2} \times 42$, donne une surface de $11 \frac{1}{2}$ décimètres carrés contenant théoriquement 9550 cellules à ouvrières et en réalité environ 9300 utilisables. Ce rayon contient 3 kil. ½ à 3 kil. 3/4 de miel. Douze cadres donneront donc une surface de rayons de 135 décimètres carrés, contenant environ 11,600 cellules à ouvrières utilisables. L'expérience a démontré que cette surface de rayons dans le corps de ruche est nécessaire si l'on veut appliquer avec quelque succès la méthode de la prévention de l'essaimage par l'agrandissement. Pour la production du miel en sections, il convient de réduire le nombre des rayons à huit, ce qui est facile avec l'emploi des partitions.

III. — Construction.

Il y a naturellement plusieurs manières de construire une ruche ; tout en employant le même cadre type dans ses mesures extérieures, on peut modifier de bien des façons l'agencement de la caisse et des hausses.

Pour la description qui suit, nous avons eu recours à l'obligeance de notre collègue M. A. Langenstein, ancien président de la Section d'Apiculture de l'Orbe, qui, ayant été chef d'atelier chez un menuisier, a toute la compétence désirable. Le modèle décrit est celui que quelques fabricants livrent complet, avec peinture dans les joints et sur la surface du toit si celui-ci est en tôle, pour le prix d'environ 80 francs suisses, avec hausse de chapiteau.

Conseils et renseignements préliminaires. — *Justesse à exiger dans la construction.* — Il est nécessaire, dans la construction des ruches, de se conformer exactement aux mesures données ; des différences de quelques millimètres seulement peuvent avoir pour résultat de nuire au bon fonctionnement de la ruche, ainsi qu'au maniement de ses différentes pièces. Si, par exemple, les espaces à ménager entre les cadres et les parois sont tenus trop grands, les abeilles y construiront quelques cellules ; s'ils sont de moins de 6 à 7 mm., elles les rempliront de propolis, et dans les deux cas, les cadres seront soudés aux parois, ce qui empêchera de les déplacer ou de les sortir : ils ne seront plus mobiles.

Outils nécessaires. — « Dans le cas où l'on se propose de construire soi-même les ruches, un court apprentissage est indispensable pour celui qui n'a jamais manié la scie et le rabot. La première ruche fabriquée sera sans doute défectueuse, mais on en reconnaîtra facilement les défauts, et l'on atteindra bien vite une précision suffisante.

« Il faut peu d'outils pour fabriquer les ruches : un établi, une varlope, un ciseau de menuisier assez fort, une scie à dents fines appelée par les menuisiers *scie à raser*, des tenailles et un marteau, sont les outils les plus utiles. Si l'on doit acheter ces outils, il est nécessaire qu'ils soient de bonne qualité ; ceux de la marque Peugeot, que l'on trouve partout, sont excellents. Pour la scie, on fera bien de la faire affûter par un menuisier, car il est impossible de scier d'équerre avec une scie mal affûtée. » (G. de Layens.)

Aux outils ci-dessus, il faut ajouter une équerre, un troussequin et un rabot spécial appelé feuilleret, donnant une feuillure de 25 mm. de largeur sur 10 de profondeur[1].

Nature du bois à employer. — On se sert de bois de deux épaisseurs différentes, de 27 mm. et de 13. Si l'on choisit le bois comme couverture, il faudra une troisième épaisseur, de 15 mm. Celui de 27 mm., qui servira à construire le corps de ruche et la majeure partie du plateau, consiste en lames de parquet pour planchers ordinaires[2].

« Le bois le meilleur et le plus pratique pour fabriquer les ruches est le sapin rouge du nord, en lames de parquet, que l'on trouve facilement dans le commerce. Ces lames sont vendues rabotées sur une face et brutes de sciage sur l'autre ; elles sont sciées mécaniquement avec précision et portent d'un côté une languette et de l'autre une rainure, de manière à s'emboîter les unes dans les autres. Les planches que

---

1. Un second feuilleret pour feuillures de 12 ½ mm. de large sur 14 ½ de profondeur serait utile, mais on peut s'en dispenser, comme on le verra plus loin.
2. Quelquefois les lames de parquet n'ont que 24 mm.

l'on forme ainsi par la réunion des lames entre elles ne se déforment jamais, ce qui est un grand avantage. » (G. de Layens.)

Les lames de parquet en sapin rouge coûtaient en France, en Suisse et en Belgique, dans les centres, 1 fr. 75 environ le mètre carré. Dans la Suisse romande, à la parqueterie d'Aigle, le prix était de 1 fr. 70 pour les n°s 3. La grande guerre a changé ces prix, et tous ceux qui seront indiqués dans les pages suivantes, sans qu'on puisse en fixer d'autres, car ils varient continuellement, surtout en haussant.

Les lames varient de 90 à 150 mm. de largeur ; ce sont celles de 120 mm. qui conviennent le mieux. Pour les parois des côtés et du devant des corps de ruche, la face rabotée sera mise en dehors ; pour la paroi de derrière qui est double, les deux faces non rabotées seront appliquées l'une contre l'autre, c'est-à-dire que la paroi intérieure aura sa face rabotée à l'intérieur de la ruche, tandis que la paroi extérieure l'aura en dehors.

Le bois de 13 mm. servira pour la construction du chapiteau, de la hausse, des partitions, du matelas-châssis, de la planchette d'entrée ; on l'emploiera aussi pour les lattes de support du chapiteau et pour la latte H servant à rendre à la paroi de devant l'épaisseur que lui a enlevée la feuillure recevant les porte-rayons. Ce bois de 13 mm. se trouve dans presque toutes nos scieries de campagne ; on demandera de préférence le bois de sapin rouge (*Picea excelsa*), coûtant ordinairement 80 centimes le mètre carré. Le sapin blanc (*Abies pectinata*), quoique meilleur marché, ne vaut pas, scié à 13 mm., le sapin rouge ; ce dernier se rabote plus proprement et avec plus de facilité et il est moins sujet à se fendre lorsqu'on cloue. Selon les parties de la ruche auxquelles il sera destiné, on pourra le raboter sur une ou sur deux faces selon qu'on le désirera ou que la pièce à construire le demandera. Les planchettes des partitions, les pièces de la hausse peuvent l'être des deux côtés ; pour le chapiteau, la planchette d'entrée et les lattes de support, un seul côté raboté suffira ; pour les matelas-châssis on ne rabote rien.

Pour la construction d'une ruche Dadant-Modifiée, il faut environ 2 mètres carrés de bois de 13 mm., et 1 m. 26 de bois de 27 mm., équivalant à 10½ mètres courants de lames de 120 mm. de largeur. Si le bois est employé comme couverture du chapiteau, il faudra encore 60 décimètres carrés de bois de 15 mm.

Pointes, agrafes, fil de fer, toile métallique. — Nous nous servons de trois grandeurs de pointes longues et fines ; longues afin d'obtenir une grande solidité, et fines pour que le bois ne se fende pas.

Les plus grandes ont 70 mm. de longueur et servent pour l'assemblage de toutes les pièces ayant 27 mm. d'épaisseur.

·La seconde grandeur est de 50 mm. et est employée pour la hausse, les planches du chapiteau, la planchette d'entrée, la traverse du support des partitions, les lattes supportant le chapiteau et le matelas-châssis.

La troisième grandeur servira pour clouer les cadres et les traverses verticales des partitions ; elle a 27 mm. de longueur.

On enfonce toutes les pointes en les inclinant un peu, ce qui donne une plus grande solidité.

Une quatrième espèce de pointes est utile ou plutôt indispensable, ce sont les pointes de tapissiers, nommées aussi *semences*. Celles n° 6 vont très bien et coûtent 50 centimes le mille ; on s'en sert pour fixer a grosse toile des deux faces du matelas, les bandes de toile cirée que l'on cloue à chaque bout des partitions et les morceaux de treillis métallique aux trous de ventilation du chapiteau.

Pour fabriquer le dentier Dadant, il faut environ 1 m. 30 de fil de fer. La longueur juste est d'environ 1 m. 20, mais comme il faut au moins 10 cm. pour le tenir durant l'opération, on le laissera plus long. Si on fait plusieurs ruches, on ne coupera le fil de fer qu'une fois le dentier fini ; les n°s 14 à 17 de la jauge Japy[1] vont bien ; il ne le faudrait cependant pas plus fort, on aurait trop de peine à le couder.

Pour les agrafes, il n'est pas indispensable qu'elles aient la largeur de 12 cm. ; celles que l'on trouve chez les tapissiers et marchands de fer peuvent remplir le but : elles ont de 9 à 10 mm. de largeur et coûtent environ 40 centimes le cent.

La toile métallique devra avoir les fils espacés d'un peu moins de 4 mm. Un morceau de 30×11 cm. suffira pour une ruche. La moitié servira pour les trous de ventilation, le reste pour l'ouverture du matelas.

Guide pour le sciage des pièces. — Il suffit d'un seul guide servant à scier les lames aux longueurs voulues. Il doit être de bois de sapin et très bien fait. Les parois des côtés auront 70 mm. de hauteur, de façon à dépasser d'environ 40 mm. le fond du guide, qui aura 1 mètre de longueur, 130 mm. de largeur et 30 mm. d'épaisseur. Les traits de scie faits dans ce guide seront exactement d'équerre dans les deux sens ; il ne doit pas y avoir la plus petite variation, autrement chaque

---

1. Correspondant aux n°s 13 à 16 de la jauge de Paris. Plus le fil de fer est fort, plus le dentier a de rigidité, mais plus aussi il est difficile à fabriquer sur le métier.

lame que l'on scierait aurait la fausse équerre du guide, laquelle se retrouverait dans tout le corps de la ruche. Dans le guide fig. 74, le premier trait de scie A est à 50 mm. de l'extrémité de droite ; dans ce trait de scie, on engage une bande d'acier de l'épaisseur environ de l'entaille faite par le trait de scie ; à partir de cette bande, on marque sur les bords du guide les longueurs de lames dont on a besoin et qui sont les suivantes :

Longueur des lames Dimensions en millimètres.	Parties de la ruche auxquelles les lames sont destinées.	Nombre de pièces pour une ruche.
504[1]	Parois latérales	6
504[1]	Paroi de derrière extérieure.	3
450	Paroi de devant et de derrière intérieure . .	6
465	Plateau	5
800	Supports du plateau . .	2

Pour chacune de ces longueurs, on fait un trait de scie ; il y en aura ainsi quatre.

Autant que faire se peut, on cherche parmi les lames que l'on a sciées celles qui sont sans nœuds et on les réserve pour les parties où l'on a à faire une feuillure et à poser des agrafes, ou encore pour l'entaille du trou de vol (entrée). On comprendra facilement que rien n'est si ennuyeux, lorsqu'on a une feuillure à faire, que de rencontrer un nœud ou un défaut du bois : la feuillure est mal faite, on perd du temps et l'on a plus de peine. Il est donc nécessaire de choisir

---

1. Ou 498, si les lames n'ont que 24 mm d'épaisseur.

le bois après avoir scié les lames ; les deux tiers
n'auront pas de défaut ou n'en auront que peu. Il
arrivera qu'une lame aura un défaut sur le côté de la

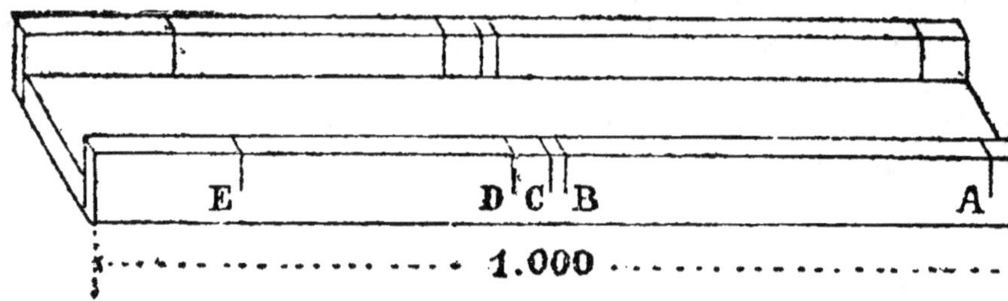

Fig 74.

GUIDE POUR LE SCIAGE DES PIÈCES

A Trait de scie pour introduire une lame d'acier.
B à 450 mm. de A; longueur des lames pour les parois de devant et de
   derrière.
C à 465 mm. de A : lames pour le plateau.
D à 506   »   »   lames pour les côtés et le doublage derrière.
E à 800   »   »   supports du plateau.

rainure et sera franche sur le bord de la languette ; une
telle lame ira bien pour le haut de la paroi de devant
ou de derrière (à condition que ce soit une lame de
450 mm. de longueur) ; si le contraire a lieu, cette lame
ira bien pour le bas de ces parois. On agira de même
pour le bas des côtés où vient la feuillure recouvrant
le plateau.

Peinture dans les joints. — Lors de l'assemblage
des pièces on aura soin de peindre à l'huile et à l'ocre
chaque languette et chaque rainure, et les languettes
seront toujours placées en haut ; cela afin que la pluie
ne puisse pénétrer dans la ruche par les rainures et ne
pourrisse la planche (voir *L'Abeille,* page 201).

Corps de ruche et plateau. — *Parois de devant et de derrière.* — La paroi de devant et celle intérieure de derrière sont semblables et ont 450 × 320 × 27. Elles sont formées chacune de trois lames de 450 mm.

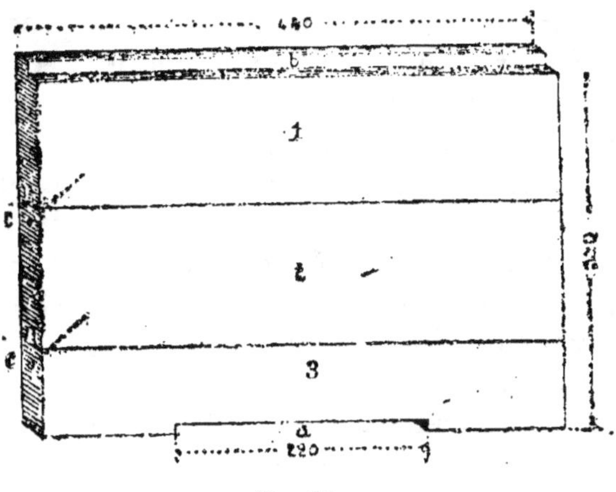

Fig. 75.

PAROI DE DEVANT

a Entrée. *b* Feuillure. *cc* Pointes.

de longueur ; or, comme les trois lames donneraient 360 mm., il y aura 40 mm. à supprimer ; on les refend et la bande qui tombe peut servir à commencer une autre paroi en la plaçant en haut. Pour lier les trois pièces ensemble on plante dans la lame n° 2, au bout, une pointe inclinée venant tirer dans le n° 1, de même pour le n° 3 (voir fig. 75). Une languette aura été supprimée dès le début et c'est de ce côté que l'on fait une feuillure de 12½ mm. de large qur 14½ de hauteur destinée à recevoir les extrémités des porte-rayons. Pour faire cette feuillure, lorsqu'on n'a pas de machine à sa disposition, on se sert d'un rabot spécial appelé par les gens de métier un feuilleret ; suivant la façon dont ce feuilleret est construit, on devra en avoir deux pour les deux genres de feuillures que l'on a à pousser : un pour celles du haut des parois de devant et de derrière qui ont 12½ de large sur 14½ de haut, l'autre pour les feuillures du bas des côtés de la ruche qui ont 10 mm. de large sur 25 de haut.

Les personnes qui ne pourraient pas se procurer ces outils s'y prendront d'une autre manière. Les parois de devant et de derrière seront faites de 305½ mm. de largeur (de hauteur) et, au moyen d'une latte de 14½×14½×450 que l'on clouera à fleur du bord extérieur de chaque paroi, on formera la feuillure désirée. On agira de la même manière pour le bas des côtés : les lattes devront avoir 17×25×504 ; on devra, avant de clouer, enduire chaque joint de peinture à l'huile.

Revenons à nos parois de devant et de derrière. Au bas de celle de devant on pratiquera au centre une entaille de 220×8 mm. pour le trou de vol. On le fait avec facilité à l'aide de quelques coups de scie jusqu'à la profondeur de 8 mm. que l'on aura marquée à l'aide du troussequin, et on enlèvera le bois avec un ciseau de menuisier[1].

Parois latérales. — On passera ensuite aux parois des côtés qui ont 504×345×27[2]. Trois lames donnent 360 de largeur, il y aura dont 15 mm. à retrancher. On supprimera en premier lieu la rainure, ce sera le bas ; puis de là on donnera la dimension voulue en ôtant du côté de la languette le bois de trop.

---

1. M. Dadant fait la paroi de devant simple, afin que le soleil, frappant dessus en hiver, réchauffe plus facilement le groupe des abeilles. Dans les régions où des brouillards règnent pendant la plus grande partie des mois froids, on peut préférer faire cette paroi double, Il suffit pour cela de clouer, sous la latte supportant le chapiteau, une planchette de 504×220×13 mm. qui recouvrira la paroi jusqu'à 70 mm. du plateau.

2. Ou 498×345×24, si les lames n'ont que 24 mm. d'épaisseur.

après quoi on poussera la feuillure de 25×10 mm. dans laquelle doit s'engager le plateau (voir fig. 79).

Si l'on ne peut pousser directement la feuillure, on aura, comme nous l'avons dit plus haut, la ressource de la remplacer au moyen d'une latte clouée (la paroi n'aurait alors que 320 de large au lieu de 345). Cependant une latte aura ici quelque inconvénient par suite du manque de solidité : il faudrait clouer en dehors une autre latte de $531 \times 50 \times 12$ qui recouvrirait l'autre et la consoliderait, vu que durant les opérations de nettoyage d'une ruche vide, on risque de faire disjoindre les lattes en posant brusquement la ruche à terre. Cette dernière latte, si on la met, ne sera placée que lorsque le corps de ruche sera monté.

Montage du corps de ruche. — Après avoir assemblé les côtés, on sera prêt à les clouer sur les parois de

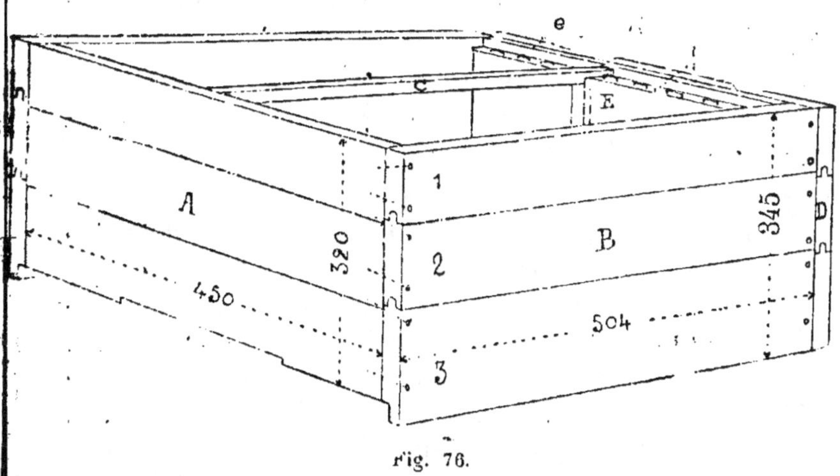

Fig. 76.

A Paroi de devant. a Entrée. B Côté. C Un cadre placé. D Doublage de la paroi de derrière. E Paroi de derrière vue de l'intérieur et laissant voir la feuillure et une partie des agrafes. Feuillure. Agrafes e.

devant et de derrière. Les lames 1, 2, 3 (fig. 76)

des côtés se cloueront sur les numéros correspondants des parois de devant et de derrière ; on aura soin de clouer les parois bien à fleur, autrement il y aurait variation dans les mesures de la ruche. Pour être sûr d'arriver juste, on présentera une latte de 450 mm. entre les parois de devant et de derrière. En clouant on placera les pointes aux angles supérieurs des lames n° 2 de manière à ce qu'elles arrivent dans les lames n° 1 des parois de devant et de derrière (fig. 76) ; on obtiendra ainsi une plus grande solidité. De même pour les lames n° 3. Deux pointes à chaque bout des lames suffiront pour bien unir le tout. Après avoir cloué le premier côté, on clouera le second de la même manière.

La seconde paroi de derrière ayant 504×345^1, il y aura à supprimer dans la largeur (hauteur) 15 mm. du côté de la languette ; elle sera clouée du côté raboté en dehors. Il y aura deux pointes à chaque bout de lame ; on les placera de façon à ce qu'elles ne rencontrent pas un joint dans les parois latérales, ce qui pourrait le faire ouvrir.

Lattes supportant le chapiteau. — Le corps de ruche ainsi monté et cloué, il restera à fixer les lattes qui supportent le chapiteau et qui auront 30 mm. de largeur (de hauteur) et 12 d'épaisseur. Préalablement, on clouera au haut de la paroi de devant une latte de $504 \times 50 \times 12\frac{1}{2}$ (fig. 86, lettre H) afin de rendre à la paroi l'épaisseur que lui a enlevé la feuillure qui reçoit les cadres. (*L'Abeille*, page 204, fig. 65, lettre H). Puis, sur les quatre parois de la ruche, à 20 mm. de haut,

---

1. Ou 498×345 si les lames n'ont que 24 mm. d'épaisseur.

on fixera les lattes de support du chapiteau. Chacune aura le champ supérieur légèrement incliné en dehors de façon que l'eau qui découle le long du chapiteau ne séjourne pas sur le bord de ces lattes. Ainsi clouées, elles formeront une feuillure de 20 mm. de hauteur dans laquelle viendra s'emboîter le chapiteau. Celles de devant et de derrière ont $504 \times 30 \times 12$, celles des côtés $567\frac{1}{2} \times 30 \times 12$.

Agrafes. — Pour maintenir les cadres en haut et surtout pour retrouver plus facilement leur place lorsqu'on les a sortis, on plante des agrafes de tapissier dans la feuillure, de façon qu'elles fassent saillie de l'épaisseur du fil de fer (voir fig. 76). Pour la pose de ces agrafes, on se sert d'une latte de 450 mm. de longueur portant onze traits de crayon distants entre eux de 37 mm., le premier et le dernier étant à 40 mm. de chaque extrémité. On présente cette latte devant la feuillure, dans laquelle on tracera la place de chaque agrafe, qui sera plantée à cheval sur le trait.

Les espaces entre les cadres sont de 12 mm. ; mais il n'est pas indispensable que les agrafes aient juste cette mesure, celles que l'on trouve chez les tapissiers et marchands de fer peuvent remplir le même but ; elles ont de 9 à 10 mm. de largeur et coûtent environ 40 centimes le cent.

Dentier Dadant servant à maintenir les cadres en place. — Pour former le dentier, on se sert de deux lattes de bois dur de $500 \times 30 \times 30$ reliées entre elles par deux chevilles ou tenons, les traversant dans leur champ à 150 mm. de leurs extrémités ; ces chevilles sont fixes dans l'une des lattes et libres dans l'autre. Dans les lattes, sont vissées, sur le plat, des vis à têtes plates (n° 2025), faisant saillie de 4 mm., autour desquelles on fera passer le fil de fer destiné à former le dentier (fig. 77).

L'une des lattes porte 13 vis; la 1re et la 13me se trouvent à 25 mm. de chaque extrémité de la latte et

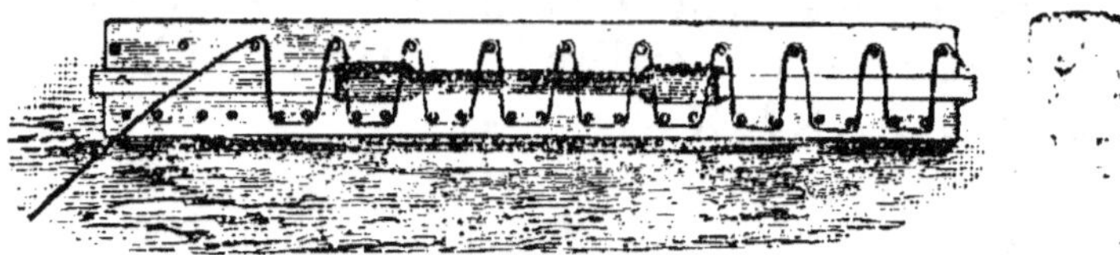

Fig. 77.

MÉTIER A FAÇONNER LE DENTIER

(Tiré de *L'Abeille et la Ruche*).

à 450 mm. l'une de l'autre, de centre à centre. L'espace entre la 1re et la 2e et entre la 12e et la 13e est de 40 mm., entre les autres il est de 37.

L'autre latte porte 12 paires de vis ; dans chaque paire, les vis sont fixées à 12 mm. de centre à centre et il y a 22 mm. d'espace entre chaque paire. La première et la dernière vis sont à 39 mm. des extrémités de la latte.

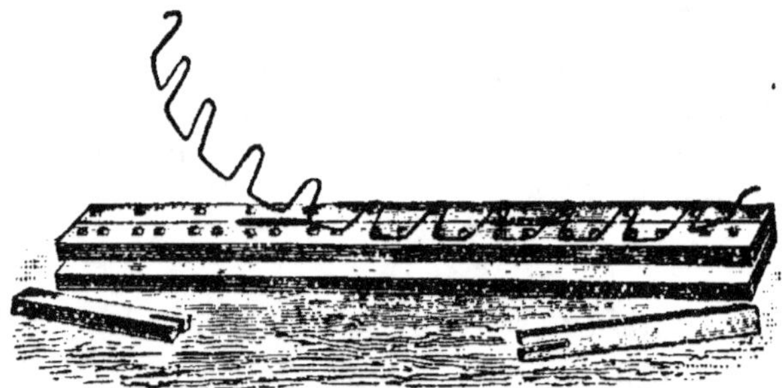

Fig. 78.

MANIÈRE DE DÉGAGER LE DENTIER

(Tiré de *L'Abeille et la Ruche*).

Entre ces deux lattes on en engage aux extrémités deux autres ayant 150 × 30 × 15 mm. L'espace entre les deux rangées de vis doit être d'environ 40 mm. Ces quatre pièces sont placées sur l'établi et serrées

Fig. 79.

RUCHE RENVERSÉE MONTRANT LE MODE D'EMBOÎTEMENT DU PLATEAU
ET LE DENTIER
(Tiré de *L'Abeille et la Ruche*).

à la presse. Si l'établi n'est pas muni d'une presse, on pourra visser l'une des grandes lattes sur une planche plus grande et placer sur celle-ci le valet de l'établi.

On fait ensuite passer le fil de fer comme dans la fig. 77, en ayant soin de conserver à chaque bout une longueur de 20 mm. de fil de fer, qui servira à fixer le dentier. Pour dégager le dentier,on retire les deux lattes intérieures (fig. 78).

Les bouts sont plantés un peu obliquement de haut en bas au milieu des parois latérales de la ruche, à une hauteur telle que le bas du dentier se'trouve à environ 9 à 10 mm. du plateau (fig. 79).

Plateau. — Le plateau se compose d'une surface plate de 465 × 570 mm., d'un plan incliné de 465 × 250 × 13 et de deux traverses de support de 800 × 60 × 27.

La partie plate est formée de 5 lames de 465 mm. de longueur (épaisseur 27), dont l'une aura été diminuée de 30 mm. dans sa largeur ; elles sont clouées sur les supports de façon à les dépasser de chaque côté d'environ 30 mm. (distance entre les supports 350 mm.). Les supports sont faits d'une lame refendue en deux.

Pour placer la planchette formant le plan incliné, on supprimera d'un côté au support, en haut, un triangle de 195 × 185 × 60 (fig. 80). Le champ (la tranche) de la planchette qui s'ajuste contre le plateau sera diminuée à sa partie inférieure pour permettre à la planchette de bien joindre en haut.

Chapiteau. — Le chapiteau est fait de bois de 13 mm d'épaisseur raboté sur une face (qui viendra à l'extérieur). Les parois latérales ou côtés ont 572 mm[1]. de long (2 mm. de jeu), 340 mm. de large à l'une des

---

1. Ou 363 si le corps de ruche est fait de lames de 24 mm.

extrémités, qui sera placée à l'avant, et 260 mm. à l'autre ; on aura ainsi une légère pente de l'avant à l'arrière de la ruche (fig. 80). Il va sans dire que chaque extrémité des parois sera sciée d'équerre en appuyant l'équerre sous le champ inférieur. La paroi de devant a 506 × 340, celle de derrière 506 × 260[1]. Avant de clouer, on pratiquera, au haut des parois de devant et de derrière et au milieu, une entaille de 90 mm. de longueur sur 20 mm. de haut qui servira à la ventilation. Du côté intérieur, on fixera un morceau de toile métallique de 110 × 40 mm. dont les trous auront moins de 4 mm. de côté afin d'empêcher l'entrée des abeilles. Ensuite, on clouera les parois latérales (côtés)

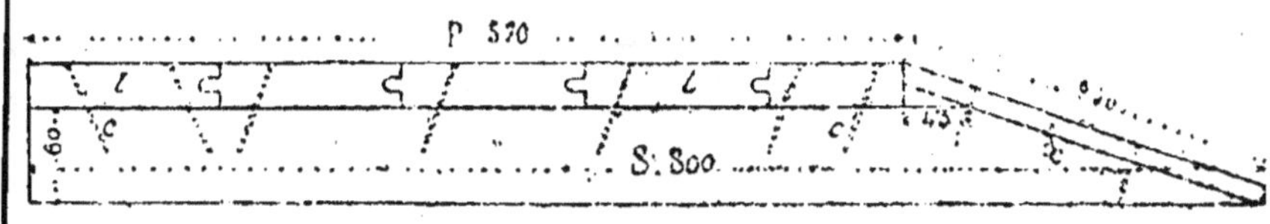

Fig. 80.

PLATEAU

P Plateau, 465 × 570. S. Support, 800 × 60. p Planchette, 465 × 250.
c Pointes. l Lames.

sur celles de devant et de derrière (bout), en les faisant affleurer très juste en longueur et sous le champ inférieur. Les pointes employées seront de 50 mm. Ainsi cloué, le chapiteau sera mis en place sur le corps de ruche, on affleurera à l'aide d'un rabot les tranches supérieures qui ne seraient pas de niveau, afin que la tôle qui sera clouée dessus joigne bien partout.

On revêt ce toit de tôle, de celle connue sous le nom

1. Ou seulement 700 si le corps de ruche est fait de lames de 24 mm.

de tôle belge, n° 24. Elle devra avoir les dimensions suivantes, 750 × 650, et coûtera environ 6 fr. 50. On en assurera la durée au moyen de deux couches de peinture à l'huile et au minium ; la première devra être bien sèche avant que la seconde soit donnée ; celle-ci devra l'être également avant de clouer. La tôle dépassera d'environ 80 mm. devant et derrière, et 60 sur les côtés ; on la clouera avec les pointes de 50 mm., cinq à chaque bord suffiront ; on percera auparavant avec un poinçon chaque trou ; aux extrémités, les pointes seront à environ 30 mm. des angles.

On donne une pareille hauteur au chapiteau parce qu'il est désirable de laisser le matelas sur la boîte de surplus, surtout au début de la saison quand les nuits sont encore froides. Si on le trouve trop lourd, on le fera en deux parties : la supérieure aura 160 mm. de moins en hauteur (180 devant, 100 derrière) ; l'inférieure sera la hausse du chapiteau.

Hausse de chapiteau, consistant en quatre parois de même longueur que celles du chapiteau et larges de 167 mm. A l'intérieur et en haut des parois de devant et de derrière, on fixera de minces lattes de 50 mm. de large, débordant de 20, qui donneront une feuillure dans laquelle viendra s'emboîter le chapiteau.

Les hausses de chapiteau servent aussi lorsqu'on place une seconde hausse, mais elles ne sont pas nécessaires si le toit déborde suffisamment pour abriter la ruche de la pluie.

Pour les ruches abritées sous un hangar, le chapiteau est réduit à un simple couvercle plat en bois de 13 mm., mais il doit être également percé de ventilateurs grillés.

Chapiteau recouvert de bois. — Si, au lieu de mettre de la tôle, on préfére recouvrir avec du bois, il y a une construction qui ne laisse rien à désirer sous le rapport de la fermeture, mais qui réclame un peu de soin dans le travail. Des lames de 15 mm. d'épaisseur sont placées transversalement et à recouvrement comme les tuiles d'un toit. Les parois latérales demandent alors à être préparées en vue de cette disposition, c'est-à-dire qu'on leur donnera provisoirement 290 mm.

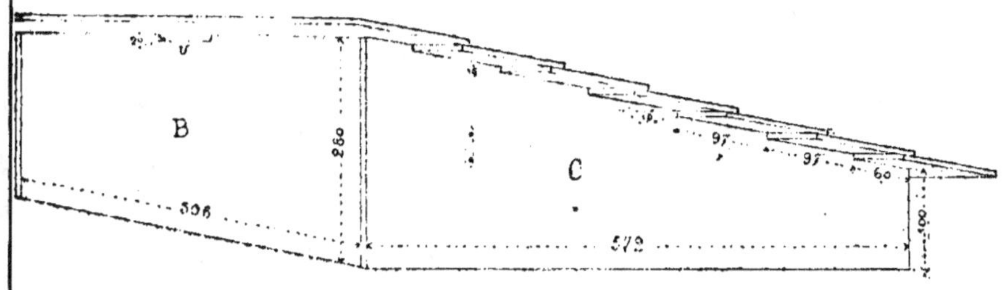

Fig. 81.

CHAPITEAU RECOUVERT EN BOIS

B. Paroi de devant. C Paroi latérale. *v* Ventilateur grillé.

de largeur à l'avant et 110 à l'arrière (même longueur, soit 572). La paroi de devant aura 280 de largeur, celle de derrière 100. A celle des extrémités des parois latérales qui mesure 110 de largeur, on tracera une entaille de 60 mm. de longueur partant de la hauteur de 100 mm. que la dite paroi devra avoir une fois l'entaille faite ; à la longueur de 60 mm., l'entaille aura 15 mm. de profondeur. De celle-là partira une seconde entaille qui aura alors 97 mm. de longueur sur 15 de profondeur et partira sans rien enlever de la première entaille. On fera ainsi cinq entailles de cette dimension de 97×15. Pour finir, au haut de la paroi on enlèvera seulement 10 mm. de bois, ce qui ramènera le haut de la paroi au niveau de celle de devant.

Chaque entaille recevra une lame de 650 × 112 × 15, rabotée sur une face, l'extérieure. La première lame sera clouée dans l'entaille du bois, la deuxième la recouvrira de 15 mm., la troisième de même, etc., jusqu'à la septième. La première lame sera clouée sur a paroi de derrière du chapiteau, la dernière sur la paroi de devant. La surface du toit sera d'environ 700 × 650 mm. (fig. 81).

Le chapiteau, ainsi diminué de hauteur, n'emboîte plus le corps de ruche lorsqu'une hausse a été placée et ne porte que sur cette hausse. Afin qu'il conserve sa position normale, il est nécessaire de clouer en dedans, parallèlement à la paroi de devant, à 120 mm. de celle-ci et à 100 de hauteur, une latte placée de champ ayant 506 mm. de longueur (voir fig. 81).

Hausse (magasin à miel ou boîte de surplus). — La hausse est faite de bois de 12 ½ mm. d'épaisseur. Les deux bouts doivent avoir exactement les dimensions de 450 × 152 ½ × 12 ½ ; c'est sur leur champ supérieur que viendront reposer les extrémités des porte-rayons. Les côtés ont 475 × 167 × 12 ½ ; ils peuvent être rabotés des deux faces si on le désire. On les clouera sur les bouts en les tenant bien à fleur en dessous et en longueur ; de cette façon ils dépasseront en haut les parois des bouts de 14 ½ mm. ces 14 ½ mm. seront fermés par une latte de 475 × 30 × 12 ½, clouée en haut en dehors et affleurant les côtés. Tout en formant ainsi les battues pour les porte-rayons, ces lattes feront saillie et offriront une prise pour le transport de la hausse.

Pour que la hausse ferme plus exactement le corps de ruche à l'endroit des feuillures, on clouera en bas et en dehors de l'un des bouts et de l'un des côtés une latte de 25 mm. de hauteur sur 10 d'épaisseur ; cela permettra de placer la hausse avec les cadres en travers ou en long à volonté.

Partitions. — Les deux partitions de la ruche sont faites de bois de 12 ½ mm. et ont 440×307 mm. La planchette proprement dite a 440×293×12 ½ ; elle est rabotée des deux côtés. A chaque extrémité est fixée une latte de 293×30×12 ½ donnant l'épaisseur des cadres. soit 25 mm., et destinée à empêcher que

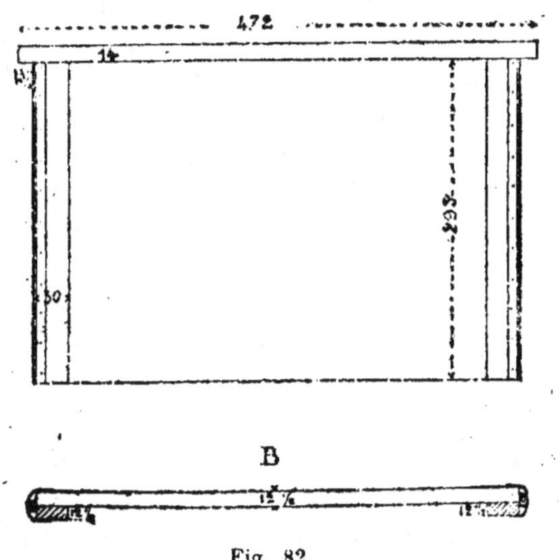

Fig. 82

PARTITION
A Partition. B Champ inférieur.

la planchette ne se voile sous l'action de la chaleur intérieure de la ruche et de l'humidité qui se condense en dehors de la partition. Une traverse de support de 472×25×14 est clouée sur l'un des champs de la planchette, de façon à dépasser celle-ci à chaque bout de 13 ½ mm. (fig. 82). Sur chaque côté des deux tranches verticales, on cloue une bande de toile cirée d'environ 30 mm. plus large que la planchette n'est épaisse (soit 55 mm.) ; sous cette bande, on en enfermera une autre

(20 mm. de largeur), roulée, libre, faisant ressort
(fig. 82). (*L'Abeille*, page 213). Pour clouer cette
toile cirée, on se sert des pointes de tapissier. Sous
la planchette de partition une fois placée dans la ruche,
il restera un espace de 12 ½ mm. nécessaire pour que
les abeilles qui se trouveraient en dehors puissent
rejoindre leurs compagnes dans la ruche. (*L'Abeille*,
page 213.)

Couverture des cadres. — La plus pratique et la plus
simple est une toile cirée ou du calicot écru peint
à l'huile sur les deux faces et mesurant 500×480 mm.,
ou simplement une forte toile sans enduit, que l'on
remplace quand les abeilles l'ont trouée.

Cette toile est repliée partiellement en hiver, soit
parallèlement aux cadres de chaque côté, de façon à
ce qu'elle ne recouvre plus que les cinq ou six cadres du
centre, soit d'arrière en avant, de la largeur de l'ouverture grillée pratiquée dans le matelas-châssis décrit
ci-après.

Un autre genre de couverture consiste en planchettes placées parallèlement aux cadres et au nombre
de trois. Elles ont $510 \times 160 \times 12$ mm. On peut les
laisser pour l'hiver ; il suffit alors de les espacer légèrement pour le dégagement des vapeurs.

Matelas-châssis. — Le matelas mesure $510 \times 480 \times 60$.
C'est un cadre fait de bois de 13 mm., tendu de grosse
toile dessus et dessous et dont l'intérieur est garni de
balle d'avoine ou de laine de bois (fig. 85).

Dans ce matelas, on pratiquera, au milieu de l'un
des bouts étroits (de 480) une ouverture de 110 mm.
carrés encadrée de bois (ou de 110×220 si l'on veut
pouvoir placer deux nourrisseurs). En dessous, et en
affleurant les côtés, est une planchette de $480 \times 150 \times 13$

portant l'encadrement et percée au milieu d'un trou
circulaire de 90 mm. (ou ovale de 90 × 200 mm.). Des
entailles seront pratiquées dans les côtés pour la recevoir ; ou bien on pourra ne lui donner que 454 mm.
de longueur et la clouer entre les côtés. Le trou sera
recouvert de toile métallique pour empêcher la sortie

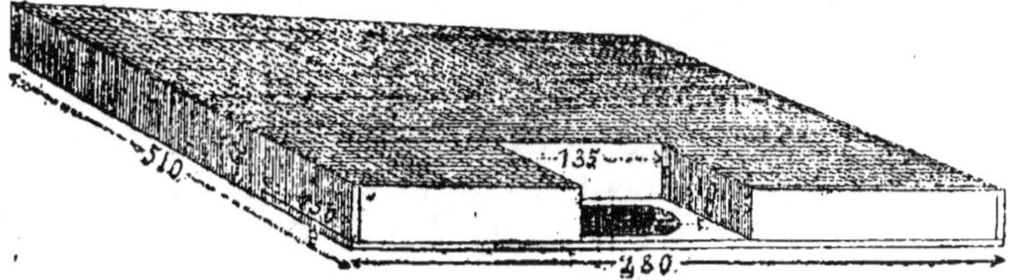

Fig. 83.

MATELAS-CHASSIS

t Trou recouvert de toile métallique. *p* Planchette de 480 × 150 × 13.

des abeilles. C'est par là que l'on nourrira la colonie
au moyen de l'un des nombreux nourrisseurs en
usage[1]. Les trois planchettes formant l'encadrement

1. Le nourrisseur le plus simple est un bidon de fer-blanc (fig. 84)
sur l'ouverture duquel on lie un linge et que l'on place renversé :
le nourrisseur Hill (fig. 87) remplit aussi très bien l'office. Nous avons

Fig. 84.

BIDON NOURRISSEUR

(Tiré de *L'Abeille et la Ruche*).

Fig. 85.

NOURRISSEUR HILL

(Tiré de *L'Abeille et la Ruche*).

adopté cette manière de pratiquer une ouverture dans le matelas
pour le nourrisseur d'après MM. de Siebenthal et V. Dallinge. C'est
selon eux le mode de nourrir le plus expéditif ; on soulève le chapiteau
d'une main et de l'autre on place le nourrisseur, ou l'on remplace
le vide par un plein.

Si la couverture consiste en une toile, pendant le nourrissement
on replie celle-ci en dedans de la largeur de l'ouverture grillée.

de l'ouverture auront 48 mm. de largeur ; deux ont 110 de longueur et forment les côtés. La troisième, de 135 de longueur (ou de 245), formera le fond. La toile du matelas sera supprimée en dessous à l'endroit où se trouve la planchette de 150 mm. de largeur, autrement les abeilles la rongeraient lorsqu'on repliera la toile cirée en dedans pour leur donner accès au nourrisseur. L'ouverture dans le matelas est habituellement bouchée au moyen d'un morceau d'étoffe replié.

Si pour la couverture on emploie des planchettes au lieu de toile, on peut pratiquer dans la partie postérieure de la planchette du milieu l'ouverture grillée destinée à recevoir les nourrisseurs. Dans ce cas l'ouverture dans le matelas sera pratiquée à l'endroit correspondant à celle de la planchette.

Grands cadres. — Les grands cadres, au nombre de 12, sont faits de lattes de 25 mm. de largeur pour trois d'entre elles ; la quatrième a 15×15.

Le fabricant de ruches, qui a à sa disposition des machines pour débiter ces lattes, se servira de bois d'une épaisseur telle qu'il aura le moins de travail possible ; l'apiculteur, montant ses ruches lui-même, s'y prendra d'une autre manière pour obtenir le même résultat. Il emploiera des lattes de 25 mm.; celles des plâtriers, si elles ont 25 mm. de largeur et sont de bois de sapin rouge, pourront convenir. Pour débiter ces lattes aux longueurs voulues, on se servira d'un guide de dimension un peu moindre que celui décrit pour le sciage des lames : longueur 700 ; fond 50 de largeur sur 30 d'épaisseur ; côtés 60 de hauteur sur 30 d'épaisseur. On s'y prendra de la même manière que pour les lames ; une entaille à 50 mm. du bout recevant une lame d'acier ; de là, deux autres traits de scie à 152½ et à 297 ½, donnant les montants du grand et du demi-cadre ; un autre, à 420, pour les traverses de renfort ; un quatrième, à 472, pour les porte-rayons.

Tout le bois pourra être raboté et sera tiré exactement aux dimensions ci-dessus ; après avoir raboté d'un côté, on passe le troussequin, qui a été pointé à l'épaisseur voulue, et on rabote jusqu'au trait.

Pour la traverse du bas, qui doit avoir $420 \times 15 \times 15$ on sciera des longueurs dans des planches de 15 d'épaisseur et on refendra des bandes à la largeur de 15 millimètres. On veillera à ce que cette dimension reste, une fois le bois refendu et raboté ; pour cela on le tracera d'environ 2 mm. plus fort que l'épaisseur à laquelle il doit être fini.

Lorsque tout le bois nécessaire aura été préparé, on passera à l'assemblage. On cloue d'abord une traverse de renfort sous le porte-rayon, au moyen de quatre pointes de 27 mm. Les pointes venant aux extrémités seront placées à 25 mm. du bout de la traverse de renfort, afin de ne pas gêner le perçage des trous pour le fil de fer qui supportera la feuille gaufrée. Chaque pointe sera rivée du côté où elle fera saillie. Cela fait, on serre le porte-rayon à la presse de l'établi, la face inférieure (intérieure) tournée contre soi, l'un des bouts tourné en haut, et l'on cloue un montant dans l'entaille que forme la traverse de renfort. On place deux pointes à l'extrémité du montant, à environ 5 mm. du bout et des côtés, en les inclinant un peu, de manière qu'elles arrivent dans le centre du porte-rayon. Lorsque ce premier montant est cloué, on retourne le porte-rayon et on fait de même pour le second, en veillant à ce qu'il ne soit pas gauche avec le premier ; on le dégauchira avant d'enfoncer la seconde pointe. Ensuite, on fait reposer le cadre sur l'un de ses montants et l'on présente entre les deux montants la traverse du bas, qui sera placée de façon à ce que les montants dépassent à leur partie inférieure de 5 mm.

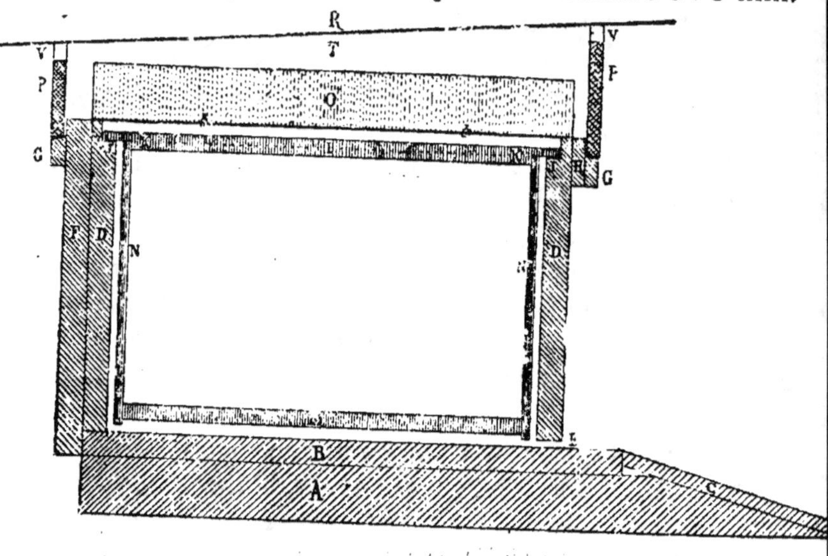

Fig. 86.

DIAGRAMME DE LA RUCHE

Support du plateau, 800 × 60 . 27. B Plateau, 465 × 570 × 27 C Planchette d'entrée, 465 × 250 × 12 ½. DD Parois de devant et de derrière, 450 × 320 × 27. E Entrée, 220 × 8. F Seconde paroi de derrière, 504 × 345 × 27. GG Lattes supportant le chapiteau, 504 × 30 × 12. H Latte, 504 × 50 × 12 ½, pour élargir le bord supérieur de la paroi de devant. I Traverse supérieure du cadre, 472 × 25 × 17 ½. JJ Feuillures de 12 ½ de large sur 14 ½ de haut. KK Assemblage des montants du cadre avec la traverse supérieure. M Traverse inférieure du cadre, 420 × 15 × 15. NN Montants du cadre, 297 ½ × 25 × 7 ½. O Matelas-châssis, 510 × 480 × 60. PP Devant et derrière du chapiteau. R Toit en tôle, 750 × 650. T Espace libre. tt Toile cirée, 500 × 480. VV Ventilateurs grillés, 90 × 20. L'espace entre M et B est d'environ 13 ; celui entre D et N d'environ 7 ½; entre t et I il y a environ 7

Cet espace empêchera, lorsqu'on posera le cadre à terre, que l'on écrase les abeilles qui pourraient se trouver sous la traverse. Pour plus de sûreté, on peut se tenir une petite latte de 5 mm. de côté que l'on présente le long de chaque traverse avant de clouer le montant.

Pour augmenter la solidité du porte-rayon, on pourra planter une pointe de 50 mm. à chacun de ses bouts, de manière qu'elle vienne tirer dans le montant situé au-dessous. (Voir le diagramme fig. 86.)

Demi-cadres. — Les porte-rayons des demi-cadres sont exactement les mêmes que ceux des grands cadres on en fera donc tout d'une fois 24. Les montants ont $152\frac{1}{2} \times 25 \times 7\frac{1}{2}$; la traverse du bas $420 \times 25 \times 7\frac{1}{2}$. On clouera ce cadre de la même manière que le grand sauf que la traverse du bas viendra affleurer l'extrémité des montants.

Autre méthode pour fabriquer les cadres. — Le procédé des fabricants consiste à se servir de différentes épaisseurs de bois pour les porte-rayons ; ils sont faits d'une seule pièce, c'est-à-dire porte-rayon et traverse de renfort d'un seul morceau. Pour cela, on se sert de bois d'environ 18 mm. d'épaisseur, débité à 25 mm. de largeur. On pratique aux deux bouts une entaille de 26 mm. de longueur sur 10 de profondeur, dans laquelle viennent se clouer les montants. Les montants des grands et des demi-cadres, ainsi que les traverses du bas des demi-cadres, sont pris dans du bois de 25 mm. que l'on refend à 7 $\frac{1}{2}$ mm. Les traverses du bas des grands cadres sont prises dans du bois de 15 mm. refendu à 15 mm. de largeur.

En somme, ce cadre est facile à construire ; peut-être n'arrivera-t-on pas à le faire à la perfection comme travail propre, l'important est que les mesures soient exactes. Pour les grands cadres, les mesures exté-

rieures seront 435×300; dans le vide 420×267 ½.
Pour les petits cadres 435×160 à l'extérieur et 420×
135 dans œuvre.

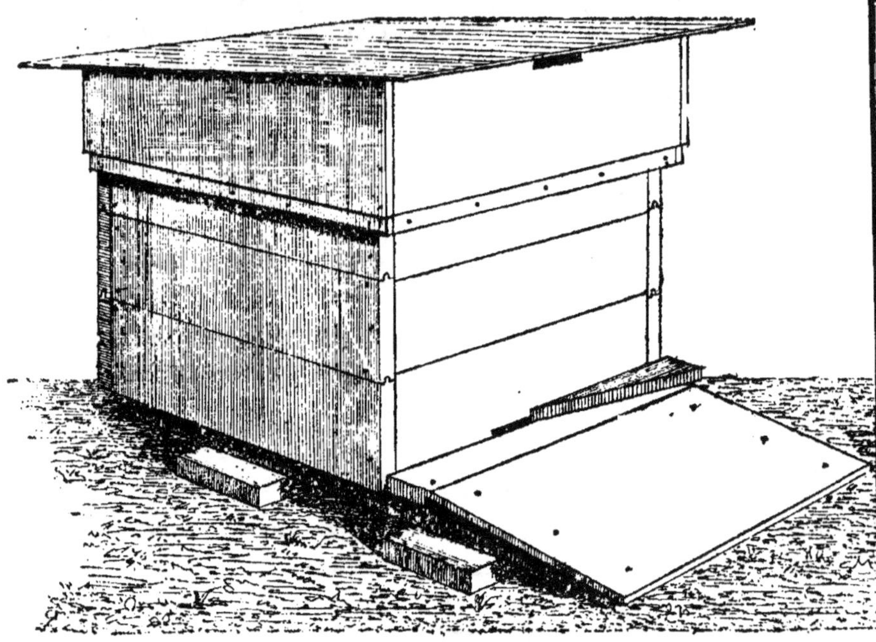

Fig. 87.

RUCHE DADANT-MODIFIÉE

Bloc d'entrée. — Pour diminuer ou fermer l'entrée des abeilles, on se fabrique un bloc de bois dur, triangulaire, que l'on placera de plat sur la partie du plateau débordant la paroi de devant du corps de ruche. (Voir figure 87.)

Une autre fermeture de l'entrée s'obtient au moyen de deux lames repliées glissant dans une coulisse ; elle est préférable lorsque les ruches sont destinées à être transportées à distance pour la seconde récolte. On se pourvoit de deux lames de zinc plutôt épais, mesurant chacune 130×30 mm. Pour façonner la lame : après en avoir enlevé, à l'angle d'un des bouts, un rectangle de 10 mm. sur 18 environ (un peu plus de la moitié de la largeur de la lame), on plie la lame à l'équerre dans sa longueur. L'extrémité entaillée est également pliée à l'équerre en dedans ; ce repli servira à manœuvrer la lame, il sera à droite pour l'une des lames, à

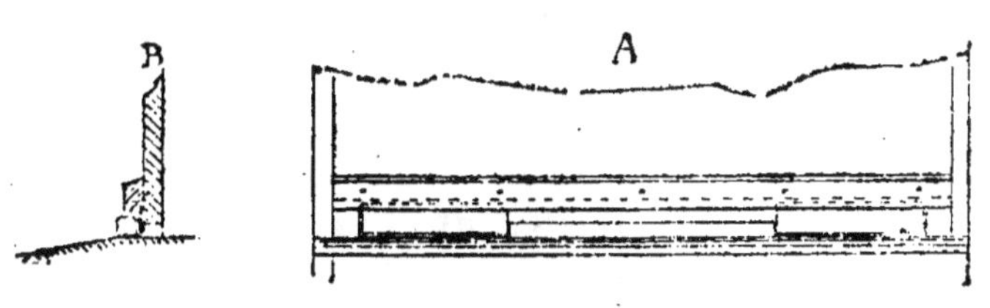

Fig. 88.

ENTRÉE MUNIE DE LAMES
A Vue de face. B Vue de profil.

gauche pour l'autre. La moitié de lame qui le porte sera mise à plat sur le plateau ; l'autre s'engagera derrière une latte de 500×20×10, dans laquelle on fera une petite feuillure de 10 mm. de largeur et profonde de l'épaisseur du zinc. Cette latte sera fixée au bas de la paroi de devant, à 7 mm. du plateau. Pour le transport, on assujettit chaque lame sur le plateau au moyen d'une pointe à demi enfoncée dans un trou percé dans la lame (fig. 88).

Cadres pour miel en sections. — Les petites boîtes ou sections employées pour la production du miel à livrer en rayon s'achètent généralement chez les fabricants qui les font à la machine. Le modèle le mieux adapté à la ruche Dadant-modifiée, comme du reste à la ruche Layens, mesure à l'extérieur 130 × 105

× 50 mm. Rempli d'un rayon de miel, ce petit cadre pèse environ 500 grammes.

Quatre de ces sections remplissent un cadre de hausse fait de lattes de 50 mm. de large (au lieu de 25). L'épaisseur des montants reste de 7½ mm. mais celle de la traverse supérieure et de l'inférieure est augmentée de 2½ ; la supérieure aura donc 20 (au lieu de 17½) et l'inférieure 10 (au lieu de 7½)[1].

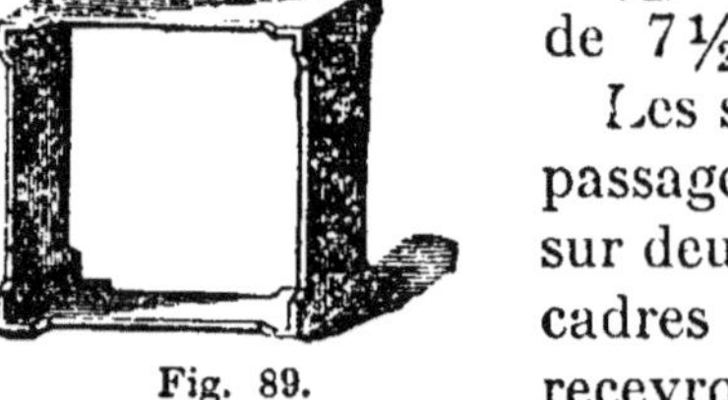

Fig. 89.

SECTION

(Tiré du *Guide Anglais*)

Les sections reçoivent, pour le passage des abeilles, des entailles sur deux ou sur quatre côtés ; les cadres destinés à les contenir recevront des entailles correspondantes comme dans la fig. 91.

Pour forcer les abeilles à donner au rayon l'épaisseur voulue, on cloue, d'un côté, sur les montants du cadre, un séparateur consistant en une planchette de bois très mince ou en une lame de

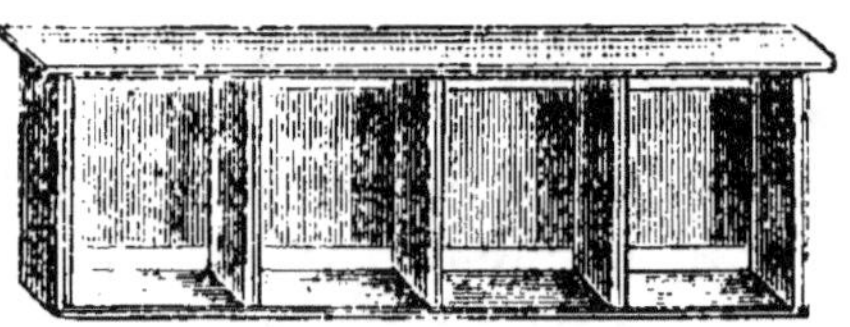

Fig. 90.

CADRE A SECTIONS

fer-blanc. Pour le cadre de hausse de la Dadant-modifiée, le séparateur, long de 432, aura 105 mm. de large, afin de laisser à découvert en haut et en bas de la sec-

1. Pour le cadre Layens, qui contient 9 sections de 130 × 105, l'épaisseur des montants est réduite de 10 à 7 ½ et les deux traverses n'ont que 10 au lieu de 20 dans leur épaisseur verticale.

tion un espace de 9 mm. environ pour le passage des abeilles (fig. 90).

Si les sections employées ont des entailles sur les quatre côtés, le séparateur recevra des ouvertures correspondant à ces entailles, comme dans la fig. 91.

Les cadres contenant des sections doivent être serrés les uns contre les autres afin d'éviter autant que possible la propolisation. Cela s'obtient au moyen

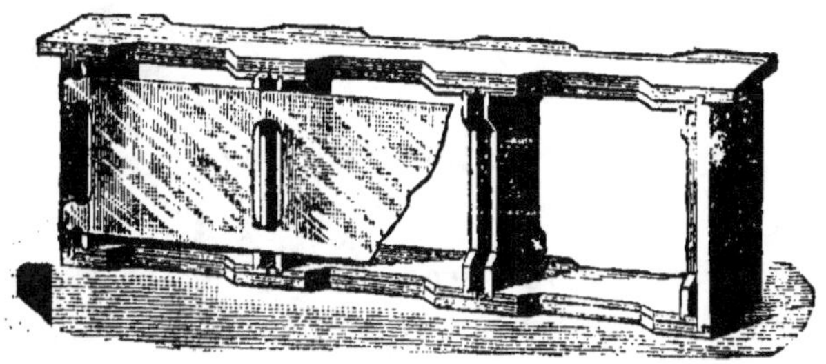

Fig. 91.

CADRE POUR SECTIONS A QUATRE PASSAGES
(Tiré du *Guide de l'Apiculteur Anglais*).

d'une partition munie d'une lame d'acier faisant ressort ; le ressort peut être remplacé par une lame biseautée enfoncée derrière la partition.

On place aussi les sections dans des casiers ou châssis posés sur le corps de ruche ; nous n'avons pas à nous en occuper ici.

Peinture des ruches. — Si l'on peint la ruche en dehors, il est bon de peindre aussi le corps de ruche en dedans. Le bois non peint à l'intérieur absorbe l'humidité et ne la rend pas. Mais avec un toit débordant suffisamment pour garantir habituellement les parois de la pluie, on peut se dispenser de peindre (sauf les joints des lames, le toit et la planchette d'entrée) et les abeilles ne s'en trouvent que mieux. Après le long et rude hiver de 1890-1891, ce sont nos ruches non peintes qui se sont montrées les plus sèches à l'intérieur.

Il va sans dire que les ruches abritées sous un hangar ne doivent pas être peintes.

IV. — Observations.

La description qui précède est destinée soit aux apiculteurs qui désirent construire leurs ruches eux-mêmes à peu de frais, soit aux menuisiers non apiculteurs auxquels on demande une exécution économique.

Elle servira également à fixer les mesures du modèle Dadant-modifiée (mesures semblables, du reste, à celles qui ont été déjà données, il y a plusieurs années, par la *Revue* et le traité *Conduite du Rucher*), afin que partout où il sera employé, les cadres en soient exactement semblables extérieurement, ce qui permettra les échanges entre apiculteurs, tout en simplifiant la fabrication aux fournisseurs.

Mais il y a bien des manières de construire une ruche, et tout en considérant celles faites en lames de parquet comme pouvant faire un très bon service, nous préférons pour notre part nous adresser aux fabricants apiculteurs et ne pas leur demander une économie sur le bois ; beaucoup de nos collègues seront dans notre cas. Celui qui construit sur une petite échelle ne peut réaliser les mêmes économies, ni surtout atteindre le même degré d'exactitude que l'industriel fabriquant en grand, et nous estimons que pour une ruche destinée à servir pendant toute la vie de l'apiculteur, celui-ci peut bien payer un certain prix.

Les Dadant-modifiées ou Dadant-Blatt construites d'après les indications de la *Revue* et de la *Conduite du Rucher*, par divers fabricants de notre connaissance, ne laissent rien à désirer. Les parois sont généralement d'une seule pièce, les montants des cadres sont entaillés dans le bas pour la facilité de leur introduction, etc. Il y a également un nouveau modèle construit par M. Raymond Gabriel, à Paris, 2 *ter*, quai de la Mégisserie, qu'il vend sous le nom de « l'Internationale », mais qui a un cadre pareil à celui de la Dadant-modifiée et nous paraît bien conçu et d'un maniement commode.

Dans notre description nous avons conservé l'agencement de l'ancienne ruche Dadant telle que M. Dadant l'a décrite, mais ce n'est pas à dire qu'on ne puisse le modifier ou l'améliorer. Chacun peut faire cet agencement à sa guise ; l'important c'est de conserver les mesures exactes du cadre et les espaces entre cadres et parois.

RUCHE LAYENS

Ce modèle de ruche est décrit dans le traité de
M. Georges de Layens, *Elevage des abeilles par les
procédés modernes.* Un certain nombre d'apiculteurs de
la Suisse romande, après l'avoir expérimenté pendant
plusieurs années, y ont apporté d'un commun accord
quelques modifications de détail et c'est cette ruche,
telle que la fournissent nos fabricants suisses, que je
vais décrire ici. Les mesures se rapportent à une caisse
de 20 cadres, dimension primitivement adoptée chez
nous, mais il s'en fait maintenant à 22 et 25 cadres.

Corps de ruche et plateau (pl. II). — Le corps de
ruche est formé de quatre parois clouées ensemble et
donnant un vide intérieur de 433 mm. de hauteur,
345 de largeur et 767 de longueur. Les grandes parois,
c'est-à-dire celles de devant et de derrière, ont en
dedans et en haut une entaille ou feuillure de 18 mm.
de hauteur sur 12½ de largeur, dans laquelle reposent les extrémités des porte-rayons.

Le plateau, qui est mobile, s'engage de trois côtés,
c'est-à-dire derrière et sur les côtés, dans des feuillures de 25 mm. de haut sur 10 de large, pratiquées
en dedans et en bas des trois parois (celle de derrière
et les deux latérales), qui ont donc en totalité une
hauteur de 433+25, soit 458, tandis que la quatrième,
celle de devant, n'a que la hauteur du vide intérieur
de la ruche, soit 433. Le plateau a une longueur de

782 mm. (5 mm. de jeu) et une largeur de 390, de façon à dépasser le corps de ruche devant de 10 à 12 mm.

Parois et plateau ont une épaisseur de 25 mm ; le plateau est renforcé en dessus de deux traverses clouées aux deux extrémités latérales.

Doublage et revêtement. — Le corps de ruche est revêtu des quatre côtés d'un doublage en balle d'avoine, paille, laine de bois ou de scories, doublage maintenu par un revêtement de lames de bois (pl. II), clouées sur des lattes courant horizontalement tout le tour de la ruche en haut et en bas et sur des montants aux angles, que je n'ai pu indiquer sur le dessin[1]. Les lattes et les montants ont une épaisseur égale à celle qu'on veut donner au doublage ; mon dessin indique 25 mm., mais on peut mettre un peu moins. Les lattes inférieures qui ont 30 mm. de largeur (25×30), sont placées à 50 mm. au-dessus, au niveau du plateau, de façon à laisser au bas de la ruche un espace de 50 mm. sans doublage ni revêtement. Les lattes supérieures ont 90 mm. de large (25×90) et débordent en haut du corps de ruche de 60 mm ; on en verra plus loin la raison. Le revêtement dépasse en bas les lattes inférieures de quelques millimètres pour faciliter l'écoulement de l'eau, tandis qu'en haut il s'arrête à 20 mm. environ au-dessous du bord supérieur des lattes, afin de laisser l'espace nécessaire pour l'emboîtement du chapiteau. Le meilleur revêtement consiste en lames de bois posées verticalement avec couvre-joints.

---

1. On fait dépasser les parois latérales du corps de ruche de chaque côté de l'épaisseur du doublage, pour donner plus de cohésion au tout ; je n'entre pas dans plus de détails pour ne pas allonger. Ce que j'omets est l'affaire du menuisier.

Chapiteau. — Il est construit d'une façon analogue à celui de la Dadant. Nous lui donnons une hauteur telle que, posé, il laisse un vide de 136 mm. au-dessus des cadres. Cet espace est nécessaire pour installer commodément un étage de boîtes à miel ou sections[1].

Fig. 92. — Ruche Layens dans la haute montagne.

Le chapiteau doit être muni, en haut de deux de ses parois, de ventilateurs grillés. (fig 92).

Un certain nombre d'apiculteurs ont adopté un toit à deux versants fixé à la paroi de devant par deux charnières ou par une tringle de fer engagée horizontalement dans des pitons plantés dans la paroi et le toit. Ce toit s'ouvre comme le couvercle d'une caisse

---

1. Le modèle de boîte le mieux adapté à la ruche Layens est la section dite française, mesurant 130 × 107 × 70 mm. ; voir plus loin *Cadres pour sections.*

et l'on peut y adjoindre une serrure logée dans la
paroi de derrière.

Support et planchette d'entrée. — Vu les grandes
dimensions de la ruche, nous n'avons pas comme, pour
la Dadant, cloué le plateau au support. Ce dernier se
compose de quatre pièces ; deux forment le support
proprement dit ; elles sont reliées entre elles derrière
par une traverse et devant par une planchette d'entrée
à laquelle on donne une inclinaison en avant pour faciliter l'écoulement de l'eau et l'accès aux abeilles tombées sur le sol devant la ruche. Mon dessin (pl. II) me
dispense d'entrer dans plus de détails.

Fenêtre ou regard. — M. G. de Layens a pratiqué
dans le bas de la paroi de derrière de sa ruche un
regard vitré s'étendant sur toute la longueur. Il est
fermé par une planchette suspendue par deux charnières. Cette fenêtre permet de juger d'un coup d'œil
de la force de la colonie, mais elle complique un peu
la construction.

Cadres. — Les cadres faits de liteaux de 10 mm.
d'épaisseur, et, à l'exception de la traverse inférieure,
de 25 mm. de largeur, sont composés de cinq pièces :
un porte-rayon de 368 de long (2 mm. de jeu) ; deux
montants de 405 ; une traverse de renfort de 310,
clouée sous le porte-rayon ; une traverse inférieure
de 310 × 20 × 10, clouée de champ (voir pl. II) et de
façon à laisser dépasser les deux montants de 5 mm.
Cette disposition des deux montants dépassant la traverse permet de faire reposer le cadre debout sans
écraser les abeilles. Les extrémités inférieures des
montants sont sciées en biseau pour faciliter la descente
du cadre entre les équerres d'écartement. Les cinq

pièces assemblées forment un cadre mesurant en dehors de 330 × 410 mm. et dans œuvre 310 × 370.

Les cadres pour sections sont faits de lattes ayant
50 mm. de largeur au lieu de 25. L'épaisseur des
montants est de 7 ½ mm. au lieu de 10, la traverse
de renfort est supprimée et la traverse inférieure n'a
que 10 mm. de largeur au lieu de 20 (31 × 10 × 10).
Ces cadres, dont les dimensions extérieures sont
semblables à celles des cadres ordinaires (sauf quant
à leur épaisseur qui est doublée), mesurent à l'intérieur
315 × 390 mm. et contiennent 9 sections françaises
de 310 × 105 × 50 mm. Ils sont munis sur l'une de leurs
faces de 3 séparateurs en fer-blanc de 105 × 330 mm.
cloués sur les montants en travers des sections comme
dans la figure 46 *bis*. Ils se placent dans la ruche à la
suite des rayons à couvain et, pour les utiliser, il est
nécessaire d'enlever provisoirement les équerres plantées au bas des parois de la ruche.

Les équerres et les agrafes se placent comme dans la
ruche Dadant, à 38 mm. de centre à centre, mais elles
ne doivent avoir que 11 à 12 mm. de largeur, l'espace entre chaque cadre n'étant que de 13 millimètres
(25 + 13 = 38). Les équerres se placent à 50 mm. environ au-dessus du plateau[1].

Partitions. — Il y en a deux, construites selon le
même principe que celles de la Dadant ; il doit y avoir
12 mm. d'espace entre le bas de la partition et le plateau. La traverse de support a, comme les porte-

1. Le dessin, dans la planche II, ne donne aux équerres que 14 mm.
environ de saillie ; il est préférable qu'elles aient 16, c'est-à-dire
qu'elles dépassent légèrement le montant du cadre en dedans. On
les ôte pour placer les cadres à sections.

rayons, 368 mm. de long (2 mm. de jeu) et 25 environ de largeur, mais l'épaisseur ou· hauteur en est de 18. mm.

Le trou de vol, placé au bas de la paroi de devant, a 8 mm. de hauteur sur 250 environ de longueur. Sa fermeture est celle adoptée pour la ruche Dadant. M. de Layens, au lieu d'une seule entrée au milieu, en met deux vers les extrémités et les ouvre alternativement, selon l'époque et l'opération qu'il a en vue.

La couverture des cadres est faite de toile de coton, peinte des deux côtés, ou de grosse toile de chanvre non peinte. Elle est revêtue, en dessus, de lames de bois à bords biseautés, disposées parallèlement aux cadres et séparées entre elles de quelques millimètres. Les deux lames des extrémités sont plus fortes et munies d'une poignée en cuir ou en forte étoffe. Les lames sont clouées à la toile qui doit offrir une certaine résistance. Elle a 395 mm. sur 817 et repose sur la tranche des parois de la ruche, à 7 ou 8 mm. au-dessus des cadres.

Le matelas-châssis, déjà décrit, a en surface les mêmes dimensions que la toile, moins quelques millimètres de jeu, et doit être muni de poignées de cuir aux extrémités. On peut le remplacer par un simple coussin, un paillasson ou de vieux tapis, mais dans ce cas il est bon de poser en travers des cadres, pour l'hiver, quelques baguettes de 8 à 10 mm. d'épaisseur, ménageant entre elles un passage aux abeilles.

Le nourrissemnet se fait comme dans la Dadant.

La visite se fait comme celle de la Dadant, mais comme les cadres ne sont au complet que pendant le fort de la récolte, on peut presque toujours opérer par déplacement d'un cran, ce qui évite de manier deux fois les partitions et les cadres ; on a aussi tout l'espace nécessaire en dehors des partitions.

Modifications au support et au plateau. — Cette ruche étant passablement plus lourde que la Dadant, le nettoyage et le déplacement du plateau sont plus difficiles. On pourrait supprimer le support, le remplacer par quatre pieds vissés aux angles de la caisse et adopter pour le plateau le système que nous avons décrit au paragraphe **Ruches accouplées**, pages 232.

Fig. 93 — Ruche Berlepsch.

La Burki est une ruche Berlepsch heureusement
modifiée. Ch. Burki (mort en 1864), était contremaître
dans la fabrique fédérale de capsules au Liebefeld, près
Berne. Cette ruche, telle que l'avait conçue son propa-
gateur, est encore en usage dans différentes parties de la

Suisse et entre autres dans le canton de Fribourg. Elle se compose de deux rangées de cadres pareils mesurant extérieurement 240 mm. de hauteur sur 285 de largeur.

Bien qu'elle eût dès l'origine les cadres plus larges que la Berlepsch, elle a subi successivement de nouveaux agrandissements ainsi que des modifications dans l'agencement ; le modèle que je vais décrire est celui proposé il y a quelques années par M. J. Jeker et adopté par la Société Suisse des Amis des Abeilles, dont il a été longtemps le président[1]. On lui donne maintenant le nom de ruche suisse *(Schweizerstock)*.

Caisse. — La ruche est une caisse dont cinq des parois sont fixes et dont la sixième, qui forme un des côtés étroits, est mobile. Elle mesure intérieurement : hauteur 635 mm, largeur 300, profondeur 500. Cette dernière dimension peut être agrandie si l'on veut augmenter le nombre des cadres ; un cadre de plus par rangée exige une profondeur de 35 mm. de plus (535) ; mais l'augmentation des cadres rend les manipulations plus difficiles.

Les cadres sont de deux sortes, différant par leur hauteur (pl. III). Les montants ont 347 ou $106 \times 22 \times 8$ mm.; les traverses supérieures $298 \times 22 \times 8$ mm; les traverses inférieures $286 \times 22 \times 6$. Les grands cadres mesurent extérieurement 361×286 (dans œuvre 347×270); les petits 120×286 (dans œuvre 106×270).

Pointes d'écartement. — Les cadres sont maintenus à 13 mm. les uns des autres (35 mm. de centre à centre)

1. M. Jeker a dirigé pendant quinze ans la *Schweizerische Bienen-Zeitung* fondée par Peter Jacob, en 1869.

au moyen de pointes à tête, à demi enfoncées dans
l'épaisseur des lattes. Chaque cadre en reçoit quatre ;
on en plante deux dans le côté gauche du cadre, une
en haut dans le porte-rayon, l'autre en bas dans le
montant, à 20 ou 30 mm. de l'extrémité, puis on retourne le cadre de gauche à droite et on plante les deux

Fig. 94. — Ruche Burki-Jeker ou Suisse (deux ruches accouplées).

autres dans le côté du cadre qui se trouve à gauche
dans la nouvelle position. Cette disposition permet de
retourner les cadres à volonté (voir pl. III). Comme
le premier cadre n'appuyerait contre la paroi du fond
à la distance voulue que d'un seul côté, on plante dans
cette paroi, à gauche et aux places convenables, huit

pointes (deux par étage de cadres) faisant également saillie de 13 mm.

Tasseaux. — Les cadres reposent par les extrémités de leurs traverses supérieures sur des tasseaux cloués horizontalement contre les parois latérales et ayant 10 mm. d'épaisseur verticale et 6 de largeur. Il y en a quatre de chaque côté. Les premiers ont leur face supérieure à 127 mm. du niveau du plancher ; les deuxièmes à 368, les troisièmes à 494 et les quatrièmes à 620.

Les deuxièmes tasseaux servent pour les grands cadres, les troisièmes et les quatrièmes pour les petits. Le bas des grands cadres se trouve ainsi à 15 mm. du plancher et entre chaque étage de cadres il règne un espace de 6 mm. Entre les cadres du haut et le plafond, l'espace est de 7 millimètres. Pour certaines opérations l'apiculteur a intérêt à placer un ou plusieurs petits cadres en bas, reposant sur les premiers tasseaux ; dans ce cas, les grands cadres correspondants sont posés au-dessus.

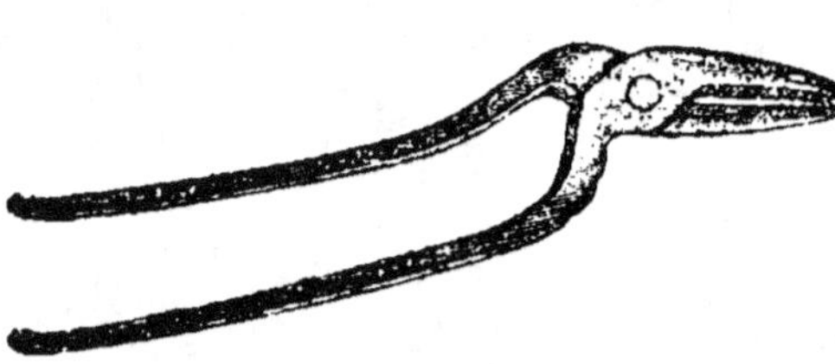

Fig. 95. — Pince pour saisir les cadres.

La manœuvre des cadres se fait au moyen de pinces allongées et légèrement recourbées aux extrémités. avec lesquelles on saisit la traverse de support vers un angle (fig 95). Les cadres sortis sont entreposés dans une petite caisse analogue à une ruche à un étage, Pour compter les cadres dans la ruche, on introduit, en la faisant toucher contre la paroi du fond. une règle

portant de gros numéros espacés de 35 mm. de centre
à centre.

Planchettes de recouvrement. — Le dessus des cadres
est recouvert de petites planchettes de 298 ×
70 × 10 mm. en dessous desquelles sont clouées aux
extrémités des traverses de 7 mm. de haut. La dernière planchette est posée retournée. Lorsque la ruche
est garnie de cadres jusqu'en haut, les planchettes ne
sont pas employées, l'espace restant sous le plafond
n'étant que de 7 mm.

Les fenêtres-partitions, au nombre de trois, sont des
vitres encadrées de bois. Dans l'encadrement sont entaillés de chaque côté (avec jeu) des passages correspondant aux tasseaux. La grande fenêtre a une hauteur de 366 mm., laissant en bas un espace vide de
15 mm.; les deux autres ont 125 mm. chacune. En
dedans sont enfoncées à droite deux pointes d'écartement, ou mieux, deux agrafes de 25 mm., faisant saillie
de 13 mm. Les fenêtres sont munies en dehors de deux
boutons servant de poignées. .
Quel que soit le nombre des cadres existant dans un
étage, la fenêtre correspondant à cet étage est poussée
contre le dernier. Lorsqu'un second étage de cadres
est ajouté, les planchettes sont transportées sur cet
étage et une seconde fenêtre est ajoutée. Si le nombre
des cadres au second étage est moindre que dans le
premier, on achève de couvrir le premier avec des
planchettes.

Pièce sous la grande fenêtre. — L'espace de 15 mm.
entre la grande fenêtre et le plancher est fermé au
moyen d'une traverse taillée en biseau. Elle a 298 mm.
de long, 25 de large et sa hauteur va en diminuant de

20 en dehors à 12 en dedans, de manière à former coin. Une feuillure de 10×10 mm. est entaillée dans sa longueur en dedans et en bas. Au centre de la pièce et au bas est une ouverture de 70 mm. de long sur 10 de haut, livrant passage au nourrisseur (pl. III).

Le nourrisseur consiste en un petit plateau de fer-blanc de 220 mm. environ sur 68, avec rebords de 7 à 8 mm., qu'on introduit par l'ouverture décrite ci-dessus, en en laissant le tiers ou le quart en dehors pour pouvoir y ajuster une bouteille renversée. En travers du plateau une bande de fer-blanc dentelée et mobile ferme le passage aux abeilles. C'est une invention de M. Blatt.

Porte. — La fermeture de la ruche consiste en un panneau à feuillures retenu par des taquets, ou fixé par des charnières.

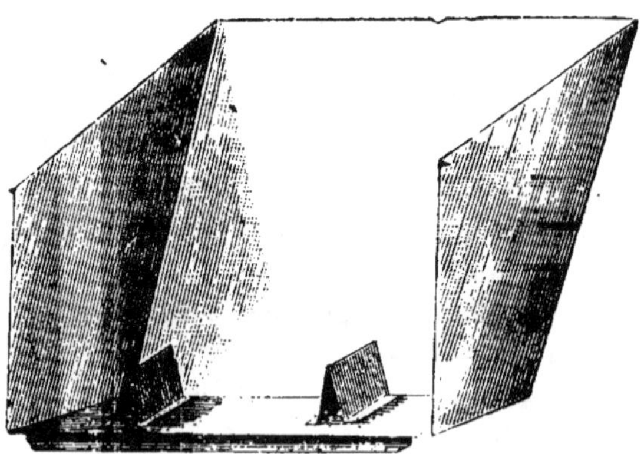

Fig. 96. — Entonnoir à essaims.
(Tiré du catalogue de W. Best, à Fluntern).

L'entonnoir à essaims (fig. 96), sert comme son nom l'indique, à introduire un essaim dans la ruche, mais on peut s'en passer. Il est très commode lors du prélèvement du miel, pour y faire tomber les abeilles que l'on brosse des rayons. Sa largeur correspond à celle de la ruche ; on le fixe contre celle-ci, de manière à ce qu'il touche le plancher.

Le trou de vol ou entrée est une ouverture de 150 mm. de longueur sur 15 de hauteur, pratiquée au bas de la paroi opposée à la porte ou de l'une des parois latérales vers l'extrémité opposée à la porte. Cette ouverture est diminuée à volonté au moyen d'une plaque de zinc de 200 mm. sur 30 environ, maintenue au-dessus par deux pitons. Elle est percée verticalement de deux ouvertures allongées par lesquelles passent les pitons. Deux lames de 20 mm. sur 100, engagées sous la plaque et manœuvrant horizontalement, complètent la fermeture.

La planchette d'entrée se compose de deux pièces : une, de 280 mm. sur 40, est clouée contre la paroi de la ruche au niveau de son plancher ; l'autre, de 250 mm. de côté environ, est reliée à la première au moyen de deux charnières qui permettent de la relever en hiver contre la paroi de la ruche. La surface des deux pièces est légèrement inclinée en avant.

Pavillons. — Les ruches du type Burki doivent toujours êtres assemblées en nombre pair, de façon à ce que les familles hivernent deux à deux contre une paroi mitoyenne commune (voir *Septembre-Octobre,* la note page 151 et *Ruche-Dadant,* **Ruches accouplées**), et les portes des ruches doivent donner dans un local fermé. Si on les employait isolées ou en plein air, non seulement elles perdraient les avantages qui leur sont

propres, mais deviendraient inférieures aux ruches à plafond mobile, même au point de vue des risques de pillage.

Elles sont alignées côte à côte en plusieurs rangées

Fig. 97. — Rucher de M. Jeker. Pavillon de 51 ruches et deux autres plus petits.

superposées et derrière se trouve une pièce éclairée
formant laboratoire, ou bien on peut donner au bâtiment la forme d'une croix : trois des branches ou ailes-

sont formées par les ruches groupées sur quatre ou six de front et le centre est réservé au laboratoire, dont la double porte d'entrée se place avec des armoires dans la quatrième aile regardant le nord. Deux étroites fenêtres sont logées de chaque côté de l'aile opposée à la porte, aux angles qu'elle forme avec ses voisines.

Pour expulser les abeilles qui se sont répandues dans l'intérieur du pavillon pendant une opération, on fait les fenêtres à châssis pivotants, ou bien on a recours à une ingénieuse disposition de lames de verre inventée par M. Theiler, de Zoug. En bas de la vitre de la fenêtre il est ménagé un espace de 10 à 15 mm. pour le passage des abeilles. En face de cette ouverture et en dehors se trouve un assemblage de six lames de verre de 100 à 120 mm. de hauteur, maintenues par des planchettes à différentes inclinaisons. Les abeilles qui volent de l'intérieur contre la fenêtre finissent par s'échapper par l'ouverture du bas, mais celles du dehors, trompées par la disposition des lames, ne réussissent pas à entrer.

Le plan ci-dessous, fig. 98, indique la façon dont sont placés les trous de vol dans une aile de quatre ruches de front.

Les parois extérieures du pavillon et le plafond des ruches supérieures sont fortement doublés (100 mm.) l'intervalle entre la paroi et son revêtement est

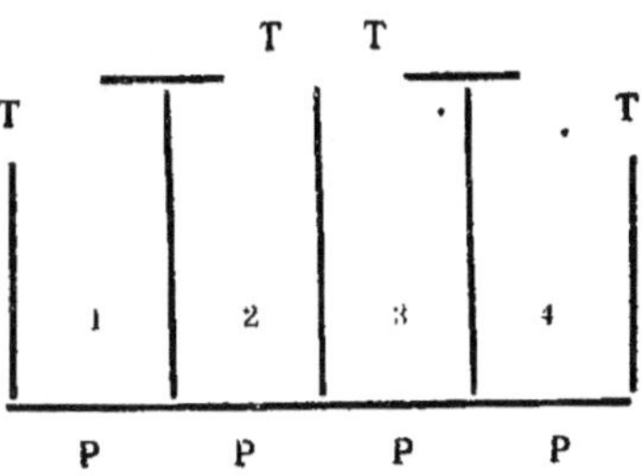

Fig, 98. — T trous de vol. P portes

garni de paille, de mousse, de laine de bois ou de scories, etc.

Le laboratoire doit être muni de bons ventilateurs, car le défaut du pavillon est d'être un peu chaud en été. Dans celui de M. Jeker, dont je donne une vue (fig. 97), la seconde porte intérieure a son panneau d'en haut remplacé par un treillis métallique et reste seule fermée pendant la saison chaude. Au sommet du plafond est une lucarne par laquelle on peut aussi donner de l'air ou faire sortir les abeilles qui se trouvent encore dans la pièce après une opération.

Depuis que la vue du pavillon de M. le curé Jeker a été prise, son propriétaire a changé de paroisse ; le pavillon a été démonté, puis transporté à Olten et remonté. Maintenant il est entièrement recouvert de vigne vierge, ce qui est d'un très bon effet à l'œil et rend la demeure des abeilles beaucoup plus fraîche en été. Chaque année, les rameaux de la vigne autour des entrées des ruches sont taillés ou attachés de façon à ne pas intercepter le vol des abeilles[1].

Les ruches se trouvent très bien d'être placées sous des tonnelles et protégées des ardeurs du soleil par des arbustes grimpants à feuilles caduques.

M. Woiblet, à Sauges, a construit, pour abriter ses ruches à plafond mobile, un grand hangar entouré d'un treillage en bois sur lequel il conduit de la vigne.

1. Plus tard, ce rucher a été de nouveau démonté et transporté à Soleure, chez le frère de M. Jeker, la santé de ce dernier ne lui permettant plus de soigner un si grand nombre de ruches.

HYDROMEL. EAU-DE-VIE. VINAIGRE

Hydromel. — Procédé de fabrication.— Méthode Derosne. — Dosage
de l'eau miellée. — Eau-de-vie de miel. — Vinaigre de miel.

L'hydromel est une boisson aussi saine qu'agréable
dont on faisait un grand usage autrefois ; les auteurs
anciens ont chanté ses vertus et, de nos jours encore,
dans plusieurs contrées, en Russie par exemple, il s'en
fait une grande consommation sous les formes les plus
diverses, variant des boissons légères ou mousseuses
n'ayant subi qu'une faible fermentation, aux vins de
garde liquoreux et très alcooliques.

Dans nos pays, c'est plutôt un produit de curiosité,
parce que le vin, principalement, concurrence l'hydromel sans qu'il soit possible de lutter. En effet, le prix
du miel s'oppose à son emploi transformé en boisson,
d'autant plus que, jusqu'ici, on n'a fait de l'hydromel
qu'une imitation du vin. S'il est vrai qu'on est en droit
d'appeler l'hydromel un produit naturel, puisque c'est
le nectar des fleurs auquel on se borne à rendre l'eau
enlevée par les abeilles, en pratique, on s'est considérablement écarté de cette formule. Lorsque le mélange
d'eau et de miel est abandonné à lui-même, il se produit une fermentation très lente, au cours de laquelle
de mauvais ferments se développent aux dépens du
moût ; la production alcoolique en est diminuée et le
liquide prend plus ou moins un mauvais goût. Pour y
remédier, on a imaginé d'abord d'ensemencer le moût
avec des levures de bière, qui donnaient un goût amer ;

avec des raisins secs, qui n'ensemençaient pas toujours, avec des levures de choix, et, d'ailleurs, dénaturaient le liquide ; avec du pollen, comme conseillait M. Ch. Derosne, mais les pollens n'ont pas tous bon goût. C'est cependant du côté des pollens qu'il faudrait orienter les recherches. Nous avons proposé[1] l'emploi de levures sélectionnées provenant du pollen des fleurs sur lesquelles le miel est récolté. On aurait des levures de miel de sainfoin, de tilleul, de sapin, etc. L'hydromel serait ainsi le produit du miel depuis ses levures jusqu'à son bouquet, alors qu'il n'est, actuellement, qu'une très imparfaite imitation du vin de raisin.

Le miel ne contient pas, comme le vin, les sels indispensables aux ferments, de là l'emploi nécessaire de sels nutritifs. M. Gastine a proposé la formule suivante :

Phosphate biborique d'ammoniaque . .	100 gr.
Tartrate neutre d'ammoniaque	350 »
Bitartrate de potasse	600 »
Magnésie	40 »
Sulfate de chaux	50 »
Acide tartrique	250 »

On ajoute au moût cinq grammes de ce mélange par litre.

Cette formule a le grave défaut de produire des hydromels plats. La proportion d'acide tartrique est manifestement trop faible, comme d'ailleurs dans toutes les formules publiées jusqu'ici ; elle donne à peine 1 gr. d'acidité. Or, aucun vin ne serait considéré comme buvable à ce faible degré d'acidité. On doit quadrupler cette dose d'acide tartrique.

En 1897, M. Kayser, dans un mémoire à la Société des Agriculteurs de France, a proposé de substituer aux

1. La *Critique de l'Hydromel*, numéros de février et mars 1912 du Bulletin de la Société romande d'Apiculture.

sels Gastine diverses formules, dont voici la plus
simple :

Maltopeptone	1 c. c.	5 par litre.
Bitartrate de potasse	1 gr.	5 par litre.

On peut y ajouter 1 gr. de phosphate d'ammoniaque
par litre, la formule est ainsi heureusement complétée.

Ces sels servent donc de nourriture aux ferments
et sont presque entièrement consommés. Il faut se
résigner à leur emploi si l'on veut que la fermentation
ne traîne pas pendant des mois. Il y a vingt ans, on
ajoutait 10 gr. de sous-nitrate de bismuth par 100 litres
de liquide pour paralyser les fermentations accessoires
qui s'établissaient forcément pendant l'opération prolongée, mais on s'en dispense avec les sels nutritifs.

Le degré alcoolique de l'hydromel dépend tant de la
proportion d'eau ajoutée au miel, que de la transformation plus ou moins complète en alcool des parties
sucrées contenues dans le mélange. Plus la fermentation aura été complète, plus l'hydromel sera fort et
sec. Lorsque la transformation des sucres en alcool
est incomplète, il reste plus doux, mais, d'autre part,
si le degré alcoolique est insuffisant, il est plus sujet
à tourner.

La fermentation doit se faire par une température
qui ne soit pas inférieure à 15°C., ni supérieure à 30° ;
elle dure de six semaines à deux mois environ, et même
plus longtemps si la dose de miel est très forte ou si
la température n'est pas suffisamment élevée. C'est
par 20 à 28° C. qu'elle se fait dans les meilleures conditions. On peut opérer dans un local chauffé, mais le
plus simple est de fabriquer pendant la saison chaude
et de tenir le tonneau à l'ombre, sous un hangar, par
exemple, en le couvrant au besoin de paillassons ou de

vieux tapis si la température vient à baisser considérablement. Il y a avantage à employer des vases d'une
certaine grandeur ; plus la quantité de liquide sera
considérable, plus la fermentation sera régulière et
rapide, une grande masse de liquide n'ayant pas le
temps de se refroidir assez pendant la nuit pour affai-
blir sensiblement la fermentation.

Procédé de fabrication. — Pour produire un hydromel qui se conserve plusieurs années, on doit obtenir
une fermentation complète et mettre environ 30 kilos
de miel pour 100 litres d'eau, proportion équivalent à
250 gr. de miel par litre de solution, ce qui donnera
une boisson pour l'usage journalier titrant 10 à 10 ½ %
d'alcool (théoriquement 11 %).

Voici les doses pour 120 litres de liquide :

Eau	100 litres.
Miel	30 kilos donnant environ 20 l.[1]
Acide tartrique . .	400 grammes.
Pollen	30 à 40 grammes.
Sels nutritifs Gastine	600 grammes.

Le miel doit être bien délayé dans l'eau, ainsi que
le pollen ; si le miel est cristallisé, il devra être préalablement fondu. On évitera de se servir de miel non
soutiré si on veut obtenir un hydromel clair. En effet;
nous avons découvert que le défaut de limpidité des
hydromels provenait de parcelles de cire, en fine émulsion, qu'on n'arrive pas à précipiter. Pour cette raison,
les eaux de lavage d'opercules sont impropres à faire
de l'hydromel de choix, d'autant plus que la présence

---

1. Le poids spécifique du miel varie un peu selon sa provenance :
notre miel de seconde récolte pèse de 1427 à 1440 gr. au litre, mais,
mélangé à l'eau, le miel perd un peu de son volume ; il y a contraction
comme pour l'alcool mélangé à l'eau, et il faut environ 1700 gr.
de miel pour augmenter le mélange d'un litre.

de l'émulsion de cire influe aussi sur le goût du liquide. Le tonneau sera rigoureusement propre, sans aucune mauvaise odeur, et ne devra pas être rempli entièrement, car la fermentation ferait déborder le liquide. La bonde sera simplement recouverte d'une toile pliée en deux et d'une brique.

On suit le travail de la fermentation en appliquant l'oreille contre la bonde. On peut l'activer, lorsqu'il se ralentit, en soutirant une partie du liquide que l'on remet par la bonde. Lorsque la fermentation n'est plus perceptible à l'oreille, et que le liquide s'est éclairci, on le transvase dans un autre tonneau, qui doit être bien rempli, placé à la cave et bondé. Le déchet résultant de la fermentation, de l'évaporation et de la séparation de la lie varie de 7 à 9 % ; il faudra donc, pour loger une cuvée de 120 litres, préparer un tonneau d'environ 110 litres On peut ouiller le tonneau avec du vin blanc, à défaut d'hydromel, ou achever de le remplir avec des cailloux non calcaires et bien lavés. Avant de mettre en bouteilles, il faut s'assurer que la fermentation soit bien complète, c'est-à-dire que tout le sucre soit bien transformé en alcool, ce qui se reconnaît au goût.

On peut donner à l'hydromel le goût de muscat en mettant dans le tonneau en fermentation quelques feuilles de sauge orvale (*Salvia Sclarea*) ou des fleurs de sureau, mais il n'est pas désirable que l'on cherche à imiter un vin quelconque. Le véritable hydromel a un parfum spécial, uniquement dû aux éthers contenus dans le miel ; c'est sa caractéristique, on ne doit pas la lui enlever. En dénaturant son goût, on lui retire toute sa raison d'être, et l'on ferait mieux alors de se servir de sucre au lieu de miel ; on obtiendrait le même résultat à meilleur compte, puisque le sucre est un produit beaucoup moins précieux que le miel. Que ceux qui n'aiment pas le goût du miel ne fassent pas d'hydromel, car le propre de l'hydromel est d'avoir un bon goût dû au nectar des plantes, et non pas un goût de levures et d'aromes étrangers.

En augmentant la proportion de miel, on obtient naturellement de l'hydromel plus fort en alcool ; la fermentation met alors plus de temps à s'achever et même, si l'on porte la dose à 50 kilos de miel pour 100 litres d'eau, par exemple, pour obtenir un vin analogue au madère, la transformation du sucre ne sera pas complète, la présence d'une grande quantité d'alcool finissant par faire cesser à peu près la fermentation. Après le transvasage, le tonneau ne devra pas être bondé trop fortement la première année, et plus tard la mise en bouteilles démandera quelques précautions.

Au lieu de pollen, on peut employer, pour ensemencer l'eau miellée, du moût de raisin frais (un litre par tonneau suffit) ou les levures sélectionnées du commerce, qu'on peut se procurer en tout temps. On se sert aussi de fruits ou de raisins secs hachés, mais je n'en ai pas fait l'expérience. La levure de bière donne un goût amer et n'est pas à conseiller.

L'hydromel varie de goût selon le miel employé. J'en ai donné plus haut la raison. Je ne fabrique le mien qu'avec mes miels de seconde récolte, qui contiennent généralement du miellat, et la qualité en est bonne, car il est souvent pris pour du vin de raisins par les personnes non prévenues.

On fait toutes sortes de boissons gazeuses avec des eaux miellées que l'on met en bouteilles avant que la fermentation soit terminée, mais cela demande certaines précautions et quelque expérience pour saisir le moment propice. Il faut se servir de bouteilles à champagne et ficeler les bouchons.

Méthode Derosne. — *Préparation du levain.* — Broyer dans un verre d'eau tiède 10 ou 20 gr. de pollen frais pris dans un rayon. D'autre part, délayer à peu près 300 gr. de miel dans une même quantité d'eau, ajouter 2 gr. d'acide tartrique, faire bouillir dix minutes et écumer. Ajouter ensuite $^2/_3$ de litre d'eau froide, puis, quand la solution a été attiédie, y verser le verre contenant le pollen délayé. Mettre le tout dans une petite bonbonne qui sera fermée avec un linge ficelé et maintenue dans un bain-marie à une température de 25 à 30°. Au bout de huit jours, les ferments seront assez développés pour provoquer la fermentation active d'un hectolitre d'eau miellée.

Eau miellée pour un hectolitre. — Mettre 75 litres d'eau froide dans un fût bien propre d'une contenance un peu supérieure à un hectolitre.

Délayer 30 kilos de miel dans 30 litres d'eau, ajouter 60 gr. d'acide tartrique, faire bouillir un quart d'heure et écumer, puis verser dans le tonneau, agiter avec une baguette et mettre le levain quand le liquide ne sera qu'à 25° environ. Le tonneau devra se trouver dans une température de 20 à 25°. La fermentation commencera le lendemain ou le surlendemain et durera dix à douze jours environ ; quand elle se ralentira, soutirer un tiers du liquide et le remettre. Lorsque la fermentation tumultueuse cesse, fermer la bonde avec un linge plié en quatre et une pierre.

La fermentation achevée, le glucomètre Guyot (voir plus loin) marquant près de zéro et toute crépitation ayant cessé, on met le tonneau à la cave pour une huitaine ; puis on transvase le contenu dans un autre tonneau propre et on ajoute, en remuant fortement, 10 gr. de tannin et 10 gr. de sousnitrate de bismuth délayés dans un litre du liquide. Après huit ou dix jours de repos, nouveau soutirage dans un fût d'une contenance telle qu'il puisse être complètement rempli. Ne procéder à la mise en bouteilles que lorsque l'hydromel sera d'une limpidité absolue[1].

Les essais que j'ai faits de la méthode Derosne m'ont donné d'excellents résultats, mais elle est plus compliquée que celle que j'ai décrite plus haut. Sans doute,

---

1. Pour plus de détails, voir *Etude sur l'Hydromel* et *Fabrication de l'Hydromel avec le ferment du Pollen*, par Ch. Derosne, président de la Société comtoise d'Apiculture, *Revue*, 1893, p. 45 à 74 et 125 à 129.

en stérilisant le miel par la cuisson et en faisant, comme le recommande M. Derosne, une culture préalable de pollen, on obtient plus sûrement une fermentation régulière, exempte d'accidents, mais d'après mon expérience, ces précautions ne sont pas indispensables, lorsqu'on observe les conditions requises de grande propreté et de température. Si l'on fait cuire préalablement le miel avec de l'eau, les ferments (pollen ou autres levures) ne doivent être ajoutés que lorsque la température du liquide est descendue à 25°.

Le miel, dans les années où la deuxième récolte est très abondante, peut remplacer le sucre pour l'amélioration des vins et cidres [1]. On l'ajoute au moût avant la fermentation, en se guidant, pour la quantité à mettre, d'après la teneur en sucre du moût, que l'on constate avec le glucomètre.

Dosage de l'eau miellée. — Le lavage des opercules de cire et des instruments après l'extraction du miel donne une eau miellée qui peut être utilisée pour la fabrication du vinaigre (voir plus loin), mais il faut pouvoir se rendre compte de la proportion de miel contenue dans cette eau. On a pour cela le glucomètre Guyot. Plongé dans l'eau miellée, il marque dans l'échelle alcoolique le degré d'alcool qu'elle donnera après fermentation. Selon la force que l'on désire donner à son produit, on ajoute soit de l'eau, soit du miel, jusqu'à ce que l'instrument marque le degré désiré.

L'eau-de-vie de miel s'obtient par la distillation de l'hydromel sec. Lorsqu'on fabrique de l'hydromel pour le distiller ensuite, les proportions les plus convenables sont 28 à 30 kilos de miel pour 100 litres d'eau, et le

1. Voir l'article *Vins mixtes*, *Revue*, 1890, p. 297.

mieux est de faire fonctionner l'alambic aussitôt que la fermentation est terminée et que l'hydromel s'est éclairci, parce qu'il y a toujours à la longue une certaine déperdition d'alcool dans les fûts. Avec de bon hydromel, un alambic convenable et du soin, on obtient de l'eau-de-vie d'excellente qualité. Je me sers de l'alambic dit « de famille » de Besnard, et mes produits ont reçu l'approbation de connaisseurs, mais ce petit appareil, d'une conduite facile, ne convient guère qu'à l'amateur [1]. Selon M. l'abbé Delépine, 1350 gr. de miel donnent un litre d'eau-de-vie à 52°.

Vinaigre de miel. — Les apiculteurs fabriquent d'excellent vinaigre avec les eaux provenant du lavage de l'extracteur et des opercules de cire. La proportion de miel doit être d'environ 150 gr. par litre d'eau ; elle correspond dans la colonne Baumé du glucomètre Guyot au chiffre 6. Si l'on expose l'eau miellée à la chaleur et à l'air, elle se transformera d'elle-même en vinaigre, mais cela demandera un certain nombre de mois. Le tonneau contenant le liquide est placé couché dans un endroit chaud. Pour établir une bonne circulation de l'air à l'intérieur, on perce dans le tonneau, en haut de chaque fond, un trou que l'on recouvre, ainsi que la bonde, de toile métallique pour exclure les insectes.

On peut activer l'acétification de diverses manières. M. Dadant ajoute un peu de la partie claire de ses lies de vin, qui apportent du ferment à l'eau miellée, ainsi que du vinaigre déjà fait ou une mère de vinaigre. Ce qu'il tire pour la consommation est remplacé par

1. On trouvera dans le *Mémoire sur l'Eau-de-vie et les Liqueurs de miel* de M. Derosne (*Revue*, 1893, p. 88 à 91 et 121 à 123) de bonnes directions pour la fabrication de ces produits.

de l'autre eau miellée. « Dans ce but, écrit-il dans *L'Abeille et la Ruche*, nous avons deux tonneaux, dont l'un contient le vinaigre fait et l'autre celui en travail. Quand nous avons diminué le contenu du premier tonneau de quelques litres, nous les remplaçons par le liquide du second tonneau, et celui-ci de temps en temps par de l'eau miellée. En faisant ces deux opérations, nous avons soin de bien aérer les liquides en les versant plusieurs fois d'un vase dans un autre, pour hâter la transformation. On pourrait la rendre encore plus rapide en faisant couler, goutte à goutte, le vinaigre en travail dans un autre tonneau. Les vinaigriers, qui n'aiment pas attendre six mois ou un an pour faire le vinaigre, font goutter le liquide sur des copeaux de hêtre, à une température d'environ 30° C., d'un tonneau dans l'autre. On a tellement perfectionné cette méthode au moyen des tonneaux de graduation, qu'on peut, dit-on, compléter l'acétification en vingt-quatre heures. Nous devons ajouter, cependant, que la fermentation alcoolique doit toujours précéder la fermentation acétique, et qu'on doit se défier de l'emploi d'un liquide trop sucré ou non encore alcoolisé, si l'on veut obtenir une acétification rapide. »

Il ne faudrait pas dépasser la proportion indiquée plus haut de 150 gr. de miel par litre.

On peut aussi, comme on le fait avec les vins, convertir en vinaigre, en y ajoutant de l'eau, les hydromels qui ont tourné et les fonds de tonneau.

On doit se garder de mettre le tonneau à vinaigre dans la cave aux vins, ce serait un très mauvais voisinage pour ceux-ci : un local chaud convient mieux.

APPENDICE

HUIT ANNÉES D'EXPLOITATION D'UN RUCHER

Extrait de la *Revue Internationale d'Apiculture*).

Avec sa grâce calme et ses mouvements doux,
La femme pour soigner l'abeille semble née :
« S'occuper des petits » est dans sa destinée ;
Qu'elle soit mère, fille, épouse ou sœur aînée.

En reproduisant le récit qui suit, notre but est de montrer au lecteur qu'en suivant simplement les directions groupées dans cet ouvrage, il peut arriver au succès, puisque les femmes sont aussi aptes que le sexe fort à exercer l'apiculture, qui demande avant tout du soin et des mouvements doux.

Nous félicitons et remercions notre gracieuse élève et correspondante de ce qu'elle nous a permis de faire cette double démonstration, grâce au soin et à l'intelligence avec lesquels elle a suivi nos conseils, et à son obligeance à nous envoyer une relation si claire et si complète.

Monsieur et cher Maître,

Je sais que vous aimez à être tenu au courant des progrès de vos élèves. En échange de vos utiles enseignements nous pouvons bien vous procurer cette légitime satisfaction. Je vous ai, à diverses reprises, donné des résultats partiels, mais au milieu de votre volumineuse correspondance, ils ont peut-être passé inaperçus[1]. En tout cas, une récapitulation de mes quatre années d'apiculture sera pour moi une occasion de remémorer d'agréables souvenirs, pour vos élèves novices un

---

1. Loin d'être passés inaperçus, ils nous ont fait désirer d'en posséder la série complète que nous avons eu l'indiscrétion de demander.

E. B.

encouragement à croire en votre parole et pour vous l'hommage d'une élève reconnaissante.

J'ai débuté en avril 1887 avec deux ruches Layens, dans lesquelles le contenu de deux ruches fixes a été transvasé par un apiculteur élève de votre *Revue*, M. Trouillet, de Jussens, qui se trouvait, en ce moment-là, avec son parent M. Frésouis, de Labastide-de-Lévis, les seuls possesseurs de ruches à cadres mobiles, à ma connaissance du moins, dans le département du Tarn. C'est par ces messieurs que j'appris à connaître vos ouvrages, dont j'ai commencé dès lors à mettre rigoureusement en pratique les théories. Vous publiiez, cette même année, une nouvelle édition de votre *Conduite du Rucher* sous forme de calendrier. Dire avec quelle impatience, moi qui marchais dans l'inconnu avec un très vif désir de m'instruire, j'attendais l'arrivée du journal, est chose difficile. J'avais tout à acquérir : théorie d'abord, pratique ensuite. J'avoue qu'au commencement j'avais un peu peur des abeilles et que le bourdonnement et l'agitation de tout ce petit monde ailé, que ma maladresse irritait parfois, causaient à ma main, un certain tremblement et à mon cœur une angoisse pénible. La volonté d'apprendre a eu raison de cette crainte et l'habitude m'a donné, dès avant la fin de la seconde année, l'adresse, la douceur des mouvements, la justesse du coup d'œil et le calme parfait.

Cette première année, le printemps fut peu favorable ; le mois de mai ayant présenté plus de jours sombres et pluvieux que de belles journées, mes ruches, transvasées un peu tard, puis changées de place pendant la construction du hangar qui les abrite, dépourvues de bâtisses sauf les cinq ou six cadres faits avec des vieux gâteaux provenant du transvasement, n'ont pu me donner un rendement bien considérable. J'ai trouvé fort joli de pouvoir leur prendre 17 kilos de miel extrait, estimant que l'expérience que j'avais acquise en les dérangeant sans doute beaucoup trop souvent valait aussi une récolte. En espèces sonnantes, mes deux ruches m'ont rapporté 17 kilos × 1 fr. 80 (prix de vente du kilo de miel), soit 30 fr. 60. Comme dépenses, je suis arrivée à la somme de 350 fr., représentant la construction d'un hangar en maçonnerie (où sont actuellement placées cinq ruches), l'achat d'outils et instruments, de trois ruches d'un essaim et de deux reines italiennes en fin de saison, d'un extracteur à deux cadres, de cire gaufrée, de sucre pour nourrissement d'été (afin de faire construire des cadres pour l'année suivante), etc., toutes dépenses de fonds et frais de premier établissement.

A la fin de cette première année j'avais donc trois ruches à hiverner dans des conditions assez avantageuses. Par suite de mon nourrissement d'été et d'automne, les familles étaient bien développées et possédaient des provisions suffisantes, sans surabondance cependant ; j'en laisse davantage maintenant.

Ces trois ruchées, ainsi préparées, nourries spéculativement, m'ont donné, en 1888, 88 kilos de miel (moyenne 29 kilos 300) vendus à 1 fr. 80 le kilo, soit 158 fr. 40 ; plus deux essaims artificiels, que j'estime à 25 fr. l'un, l'un au mois de septembre, ayant récolté presque toutes leurs provisions, facilement complétées par du surplus pris aux autres. Total du revenu : 208 fr. 40. Comme dépenses j'ai eu l'acquisition de cinq ruches, deux essaims, une bascule d'observation, un cérificateur solaire, un nourrisseur Siebenthal, etc. Total 270 fr. Les cinq ruches nouvellement achetées ont été peuplées de mes deux essaims artificiels, de deux essaims achetés et d'un essaim volage capturé dans un arbre creux. Cette seconde année a donc été très satisfaisante. Mon instruction s'affermissait et ma confiance en vos enseignements instinctive au commencement, devenait raisonnée et basée sur l'expérience que j'en faisais tous les jours.

L'hiver de 1888-1889 s'est très bien passé pour mes abeilles, ainsi que le printemps, et j'ai fait la campagne de 1889 avec huit ruches préparées et productives, qui m'ont donné 238 kilos de miel (moyenne 29 kilos 750), vendu toujours à 1 fr. 80 le kilo, ce qui me donne un total de 448 fr. de recettes. Voulant augmenter encore le nombre de mes ruches, me sentant aguerrie et encouragée, j'ai tenté l'élevage de reines selon le procédé que vous donnez dans la *Conduite*. C'est pour cette opération, qui demande quelque soin, que j'ai surtout étudié la lettre et l'esprit de vos instructions. J'ai été si bien payée de mes peines qu'en présence d'une telle réussite tout travail devient plaisir. Six jolis essaims, pourvus de reines excellentes, sont venus s'ajouter à mes huit ruches. Ils ont bâti 11 à 12 cires gaufrées chacun et ont emmagasiné leurs provisions, ayant été d'abord aidés par des cadres construits et du sirop. Voilà donc 150 fr. de rendement (à 25 fr. l'essaim) à ajouter aux 448 fr. de miel vendu, total 598 fr. 40.

Comme dépenses je n'ai à compter que l'achat de six ruches, une presse Rietsche pour faire la cire gaufrée, de la cire brute, des bidons pour loger le miel et du sucre pour le nourrissement. Total 208 fr. dépenses de fonds s'ajoutant à la valeur du capital engagé.

Hivernage excellent de 1889 à 1890. Mes ruches, construites d'après vos explications et modèles, sont parfaites pour cela, chaudes, sèches, bravant toutes les intempéries. Je crois bien que toute suppression ou simplification leur enlèverait du nécessaire et non du superflu et nuirait à leur bon et durable usage. Je suis d'avis que les instruments et outils *les meilleurs*, malgré leurs prix relativement élevés, sont préférables à ceux qui, meilleur marché, durent moins et ne font pendant leur plus courte durée qu'un travail de qualité inférieure.

Le printemps de 1890, d'abord très beau, trop beau même, est ensuite devenu pluvieux et froid, pour ne se dérider qu'au commencement de juin, juste à temps pour que les esparcettes mûres alors, soient coupées et rentrées. Je n'ai compté que onze journées sans pluie en avril et mai, ce qui a fait manquer aux abeilles toute la récolte des arbres fruitiers et la plus grande partie de celle des esparcettes. Je n'ai pu prendre à mes ruches que 138 kilos (moyenne 10 kilos 675) de miel vendu à 1 fr. 80 le kilo. Recette : 249 fr. 75. J'ajouterai que cette moyenne est due à mon rucher de montagne (composé en 1890 de dix ruches, réduites à neuf par la réunion d'une faible à sa voisine) dont la moyenne était de 15 kilos ; la récolte, plus tardive et provenant de sources différentes (prairies naturelles, esparcettes, châtaigniers), ayant duré encore après l'arrivée du beau temps.

J'ai fait, ce même printemps (1890), d'utiles observations qui m'ont amenée à constater, une fois de plus, combien tout ce que vous dites a de portée et combien il est bon de s'y conformer strictement. J'ai eu une colonie superbe qui, ayant perdu sa reine en hiver, était devenue bourdonneuse. J'en ai opéré le sauvetage en mars, en lui donnant du couvain operculé et quelques jours après une reine, qui a été acceptée et a, dans cette populeuse colonie, très vite rattrapé le temps perdu. J'ai eu une colonie faible (dont je parle plus haut) et que j'ai réunie à une autre. La reine, élevée dans une ruchette, qui n'avait pas accepté la cellule royale donnée (élevage de 1889), s'est montrée au printemps suivant, médiocre pondeuse, res-

tant en retard sur tous les autres essaims issus du même élevage. Ce fait confirme absolument ce que vous dites « que les
reines, pour être bonnes, prolifiques et de longue vie, doivent
être élevées dans de fortes populations, par une abondante
récolte vraie ou simulée par un généreux nourrissement »,
toutes conditions qui ont manqué à la ruchette en question.
J'ai eu une colonie malade du mal-de-mai ; je l'ai traitée au
sirop, à l'acide salicylique (procédé Hilbert indiqué dans votre
Conduite contre la loque et le mal-de-mai). La reine est morte,
je l'ai sans retard remplacée et tout est rentré dans l'ordre.

Après la récolte, en juin, j'ai fait un important élevage de
reines, afin de parfaire le nombre de ruches auquel je voulais
m'arrêter : seize à la Bouyssière et cinq, dont deux Dadant,
à Fonvialane ; remplacer quelques reines vieillies et conserver
deux reines en ruchettes pour parer aux accidents éventuels
du printemps suivant. J'y ai apporté tous mes soins, ayant
déjà un peu plus d'expérience que l'année précédente. J'ai
pleinement réussi. De douze ruchettes, onze reines superbes,
excellentes (j'en ai la preuve maintenant), sont issues. La douzième a dû être sacrifiée, une aile lui manquant. Cet élevage,
fait au moyen de mes trois ruches Layens, à Fonvialane,
à chacune desquelles j'ai dû prendre, en diverses fois, huit
cadres de couvain (deux par ruchette, l'un lors de leur formation, l'autre la veille de la sortie des jeunes reines), m'a coûté
12 ½ kilos de fort sirop. Mais ce sirop n'a pas été dépensé
pendant le nourrissement des larves royales, car dix-sept
cadres de cire gaufrée ont été construits au même moment et
la plus grande partie de ce sirop y a été emmagasinée. Lors
de la formation des ruchettes, celles-ci ont reçu chacune un
de ces cadres comme premières provisions. Un nourrissement
modéré, mais continu, a accompagné les jeunes reines depuis
leur sortie de la cellule jusqu'au moment, où les ruchettes,
devenues souches de colonies, ont été installées dans leurs
ruches et emplacements définitifs, après avoir été renforcées
de deux cadres de couvain. A partir de ce moment-là, ces six
nouvelles ruchées ont bien prospéré, amassé leurs bonnes provisions sur les fleurs des friches et des bruyères, et sont
actuellement en pleine force et activité.

Deux autres ruchettes ont été réunies à deux ruches dont
je voulais changer les reines ; deux autres ont été mises en
ruches jumelles pour y conserver des reines de remplacement ;
la onzième a peuplé ma seconde ruche Dadant.

La ruche d'élevage a conservé une jeune reine ; la reine primitive, enlevée de cette même ruche avec son couvain non operculé a formé un essaim qui a remplacé la colonie faible réunie à sa voisine, et mon rucher s'est trouvé au complet.

Pour avoir le total des recettes de l'année 1890, il faut donc ajouter le prix d'estimation des essaims et reines élevées au rucher au prix du miel vendu : huit essaims à 25 fr., soit 200 fr., deux ruchettes de remplacement (hivernées sur cinq cadres avec bonnes provisions) à 15 fr., soit 30 fr. ; deux reines avec trois cadres de couvain et leurs abeilles, que j'estime à 10 fr. l'une : 20 fr. ; total : 250 fr. La recette est donc ensemble de 499 fr. 75.

Les dépenses ont été de 513 fr. 10, représentées par l'achat de sept ruches Layens (189 fr.) et deux ruches Dadant (44 fr.) de ruchettes pour l'élevage et le transport des essaims (20 fr.); de cire brute (49 fr. 40) ; de cire gaufrée extra mince pour sections, de cadres spéciaux et de hausses pour celles-ci, de cadres supplémentaires, etc. (49 fr. 70) ; de sucre pour nourrissement (printemps, élevage, été) (120 fr.) ; de temps payé à l'ouvrier qui a travaillé avec moi à la formation des ruchettes, à leur transport, à l'extraction du mie l(28 fr.), trois reines achetées au printemps (13 fr.). Il est à remarquer que la seule chose consommée est le sucre (encore est-il représenté par des abeilles et des reines) ; tout le reste est du matériel acquis, ruches, cire convertie en rayons, etc.

Devant être absente pendant les mois d'août et de septembre, j'ai essayé de donner à mon rucher de Fonvialane, en juillet, ce que j'aurais fait en août. Mes ruches, décimées par l'enlèvement de couvain pendant l'élevage des reines, avaient besoin de se refaire pour affronter bravement l'hiver. Je me suis admirablement bien trouvée de cette pratique, et à mon retour j'ai constaté que leurs provisions étaient complétées, présentant même un peu de surplus sur les cadres que j'ai retirés lors de la mise en hivernage. Mon rucher de montagne peut se passer de nourrissement d'été, la récolte sur les fleurs des chaumes, des friches, des bruyères étant continue jusqu'à l'arrière-saison et entretenant la ponte pendant tout ce temps.

La mise en hivernage, faite le 18 et le 21 octobre, m'a donné une cinquantaine de cadres (une fois les provisions de ruchettes et essaims complétées) contenant de 1 à 2 ½ kilos de miel operculé, que j'ai mis en réserve et utilisé ce printemps. J'ai constaté alors que je possédais 358 cadres *construits neufs*, en réserve ou occupés par les abeilles (7 et 8 par ruche pour l'hivernage) et 49 cadres de cire gaufrée peu travaillée qui sont achevés à l'heure qu'il est.

L'hiver de 1890 à 1891 s'est passé le mieux du monde, malgré la rigueur exceptionnelle de la température. Nous avons eu, les 18, 19, 20 et 21 janvier, 17 et 18° au dessous de zéro. Ce froid extrême a été meurtrier pour les colonies mal logées, mais mes excellentes ruches ont permis à mes abeilles de ne pas s'en ressentir. La mortalité a été insignifiante : la ruche dans et devant laquelle j'ai ramassé le plus de mortes, lors de la grande sortie après les froids, n'en comptait que 384, pesant près de 40 grammes, bien faible proportion si l'on considère le nombre considérable des habitants de la ruche !

Toutes mes reines, sauf trois achetées au printemps 1890, sont mes élèves : cinq de 1889 et toutes les autres de 1890. Ce printemps (1891) je n'ai perdu qu'une seule reine, achetée en mai 1890, qui a péri subitement au mois d'avril, laissant quatre cadres pleins de couvain. Je l'ai immédiatement remplacée en réunissant une de mes ruchettes de réserve à la ruchée orpheline, ce qui lui a donné tout d'un coup sept cadres de couvain. La seconde ruchette n'ayant pas d'emploi, je l'ai traitée par la chaleur (couverture de laine au-dessus du matelas-châssis), l'espace rétréci au milieu des partitions et le nourrissement. Elle s'est vite développée et n'offre à présent qu'une très petite infériorité vis-à-vis des fortes colonies.

Seulement, nous sommes bien mal partagés, cette année encore, quant au temps. Tout notre printemps s'est passé à *espérer* le soleil. Le froid, vif et noir, la pluie ont alterné avec de très rares éclaircies. Dans le mois d'avril, je n'ai constaté de légères augmentations variant de 150 à 500 grammes que dans les journées des 6, 8, 9, 17, 18, 19, 20, 23 et 30. En mai, les 1er, 5, 7, 11, 12, 13, 14, par des journées de giboulées offrant 2 à 4 heures de soleil, les pauvres abeilles, nombreuses et impatientes, ont trouvé moyen d'amasser un peu, 150 à 400 grammes, faisant osciller le poids de la balance aux environs de 60 kilos, poids inférieur encore à celui de l'année 1890, mauvaise déjà. Les arbres fruitiers ont beaucoup souffert, comme les abeilles, de ce triste temps ; les marronniers, très fleuris, l'ont été presque en pure perte pour elles, et les esparcettes, éloignées cette année de mes ruches de Fonvialane, fleuries dès le 10 mai, n'ont pu être visitées utilement que pendant les journées du 14 (300 gr.), du 18 (1 kilo 500), du

19 (1 kilo 500), du 21 (3 kilos), du 22 (1 kilo), du 24 (1 kilo 100) du 26 (500 gr.), du 28 (4 kilos 400), du 29 (2 kilos 900), du 30 (4 kilos), du 31 (4 kilos 600), du 1er juin (2 kilos 700). Encore toutes ces journées, sauf celles des 21, 28, 29, 30 et 31, ont-elles été gâtées par de mauvaises matinées ou des après-midi orageux. Aujourd'hui même, 1er juin, il tonne et pleut depuis quatre heures et demie du soir [1].

C'est dans de pareilles circonstances que se montre la supériorité des fortes populations. Que feraient, dans de si rares et courts moments favorables, les quelques abeilles disponibles d'une ruchée médiocre, obligées de franchir *au moins un kilomètre* pour aller à la picorée ? Tandis que mes superbes colonies trouvent moyen de récolter 4 kilos 600 ! Je fonde plus d'espoir sur mon rucher de la Bouyssière, dont les abeilles profiteront d'une floraison commencée plus tard et se prolongeant par suite davantage, dont les champs de récoltes (17 hectares de prairie et 2 hectares d'esparcette) s'étendent *immédiatement* autour d'elles et qui n'ont aucune concurrence à moins de 6 kilomètres à la ronde.

Voilà un historique bien complet de mes quatre années d'apiculture. Je vais, pour conclure, en rapprocher les chiffres qui en sont la partie la plus importante :

Années 1887	Dépenses Fr.	350.—	Recettes Fr.	30.60
1888	»	270.—	»	208.40
1889	»	208.—	»	598.40
1890	»	513.—	»	499.75
	Fr.	1341.—	Fr.	1337.15

Je constate que la dépense, 1341 fr., est couverte par la recette, sauf une petite différence de 3 fr. 85. Voilà donc tous mes frais *entièrement couverts et remboursés*. Je me trouve par conséquent posséder un capital de ruches habitées, d'outils et d'instruments qui ne m'ont rien coûté et qui me donneront un revenu, très brillant dans les bonnes années, toujours suffisant même dans les mauvaises, et paiera, à un prix toujours élevé, les quelques journées de travail que j'y consacrerai.

<hr>

1. Du 3 juin, 7 kilos. Belle journée, calme, nuageuse, sans menace de pluie.

Quand je vois, dans certains journaux, de soi-disant apiculteurs, s'intitulant vos élèves, mettre sur votre compte leurs déconvenues au lieu de s'en prendre à leur propre maladresse et à leur impatience, je sens l'injustice criante de leurs récriminations. Puisque, *avec vos méthodes, pratiquées exclusivement*, j'ai pu obtenir les résultats ci-dessus relatés, tout le monde peut faire de même en suivant le même chemin. J'ajouterai encore, avant de clore cette lettre infinie, que les résultats que j'ai obtenus ayant été *vus et constatés* autour de moi, ont fait la meilleure propagande en faveur de vos systèmes de culture. M. Jourdain faisait de la prose sans le savoir: j'ai fait de la propagande sans le vouloir, montrant simplement à mon entourage le bénéfice et le plaisir que procure l'apiculture à ses fervents adeptes. M. Frézouls, profitant d'un état favorable des esprits, a joint les efforts de son activité et de sa parole, et notre Société d'Apiculture du Tarn a été fondée, se modelant autant que possible sur les vôtres, et c'est ce qu'elle pouvait faire de mieux.

Recevez, Monsieur et cher Maître, les nouveaux témoignages de vive reconnaissance et d'affectueuse sympathie de votre élève dévouée.

Fonvialane près Albi (Tarn), 3 juin 1891.

Marguerite MERCADIER.

Le compte rendu de la cinquième année d'exploitation (1891) a paru dans un rapport très détaillé et très complet publié par le *Bulletin de la Société du Tarn* ; nous en extrayons seulement les résultats :

L'hivernage de 1890-1891, comme il a été dit plus haut, a été excellent dans les deux ruchers, malgré la sévérité et la longueur de l'hiver.

Le rucher de Fonvialane était de cinq ruches, sans compter deux ruchettes de réserve. Il a reçu 18 visites : nourrissement stimulant, capture d'essaims, présentations de reines, réunions, extraction du miel et mise en hivernage, faisant ensemble 42 h^{res} ou 4 journées $\frac{1}{2}$.

Le rucher de la Bouyssière, qui était de 16 colonies, en contenait 18 à l'automne. Il a nécessité 14 visites faisant ensemble 225 heures ou 22 journées ½.

En tout 27 journées à fr. 3. . . . . .   Fr.   81.—
Sucre pour stimulation, et provisions à
    Fonvialane, 102 kilos à fr. 1.12.   »   114.25
Achat de 8 reines italiennes en octobre   »   32.—

Total des dépenses d'entretien .   Fr. 227.25

Comme dépenses de fonds, il y a eu le coût d'un second extracteur (à 4 cadres), d'une cuve avec tamis, d'un chevalet, d'une ruche jumelle pour hivernage d'essaims, de cire brute et gaufrée, et de divers accessoires rendus nécessaires par la perspective d'une récolte copieuse. Ensemble fr. 140.

La récolte du rucher de plaine a été de 51 kilos ; la première récolte de celui de montagne de 453 kilos et la seconde de 43 kilos ; total 547 kilos.

Le rapport se termine comme suit :

Ces 547 kilos ont été vendus à 1 fr. 80 le kilo, ce qui produit la somme de 986 fr. 40 de miel, plus 10 fr. 25 de cire d'opercules fondue au cérificateur solaire (4 kilos 100 à 2 fr. 50), total : 996 fr. 65, d'où il faut soustraire 227 fr. 25 (dont je n'ai déboursé véritablement que 170 fr., le surplus représentant la valeur de mon propre travail), et il me reste un produit net de 769 fr. 40 pour l'année 1891, donné par 21 ruches, soit 36 fr. 65 par ruche.

Ainsi que je l'ai démontré dans des articles précédents, mes quatre premières années d'apiculture ont coûté une dépense totale de 1341 fr. et donné un rendement total de 1337 fr. 15. Suivant la même méthode de compter, j'ajouterai 227 fr. 25 de dépenses d'entretien et 140 fr. de dépenses de fonds à la somme des dépenses et 996 fr. 65 de recettes à la somme correspondante, et je constaterai qu'en *cinq* ans, après *avoir payé avec mes produits tous mes frais d'établis-*

sement et d'entretien, je me trouve, ayant commencé avec deux ruches, en posséder 23 (dont deux jumelles) richement peuplées et pourvues, plus tous les outils, instruments et accessoires nécessaires pour cette culture. Une somme de 625 fr. 55 me reste encore après remboursement de tous frais.

Dépenses		Recettes	
4 premières années	1341.—	4 premières années	1337.15
5ᵉ année	367.25	5ᵉ année	906.65
Total	1708.25	Total	2333.80

Différence en faveur des recettes, 625 fr. 55.

Je ne me lasserai pas de répéter que c'est à l'excellente méthode que j'ai suivie de point en point, sans m'en laisser distraire par un vent de simplifications intempestives, que je dois ces résultats rémunérateurs. La méthode Bertrand[1] *est aussi simple que possible*. On sent, quand on l'étudie bien, qu'elle est le fruit de l'expérience personnelle de son auteur qui, en esprit amoureux de vérité et de clarté, démontre que pour faire de l'apiculture mobiliste, il faut un certain degré de connaissance des abeilles ; qu'il faut se donner la peine de l'acquérir par le travail et l'étude au moyen d'une ruche ou deux pour commencer ; que cette étude peut ne pas être intéressante ou possible pour tout le monde ; que dans ce cas il ne faut pas se lancer à l'étourdie et que tous les pays, comme tous les gens, ne sont pas favorables à cette culture. Je suis et je reste d'avis que l'apiculture mobiliste doit être présentée sous ce seul jour vrai ; elle est extrêmement intéressante ; elle devient très rémunératrice au bout de peu de temps, mais elle demande du travail, de l'étude et une petite mise de fonds, avance seulement puisqu'elle est couverte par les produits. A ceux qui ne veulent pas le travail, que l'étude n'intéresse pas, ou qui lésinent sur les dépenses nécessaires, je dirai : Conservez vos ruches fixes, vous n'y faites rien, elles ne vous donnent rien, vous êtes quittes. Si vous voulez le produit, gagnez-le par un peu de travail, bien minime si on le met en comparaison avec les résultats acquis.

Le 10 mai 1892.   M. M.

---

1. Nous ne pouvons pas, malheureusement pour nous, accepter le compliment ; il revient en premier lieu à notre vénéré Ch. Dadant, puis à l'ensemble des bons apiculteurs de tous les pays dont nous nous sommes fait l'interprète et le porte-voix.   E. B.

Pour notre huitième édition, notre gracieuse correspondante a bien voulu nous envoyer, sur notre demande, la note suivante sur la marche de son rucher depuis 1891 :

Pendant les années qui viennent de s'écouler, mes ruchers se sont maintenus dans l'état le plus satisfaisant. L'hivernage n'a jamais causé aucun préjudice à mes colonies ; les dépenses ont été insignifiantes[1] et les revenus très suffisants (339 fr. 60 en 1892 ; 629 fr. 60 en 1893 ; 463 fr. 60 en 1894) si l'on considère surtout que tous les frais d'établissement ont déjà été remboursés et que les saisons ont été peu propices aux abeilles quant à la récolte du moins. Celle-ci s'est ressentie, en 1892, de coups de froid tardifs sur une végétation avancée, puis de sécheresse ; en 1893, de la pénurie des fourrages occassionnée par une sécheresse de cinq mois ; enfin en 1894, des conséquences d'une fièvre d'essaimage générale. Avril sec et chaud a fait subir un temps d'arrêt à la végétation très hâtive, pendant qu'au contraire les colonies, précoces aussi, devenaient énormes. La pluie est enfin survenue, tout juste à temps pour les fourrages, trop tard pour les abeilles, qui ont essaimé en masse.

Les ruchées se sont refaites et peuvent affronter l'hiver, les vaillantes étant venues au secours des paresseuses. Les essaims ont dû être nourris : sans aide, la plupart d'entre eux auraient péri avant les froids. En résumé, la méthode Bertrand (*Conduite du Rucher*), adoptée par moi dès les commencements, a continué et continuera à être mon guide. Les résultats pratiques et pécuniaires que j'en ai obtenus, d'une manière continue, sans déboires ni désillusions, sans tâtonnements ni fausses manœuvres, me font proclamer bien haut son excellence et sa supériorité.

Ces résultats m'ont valu (ils reviennent à la méthode) une médaille d'argent au Concours régional de Rodez 1892 ; un diplôme d'honneur à l'Exposition d'Apiculture d'Albi 1892 ; une médaille d'or au Concours régional d'Albi 1893.

Fonvialane, novembre 1894.

Marguerite MERCADIER.

1. Sauf en 1894 où 75 kilos de sucre (82 fr. 50) ont servi à compléter les provisions insuffisantes des essaims.

TABLE ALPHABÉTIQUE

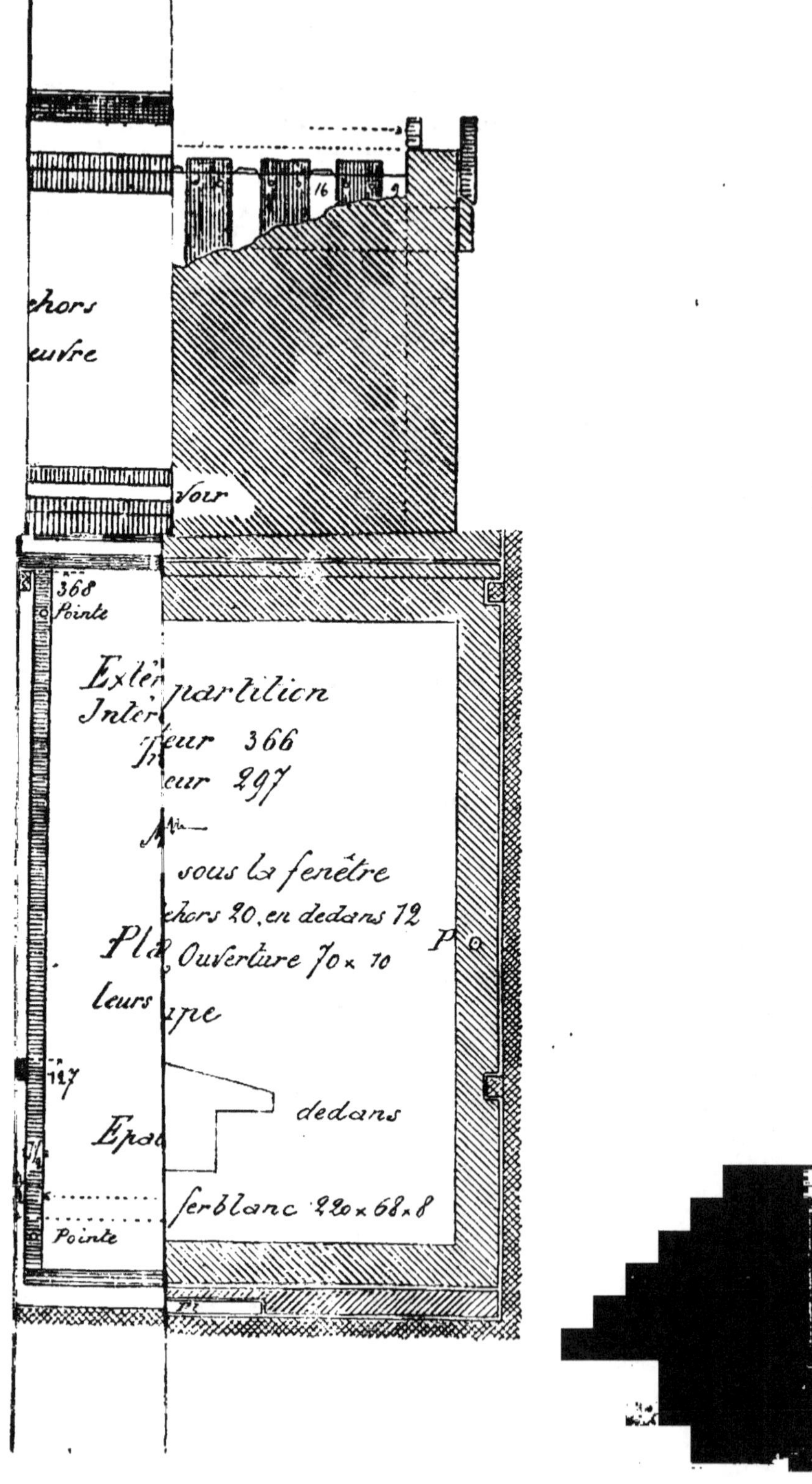

chors
euvre
Noir
16
368
Pointe
Exter partition
Inter
eur 366
eur 297
sous la fenêtre
hors 20, en dedans 12
Pla Ouverture 70 × 10
leurs pe
dedans
Epa
117
serblanc 220 × 68 × 8
Pointe

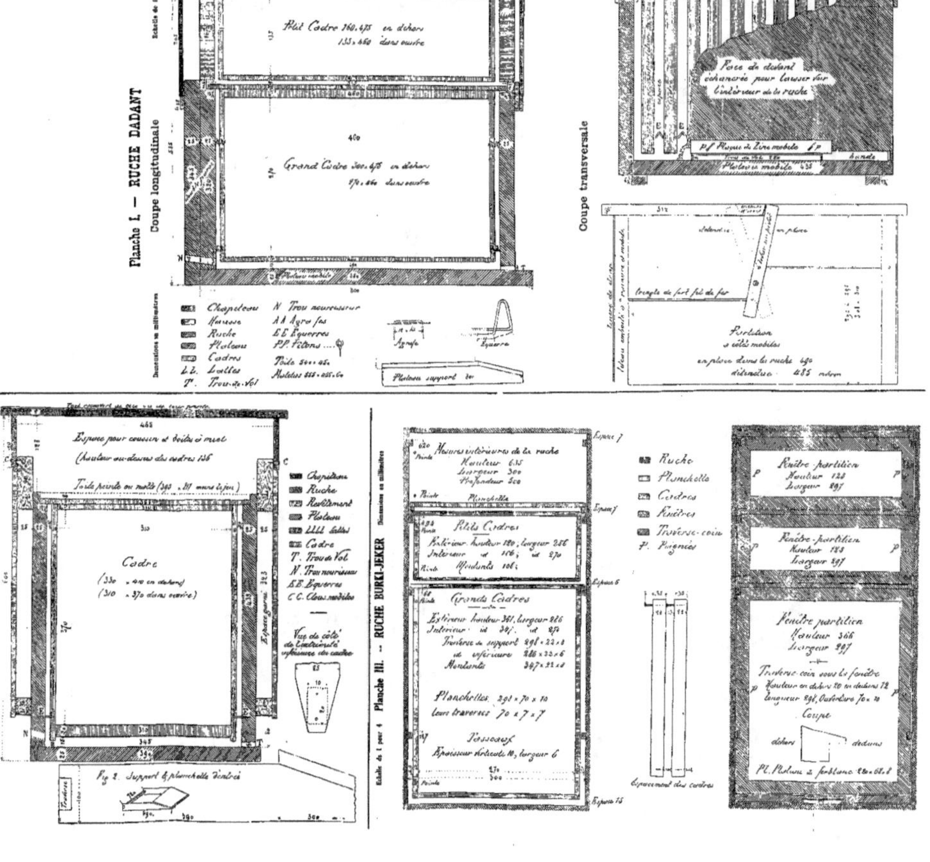

Planche I. — RUCHE DADANT
Coupe longitudinale
Coupe transversale
Planche II. — RUCHE LAYENS
Planche III. — RUCHE BURKI-JEKER

www.ingramcontent.com/pod-product-compliance
Lightning Source LLC
LaVergne TN
LVHW021234170726
843501LV00003B/779